Ulrich Schlienz

Schaltnetzteile und ihre Peripherie

Aus dem Programm
Elektrische Energietechnik

Elektrische Energieversorgung
von K. Heuck und K. D. Dettmann

Leistungselektronik
von P. F. Brosch, J. Landrath und J. Wehberg

Vieweg Handbuch Elektrotechnik
herausgegeben von W. Böge

Handbuch Elektrische Energietechnik
herausgegeben von L. Constantinescu-Simon

Schaltnetze und ihre Peripherie
von U. Schlienz

Elektrische Maschinen und Antriebe
von K. Fuest und P. Döring

Elektrische Maschinen und Antriebstechnik
von E. Seefried

Elektromagnetische Verträglichkeit
von A. Rodewald

EMVU-Messtechnik
von P. Weiß, B. Gutheil, D. Gust und P. Leiß

vieweg

Ulrich Schlienz

Schaltnetzteile und ihre Peripherie

Dimensionierung, Einsatz, EMV

2., überarbeitete und erweiterte Auflage

Mit 294 Abbildungen

Vieweg Praxiswissen

Bibliographic information published by Die Deutsche Bibliothek
Die Deutsche Bibliothek lists this publication in the Deutsche Nationalbibliografie;
detailed bibliographic data is available in the Internet at <http://dnb.ddb.de>.

1. Auflage Juni 2001
2., überarbeitet und erweiterte Auflage November 2003

Umschlaggestaltung: Ulrike Weigel, www.CorporateDesignGroup.de
Druck und buchbinderische Verarbeitung: Lengericher Handelsdruckerei, Lengerich
Gedruckt auf säurefreiem und chlorfrei gebleichtem Papier
Printed in Germany

ISBN 3-528-13935-8

Vorwort

Produkte müssen immer kleiner, leichter und vor allem billiger werden. Zusätzlich sollen die Entwicklungszeiten für neue Produkte immer kürzer werden.

Während sich Logik-Funktionen durch eine immer größer werdende Integrationsdichte fast beliebig verkleinern lassen, stößt man bei leistungselektronischen Funktionen sehr schnell an die physikalische Grenze, die durch die notwendige Wärmeabfuhr gegeben ist. Eine Verbesserung ist nur noch durch die Reduzierung der Verluste zu erreichen und das bedeutet eine Wirkungsgradsteigerung des gesamten Leistungsteils. Dazu sind genaue Detailkenntnisse aller Leistungsbauteile und ihrer Ansteuerschaltungen notwendig.

Das vorliegende Buch stellt dafür eine Zusammenfassung für alle in der Praxis zu lösenden Fragen dar. Am Anfang erfolgt eine Einführung in die klassischen Wandler und die Resonanzwandler. Danach werden die Leistungsbauelemente beschrieben und erprobte Ansteuerschaltungen vorgestellt. Im letzten Teil werden EMV-Aspekte ergänzt, die bei allen Schaltreglern auftreten.

Es ist so aufgebaut, dass die Wandler zuerst mit idealisierten Bauteilen betrachtet werden und erst danach die realen Eigenschaften ergänzt werden. Dadurch erkennen wir die prinzipiellen Eigenschaften, losgelöst von allen parasitären Effekten.

Das Buch richtet sich gleichermaßen an Studenten und Ingenieure. Für Studenten kann es zum Selbststudium dienen, wenn die Kapitel sukzessive durchgearbeitet werden, oder es kann Lehrveranstaltungen auf dem Gebiet der Leistungselektronik ergänzen. Für Ingenieure stellt das Buch eine Zusammenfassung aller Themengebiete dar, die für die tägliche Arbeit gebraucht werden, und soll das aufwendige Suchen in verschiedenen Literaturquellen ersetzen.

Der Schwerpunkt im vorliegenden Buch ist der untere bis mittlere Leistungsbereich, also von mW bis etwa 1kW. Für höhere Leistungen, wo die Thyristor-Technik dominiert, gibt es zahlreiche gute Bücher, z.B. /4/-/8/, /10/-/13/. Für Wandler unter 1kW hingegen gibt es bis jetzt wenige Bücher z.B. /9/. Aber gerade in diesem Leistungsbereich werden viele neue Produkte entwickelt. So müssen viele Netzgeräte auf die PFC-Technik umgestellt werden, was meistens ein völlig neues Schaltungskonzept bedeutet. Im Kfz.-Bereich kommen laufend neue Funktionen hinzu, die neue Baugruppen und Vorschaltgeräte erfordern. Sie enthalten häufig Leistungselektronik und müssen bei extremen Umgebungsbedingungen eine hohe Zuverlässigkeit aufweisen.

Für diese Anwendungen brauchen wir spezifische Schaltungstechniken. Sie werden in diesem Buch vorgestellt und beschrieben. Alle Schaltungsbeispiele sind entweder in Serienprodukten eingesetzt oder in Prototypen realisiert worden. Sollte es beim Nachbau dennoch zu Fehlfunktionen kommen, stehe ich Ihnen für weitere Informationen gerne zur Verfügung.

Reutlingen, im September 2003

Ulrich Schlienz

E-Mail: Ulrich.Schlienz@FH-Reutlingen.de

Inhalt

1 Einführung

1.1 Vorbemerkung

In vielen Bereichen der Elektrotechnik werden heutzutage Schaltregler eingesetzt. In Geräten, wo früher noch ein Netztrafo mit Gleichrichter und nachfolgendem Längsregler zu finden war, sitzt heute ein Schaltregler. Der Grund dafür sind – wie eigentlich immer - die insgesamt niedrigeren Kosten. Zwar erscheint es im ersten Moment einfacher ein Netzteil mit Längsregler aufzubauen. Betrachtet man jedoch den Aufwand für die Wärmeabfuhr und das dafür nötige Volumen des Netzteils, sieht man schnell den Kostenvorteil für den Schaltregler.

Niedrigeres Gewicht, Einsatz für beliebige Spannungsniveaus, höherer Temperaturbereich durch höheren Wirkungsgrad sind weitere Vorteile. Neben diesen Argumenten spricht noch ein Punkt für den Schaltregler: In den letzten Jahren wurden die Leistungshalbleiter revolutionär verbessert und verbilligt. Auch im Bereich der passiven Leistungsbauelemente wie etwa der Kondensatoren konnten die Belastbarkeit deutlich gesteigert werden. Ausschlaggebend war im Niederspannungsbereich der Druck der Kfz-Industrie, der immer neue und innovative Lösungen forderte. Im Bereich der Ansteuer- und Regelschaltungen liefen die Entwicklungen in die gleiche Richtung: Prozessoren und andere programmierbare Bausteine stehen heute billig und mit hoher Leistungsfähigkeit zur Verfügung. Was für den Schaltungsentwickler unlösbar schwierig erschien, erledigen heute ein paar wenige ICs. Dabei ist die Entwicklung noch lange nicht am Ende. In Zukunft werden kundenspezifische ICs die komplette Ansteuerung und die Leistungsschalter beinhalten. Lediglich die Spulen, Transformatoren und Kondensatoren müssen noch dazugebaut werden. Die dabei erreichbare Miniaturisierung hängt eigentlich nur noch vom Wirkungsgrad ab, denn die Verlustwärme muss auch in Zukunft noch abgeführt werden können.

Zur Verdeutlichung sei ein Beispiel aus dem Kraftfahrzeugbereich erwähnt: Eine Baugruppe, die im Motorraum verbaut wird, hat Vorgaben für die Umgebungstemperatur von 100°C und darüber zu erfüllen. Dies ist die Temperatur im Motorraum des Fahrzeugs, also außen am Gehäuse der Leistungselektronik. Im Innern steigt die Temperatur natürlich auf höhere Werte an und so stößt man schnell an die physikalischen Grenzen, wenn etwa die Chiptemperatur der Halbleiter 170°C nicht überschreiten darf. Für Elektrolyt-Kondensatoren ist es noch problematischer. Sie werden auf maximal 130°C spezifiziert, weil darüber der Elektrolyt verdampft.

Gleichzeitig sind Ströme im Amperebereich zu schalten oder zu regeln, was in der Summe sehr hohe Anforderungen an die Schaltungen stellt. Rein physikalisch lässt sich die Temperaturproblematik bei der hohen Umgebungstemperatur nur lösen, wenn die Verluste so gering wie irgend möglich gehalten werden.

Neben diesem Beispiel gibt es natürlich noch das große Feld der Netzgeräte und in zunehmendem Maße auch Solaranwendungen. Bei den Netzgeräten steht die Forderung im Vordergrund, dass der Netzstrom sinusförmig verlaufen muss. Dazu werden die sogenannten PFC-Schaltungen benötigt (**P**ower-**F**actor-**C**orrector). Zu diesem Thema wird in Kapitel 1.3 eine kurze Einführung gegeben. In der Photovoltaik wird ein hoher Wirkungsgrad verlangt, da jeder Prozentpunkt an eingesparten Verlusten die Gesamtkosten senkt. Wenn beispielsweise eine Photovoltaik-Anlage 5 T€ kostete, dann ist eine Wirkungsgradsteigerung von einem Prozent 50 € wert.

Insgesamt stellt das Arbeitsgebiet Schaltregler ein riesiges Gebiet mit den unterschiedlichsten Leistungen und Anforderungen dar.

Das vorliegende Buch ist diesem Gebiet gewidmet. Teilweise erfolgt eine Konzentration auf den unteren bis mittleren Leistungsbereich, da die Kostensituation dort oft besonders kritisch ist und folglich einfache und robuste Lösungen gefragt sind.

Das Buch ist so aufgebaut, dass immer mit idealisierten Bauteilen begonnen wird und die wichtigsten Strom- und Spannungsverläufe für diesen Fall abgeleitet werden. In den ersten Kapiteln werden so die Grundlagen für die einzelnen Wandler erarbeitet. In jedem Kapitel befindet sich am Ende eine weiterführende Thematik.

Anschließend werden die wichtigsten Leistungsbauelemente hinsichtlich ihrer spezifischen Merkmale beschrieben und es werden einfache Ansteuerschaltungen vorgestellt, die mit Standard-Bauelementen arbeiten.

Ab Kapitel 14 folgen Ausführungen zur elektromagnetischen Verträglichkeit von Schaltreglern.

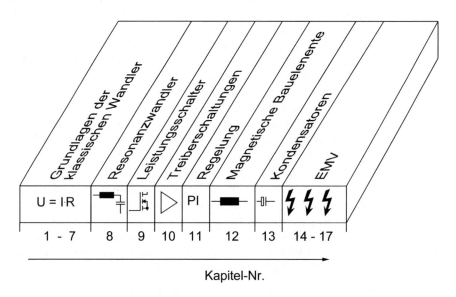

Bild 1.1:   Das Buch im Überblick.

1.2 Stromversorgungen

Spannungswandler dienen als Stromversorgungen für die unterschiedlichsten Geräte. Ihrer grund-sätzlichen Funktion nach können sie folgendermaßen gegliedert werden:

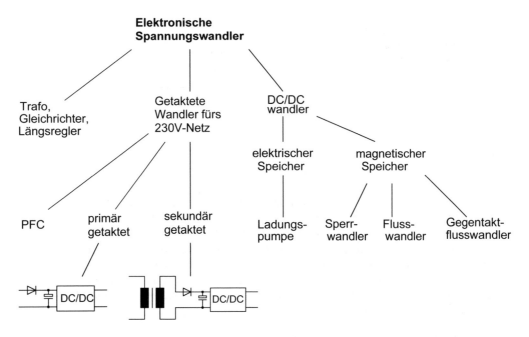

Bild 1.2: Elektronische Wandler.

Schwerpunkt im ersten Teil des Buches werden der Flusswandler, der Sperrwandler und der Gegentaktwandler sein. Die dabei gewonnen Kenntnisse können für 12V- und 24V-Netze direkt angewendet werden. Für die netzgespeisten Schaltregler bleiben die Schaltungstopologien diesel-ben. Lediglich die Dimensionierung erfolgt für höhere Spannungen. So lassen sich die Erkenntnis-se ohne Einschränkung auf die netzgespeisten Schaltregler übertragen.

Neben den "klassischen" Schaltreglern gibt es noch die Resonanzwandler. Sie haben in bestimmten Fällen Vorteile gegenüber den „klassischen" Schaltreglern, sind ihnen aber nicht grundsätzlich überlegen. Sie wurden aus Übersichtlichkeitsgründen in Bild 1.2 weggelassen. Einige Ausführun-gen zu den Resonanzwandlern finden sich in Kapitel 8.

1.3 PFC Power-Factor-Corrector

1.3.1   Problemstellung

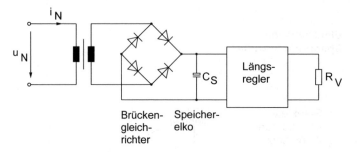

Bild 1.3: Schaltung eines „klassischen" Netzgerätes.

In Bild 1.3 ist die Schaltung eines konventionellen Netzgerätes gezeichnet. Die Netzspannung wird mit einem 50Hz-Transformator herunter transformiert. Der nachfolgende Brückengleich-richter lädt den Speicherelko C_S. Der Speicherelko übernimmt die Stromlieferung für den Verbraucher, wenn die herunter transformierte Netzspannung betragsmäßig kleiner als die Kondensatorspannung ist. Er muss fast 10ms lang den Strom für den Verbraucher liefern, bis er von der Netzseite wieder nachgeladen wird. Wird er dann nachgeladen, fließt kurzzeitig ein hoher Strom, der vom Netz geliefert wird. Dadurch verläuft der Netzstrom impulsförmig, etwa so, wie es in Bild 1.4 gezeichnet wurde.

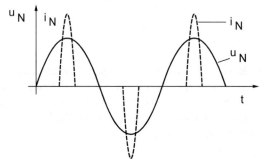

Bild 1.4: Netzspannung u_N und Netz-strom i_N beim „klassischen" Netzgerät.

Man spricht auch von einem Netzstrom, der stark oberwellenbehaftet ist. (Die Oberwellen werden in Kap. 15.5 für diesen Fall berechnet). Die Oberwellen verursachen unnötige Verluste auf dem Netz und „verbiegen" die sinusförmige Netzspannung zu einer Delle im Bereich des Scheitelwertes der Netzspannung, weil dort der hohe Strom ohmsche und induktive Span-nungsabfälle auf den Zuleitungen verursacht. Die Netzbetreiber verbieten deshalb Verbrau-cher mit einem „klassischen" Netzteil ab 75W, bzw. fordern für die Oberwellen des aufge-nommenen Stromes Maximalwerte gemäß Tabelle 1.1. Netzgeräte, welche die Grenzwerte nicht einhalten, dürfen nicht auf den Markt gebracht werden.

Oberwelle n	Zulässiger Oberwellenstrom je Watt [mA/W]	Maximal zulässiger Oberwellenstrom [A]	
Ungerade Harmonische			
3	3,4	2,3	
5	1,9	1,14	
7	1,0	0,78	
9	0,5	0,4	**Tabelle 1.1:** Strommaximalwerte der Oberwellen für Geräte mit einer Leistungsaufnahme von 75W bis 600W.
11	0,35	0,33	
13	0,3	0,21	
15 und größer	3,85/n	$0{,}15 \cdot \dfrac{15}{n}$	
Gerade Harmonische			
2	1,8	1,08	
4	0,7	0,42	
6	0,5	0,30	
8 und größer	$\dfrac{3}{n}$	$\dfrac{1{,}80}{n}$	

1.3.2 Lösung durch PFC

Durch zusätzlichen Schaltungsaufwand wird der Netzstrom so korrigiert, dass er trotz Speicherelko sinusförmig verläuft. Die prinzipielle Schaltung sieht folgendermaßen aus:

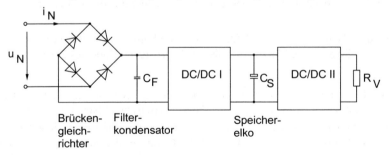

Bild 1.5: PFC-Schaltungsprinzip.

Der erste DC/DC-Wandler (DC/DC I) wandelt die gleichgerichtete, pulsierende Netzspannung auf die Spannung des Speicherelkos C_S. Er arbeitet üblicherweise als Aufwärtswandler wie er in Kap. 3 in diesem Buch beschrieben wird. Die Spannung des Speicherelkos liegt bei 350V bis 400V.

Der zweite DC/DC-Wandler (DC/DC II) wandelt diese hohe Spannung auf die Verbraucher-spannung herunter. Dafür eignet sich der Abwärtswandler (siehe Kap. 2), der Eintaktfluss-wandler (Kap. 6), der Gegentaktflusswandler (Kap. 7) oder auch ein Resonanzwandler (Kap. 8 Resonanzwandler).

Die PFC-Funktion findet ausschließlich durch DC/DC I statt. An dessen Eingang liegt die gleichgerichtete Netzspannung. Sie verläuft sinusbetragsförmig. C_F ist ein reiner Filterkondensator für die hohe Schaltfrequenz von DC/DC I und hat für die Netzfrequenz praktisch keinen Einfluss. DC/DC I arbeitet über den ganzen Spannungsbereich von nahezu 0V bis zum Scheitelwert der Netzspannung (325V). Er regelt dabei den Netzstrom so, dass er proportional zur Netzspannung ist. Bei Lastschwankungen am Verbraucher hält ein übergeordneter Regler die Spannung auf C_S in den erlaubten Grenzen, indem er die Proportionalitätskonstante verändert. Die Wirkung zeigt Bild 1.6.

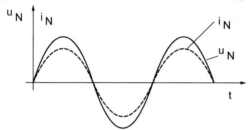

Bild 1.6: Netzspannung u_N und Netzstrom i_N mit PFC.

Die PFC-Schaltung wirkt zunächst recht kompliziert und ist es in gewisser Weise auch. Er-leichternd kommt jedoch hinzu, dass es zahlreiche ICs für die Ansteuerung der PFC-Schaltungen gibt. Die Veränderung einer Proportionalitätskonstanten bedeutet in der Praxis eine Multiplikation. Deshalb enthalten die ICs einen analogen Multiplizierer. Sie enthalten ebenfalls die notwendigen Reglerstrukturen. Lediglich die Reglerzeitkonstanten werden mit RC-Glieder extern eingestellt. Eine eventuell notwendige Potentialtrennung (erfolgt meist in DC/DC II) und die dazu notwendige potentialtrennende Ansteuerung müssen extern des ICs realisiert werden.

Für eine Vertiefung des Themas PFCs empfiehlt sich das Studium der „Application notes" der IC-Hersteller. (Unitrode,SGS.. siehe hierzu auch die Literaturliste am Ende des Buches)

Abschließend sei noch angemerkt, dass die Energiespeicherung auch hier auf dem Speicher-elko C_S erfolgt und in ähnlicher Größe nötig ist wie beim „klassischen" Netzteil. Die Speiche-rung erfolgt zwar auf hohem Spannungsniveau, was für die Baugröße eines Kondensators günstig ist. Dennoch dürfen wir uns nicht wundern, wenn C_S das größte oder eines der größten Bauelemente der ganzen PFC-Schaltung ist. Eine Energiespeicherung ist rein physikalisch mit einem gewissen Volumen des Speicherelements verbunden und kann deshalb nicht beliebig verkleinert werden.

1.4 Die Ladungspumpe

1.4.1 Schaltungsbeispiele

In Datenblättern wird dieser Wandler auch "Switched-Capacitor Voltage Converter" genannt. Gemeint ist ein Wandler, der als Energiezwischenspeicher einen Kondensator verwendet. Auf diesen Kondensator wird periodisch elektrische Ladung "gepumpt", d.h. er wird auf die Eingangsspannung aufgeladen und anschließend wird er auf die Ausgangsspannung entladen.

Mit einer einstufigen Ladungspumpe kann die Eingangsspannung verdoppelt werden oder sie kann invertiert werden. Die Schaltung kann diskret aufgebaut werden, wenn z.B. ein geeigneter Takt zur Verfügung steht oder sie kann mit einem käuflichen (DIL) IC realisiert werden.

Für 5V-Anwendungen gibt es beispielsweise den ICL7660. Er macht aus +5V-Eingangsspannung ca. -5V-Ausgangsspannung. Er enthält bereits alle notwendigen Funktionen bis auf die eigentlichen Kondensatoren. Sie müssen noch extern dazugebaut werden.

Eine ganze Reihe ähnlicher IC gibt es von MAXIM für verschieden Spannungen.

Sehr interessant ist beispielsweise der MAX232, der die +9V und -9V für die serielle Schnittstelle RS232 aus einer einfachen 5V-Versorgung erzeugt. Die Treiber und Pegelumsetzer sind gleich mit auf dem Chip und der Chip enthält 2 komplette serielle Schnittstellen.

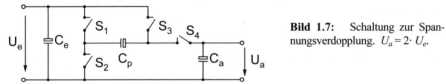

Bild 1.7: Schaltung zur Spannungsverdopplung. $U_a = 2 \cdot U_e$.

Typischerweise arbeiten solche Schaltungen im Bereich von einigen 10kHz und mit symmetrischem Tastverhältnis. In der ersten Halbperiode sind die Schalter S_2 und S_3 geschlossen. Der Kondensator C_p wird auf U_e aufgeladen. In der zweiten Halbperiode werden S_1 und S_4 geschlossen und C_p entlädt sich (teilweise) in den Ausgangskondensator C_a. Da C_p dabei mit seiner negativ geladenen Elektrode auf U_e aufgesetzt wird, ist U_a um die Kondensatorspannung höher als U_e. Bei niedrigem Ausgangsstrom führt dies maximal zur doppelten Eingangsspannung.

Die erreichbare Ausgangsspannung ist natürlich von der Last abhängig. Typische Daten sind etwa: $U_e = 5V, f = 10kHz, I_a = 10mA, C_p = C_a = 10\mu F$. Dann erhält man für $U_a \approx 9V$.

Pumpschaltungen können auch zur Erzeugung von negativen Hilfsspannungen verwendet werden:

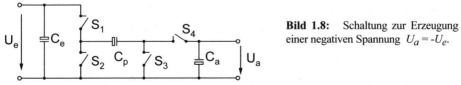

Bild 1.8: Schaltung zur Erzeugung einer negativen Spannung $U_a = -U_e$.

Mit geschlossenen S_1 und S_3 wird C_P auf U_e aufgeladen. Danach werden S_2 und S_4 geschlossen und C_P entlädt sich in den Ausgangskondensator C_a.

Die Schaltungen in Bild 1.7 und Bild 1.8 sind für kleine Ausgangsströme geeignet. Sie sind extrem platzsparend und preiswert realisierbar. Der Vollständigkeit wegen muss aber darauf hingewiesen werden, dass auch sie nicht ganz ohne Störungen arbeiten, denn immerhin werden sie im kHz-Bereich hart geschaltet. Bei Messschaltungen oder dergleichen kann es deshalb vorkommen, dass noch eine weitere RC-Beschaltung ausgangsseitig oder sogar eingangsseitig nötig wird.

1.4.2 Wirkungsgrad und Ausgangsleistung einer Ladungspumpe

Gegeben sei die Pumpschaltung zur Spannungsverdopplung in Bild 1.7. Unter der Voraussetzung idealer Bauteile sollen folgende Größen berechnet werden:

a) die Ladungsmenge ΔQ, die bei einer Schaltperiode transportiert wird,

b) die Ausgangsleistung P_a,

c) den Ausgangsstrom I_a

d) den Wirkungsgrad η

in Abhängigkeit von U_e, U_a, C_P und Schaltfrequenz f.

Zahlenwerte: $U_e = 5\text{V}$, $C_p = 10\mu\text{F}$, $f = 10\text{kHz}$.

Zu a: S_2 und S_3 geschlossen:

C_p nimmt vom Eingang die Ladung $\Delta Q = \left[U_e - \left(U_a - U_e \right) \right] \cdot C_P = \left(2 \cdot U_e - U_a \right) \cdot C_P$ auf.

Zu b: S_1 und S_4 geschlossen:

C_p gibt an den Ausgang die Ladung ΔQ ab.

$$\Rightarrow P_a = W_a \cdot f = U_a \cdot \Delta Q \cdot f = U_a \cdot \left(2U_e - U_a \right) \cdot C_p \cdot f$$

Zu c:

$$I_a = \Delta Q \cdot f = \left(2U_e - U_a \right) \cdot C_p \cdot f$$

Zu d:

$$\eta = \frac{P_a}{P_e} = \frac{\Delta Q \cdot U_a \cdot f}{2 \cdot \Delta Q \cdot U_e \cdot f} = \frac{U_a}{2 \cdot U_e}$$

Für die angegebenen Zahlenwerte erhalten wir das Ergebnis:

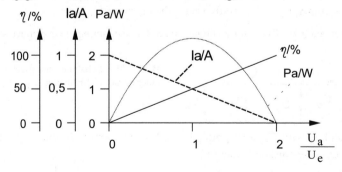

Bild 1.9: Wirkungsgrad und Ausgangsleistung einer Ladungspumpe.

Die Schaltung hat einen hohen Wirkungsgrad für U_a ungefähr gleich $2U_e$. Gleichzeitig werden in diesem Arbeitspunkt der Ausgangsstrom und die Ausgangsleistung klein. Für die Herleitung hatten wir ideale Bauelemente vorausgesetzt. Unter realen Verhältnissen wird der Wirkungsgrad noch schlechter sein. Wollen wir eine große Ausgangsleistung haben, bekommen wir diese nur für $U_a \approx U_e$, was allerdings durch eine leitende Verbindung zwischen Eingang und Ausgang auch zu erreichen wäre. Damit eignet sich die Ladungspumpe (die Ergebnisse sind auf andere Schaltungstopologien mit geschalteten Kapazitäten übertragbar) nur für sehr kleine Ausgangsleistungen wie etwa Hilfsstromversorgungen mit wenigen mA-Stromaufnahme. Aus diesem Grund werden wir uns für den Rest des Buches ausschließlich Schaltungen mit magnetischen Energiespeichern widmen.

1.5 Idealisierung

Bevor wir die Wandler im Detail behandeln, müssen wir einige Vereinfachungen treffen, um das Wesentliche zu erkennen. Dazu nehmen wir vorab alle Bauteile als ideal an, betrachten damit die Schaltung, analysieren sie für diesen Idealfall und ergänzen nachträglich die parasitären Effekte.

Diese Vorgehensweise macht erfahrungsgemäß vielen Lesern große Schwierigkeiten, weil sie sofort eine Komplettlösung suchen. Dabei laufen sie allerdings Gefahr, dass sie sich in Details verirren und den Blick für die Gesamtaufgabe verlieren. Wir raten dringend zu einer Top-Down-Vorgehensweise: Im ersten Schritt muss die Schaltung für ideale Bauelemente vollständig verstanden sein und erst dann können die realen Eigenschaften der Bauelemente und des Aufbaus ergänzt werden. Was bedeutet nun Idealisierung in der Leistungselektronik? Zur Beantwortung betrachten wir die folgenden Schaltungen:

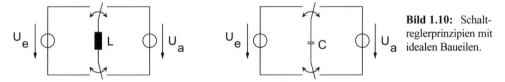

Bild 1.10: Schaltreglerprinzipien mit idealen Bauteilen.

Physikalisch bedingt haben wir bei elektrischen Schaltreglern zwei Möglichkeiten der Energiezwischenspeicherung. Wir können die elektrische Energie in Form von elektrischem Strom in einer Spule zwischenspeichern. Dies ist in Bild 1.10 im linken Teil gezeigt. Oder wir können die Energie in Form von Ladung auf einem Kondensator zwischenspeichern. Dies ist in der rechten Schaltung gezeigt. In beiden Fällen werden die Schalter synchron hin- und hergeschaltet, wodurch z.B. Energie an U_e aufgenommen und an U_a abgegeben wird.

Idealisierung bedeutet hier konkret:

-   U_e und U_a sind ideale Spannungsquellen bzw. –senken. Sie haben den Innenwiderstand 0Ω.
    Sie können einen beliebig großen Strom liefern oder aufnehmen, ohne dass sich die Spannung ändert.

-   Die Schalter haben einen unendlich großen Widerstand, wenn sie geöffnet sind und sie haben den Widerstand 0Ω, wenn sie geschlossen sind. Dies gilt auch noch, wenn sie durch einen Transistor oder eine Diode ersetzt werden! Darüber hinaus schalten sie unendlich schnell und haben keine Zeitverzögerung im Schaltvorgang. Dass dies in der Praxis nicht so ist, wollen wir immer erst im zweiten Schritt berücksichtigen.

- Die im Schaltplan gezeichneten Verbindungsleitungen haben keine Induktivität und keinen ohmschen Widerstand.

- Die Spule L hat keine Ummagnetisierungsverluste und keinen Wicklungswiderstand.

- Die Kapazität hat keinen Leckstrom durch das Dielektrikum und keinen Serienwiderstand.

Diese Idealisierungen sind Voraussetzung für die Betrachtungen in den nachfolgenden Kapiteln. In der Realität stehen zumindest keine idealen Spannungsquellen zur Verfügung, weswegen die Schaltregler sowohl eingangsseitig, als auch ausgangsseitig einen Elko erhalten:

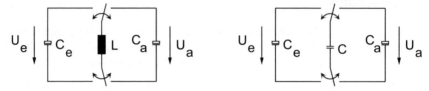

Bild 1.11: Elkos bewirken eine ideale Spannungsquelle.

Auch diese Elkos sind als ideal zu betrachten. Sie haben für den relevanten Frequenzbereich keinen Serienwiderstand und werden zunächst als unendlich groß angenommen. Das heißt sie können einen beliebig großen Strom liefern oder aufnehmen und halten dabei die Spannung konstant. Sie sind bei der Schaltfrequenz des Wandlers ideale Spannungsquellen.

Mit diesen Idealisierungen lassen sich die Leistungsteile der Wandler übrigens recht leicht simulieren. Die Simulationsprogramme haben kein Problem mit einem Kondensator, der eine Kapazität von 1F hat und gleichzeitig einen sehr großen Strom führen kann, ohne heiß zu werden.

Grundsätzlich möchte ich an dieser Stelle die Simulation als Hilfsmittel empfehlen. Sie kann dem Neuling auf dem Gebiet der Leistungselektronik zu ersten Erfolgserlebnissen verhelfen, ohne dass sie ihn durch explodierende Bauelemente gefährdet. Und sie kann selbst dem erfahrenen Entwickler frühzeitig Fehler oder Schwachpunkte seiner Idee aufzeigen. Die Simulation ersetzt aber nicht das Grundverständnis für eine Schaltung, ersetzt nicht die konsequente Interpretation einer Formel, die wir uns erarbeitet haben. Eine Formel oder eine qualitativ erkannte Gesetzmäßigkeit, die uns neue Erkenntnisse über unseren Wandler liefern oder uns erst in die Lage versetzen, die Anforderungen an die Bauelemente genau zu spezifizieren.

Simulationsprogramme, mit denen ich gearbeitet habe:

- Pspice

- Simplorer

- Circuit-Maker

Die Reihenfolge entspricht der Bedeutung, die ich den Programmen beimesse.

2 Der Abwärtswandler

2.1 Der Abwärtswandler mit nicht lückendem Strom

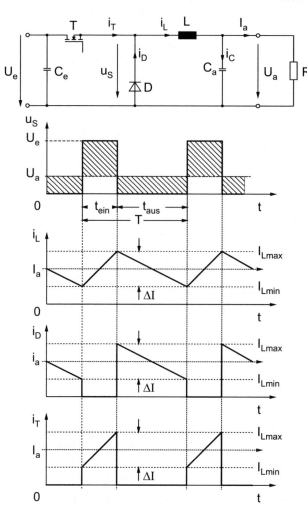

Bild 2.1: Schaltung und Strom- und Spannungsverläufe des Abwärtswandlers.

Der Abwärtswandler ist der einfachste Wandler von allen Schaltreglern und soll deshalb als erste Schaltung behandelt werden. Wie aus dem Namen hervorgeht, wandelt er eine Eingangsspannung in eine kleinere Ausgangsspannung um. Er hat die gleiche Funktion wie ein Längsregler, hat jedoch einen höheren Wirkungsgrad und damit niedrigere Wärmeverluste. Rein physikalisch kann sein Wirkungsgrad nahezu 100% erreichen. Die Grenzen sind lediglich in den nicht idealen Bauelementen gesetzt. So sorgen beispielsweise Schaltverluste des Leistungsschalters, ohmsche Widerstände der Induktivität, der Leiterbahnen oder des leitenden Leistungstransistors und etwa die Erwärmung der Blockkondensatoren für eine Abweichung von 100% Wirkungsgrad. In der Praxis erfolgt immer eine Kompromissdimensionierung der Schaltung zwischen Aufwand und Wirkungsgrad. Extremfälle für die Wandlerdimensionierung finden wir bei Photovoltaik-Anwendungen, wo ein extrem hoher Wirkungsgrad gefordert wird. Dort werden Wirkungsgrade bis 96%, in Ausnahmefällen bis 98% erreicht. In anderen Bereichen, wo die Kosten im Vordergrund stehen, genügen oft 80% Wirkungsgrad oder sogar deutlich weniger.

Wir setzen für die Behandlung des Wandlers alle Idealisierungen von Kap. 1 voraus und beschränken uns auf den Leistungsteil der Schaltung. Die Regelung und die Ansteuerung werden in den Kap. 10 und 11 beschrieben.

Das Verhalten des Wandlers wird vollständig durch die Zeiten t_{ein} (Transistor leitet) und t_{aus} (Transistor sperrt) bestimmt. Beide Zeiten werden sinnvoller Weise nicht willkürlich verändert. Vielmehr werden zur Steuerung der Leistungs-Hardware Verhältnisse von t_{ein} verwendet. Man variiert z.B. $\dfrac{t_{ein}}{t_{aus}}$ oder $\dfrac{t_{ein}}{t_{ein}+t_{aus}}$. Dabei kann eine Größe konstant gehalten werden, während die andere verändert wird. Das hat jeweils unterschiedliche Kennlinien zur Folge. Eine wichtige und häufig verwendete Definition ist das Tastverhältnis in Bezug auf t_{ein}. Wir definieren

$$v_T = \frac{t_{ein}}{T} = \frac{t_{ein}}{t_{ein}+t_{aus}} \qquad (2.1.1)$$

Darin ist T die Periodendauer und es gilt

$$f = \frac{1}{T} \qquad (2.1.2)$$

f ist die Arbeitsfrequenz des Wandlers. Häufig werden die Wandler mit konstanter Frequenz betrieben. Dann ist in Gl. (2.1.1) die Periodendauer T konstant und die Zeit t_{ein} veränderlich. Schaltungen zur Generierung solcher Tastverhältnisse werden in Kapitel 11 beschrieben.

Für die quantitative Behandlung des Abwärtswandlers müssen wir zwei grundsätzlich verschiedene Arbeitsweisen der Schaltung unterscheiden: Zum einen den Fall, dass der Strom i_L niemals zu Null wird. Dieser Fall liegt bei einem großen Ausgangsstrom vor und wird als „nicht lückender" oder kontinuierlicher Betrieb bezeichnet. Er ist in Bild 2.1 dargestellt und wird in Kapitel 2.1 behandelt.

Zum anderen gibt es den Fall, dass der Strom i_L zeitweilig zu Null wird. Wir nennen diesen Fall den „lückenden" oder diskontinuierlichen Betrieb. Er wird in Kapitel 2.2 näher untersucht.

Bild 2.1 zeigt oben die prinzipielle Schaltung des Abwärtswandlers. Die Eingangsspannung U_e wird über den Transistor T periodisch an die Induktivität L gelegt und treibt den Strom i_L durch die Induktivität. Wird T ausgeschaltet, fließt der Strom i_L über die Diode D weiter. Der Übergang des Stromes i_L von T auf D, also der Übergang von einem Leistungsschalter auf einen anderen wird allgemein als Kommutierung bezeichnet.

Der Verlauf von i_L ist in Bild 2.1 dargestellt. Sein Mittelwert ist der Ausgangsstrom I_a. Der Ausgangsstrom I_a ist in Bild 2.1 so groß angenommen, dass i_L niemals zu Null wird. Die Schaltung arbeitet also im nicht lückendem Betrieb.

Für die Verläufe in Bild 2.1 wurde weiter vorausgesetzt, dass sowohl die Eingangsspannung U_e als auch die Ausgangsspannung U_a konstant sind. Dies wird mit den Kondensatoren C_e und C_a erreicht.

2.1.1   Berechnung der Ausgangsspannung

Wir betrachten den eingeschwungenen oder stationären Zustand. Der Wandler arbeite mit konstanter Last und mit konstanter Eingangsspannung und wir haben damit eine strenge Periodizität aller Größen mit der Wandlerfrequenz f. Damit ist das in Bild 2.1 definierte ΔI während t_{ein} und während t_{aus} betragsmäßig gleich groß. Wäre es nicht so, würde der Ausgangsstrom I_a fortlaufend zu- oder abnehmen und das würde dem stationären Zustand widersprechen.

Die eingezeichneten schraffierten Bereiche im Verlauf von U_s sind flächengleich, bezogen auf die Ausgangsspannung U_a. Dies folgt aus der Grundgleichung für die Induktivität:

$$U_L = L \cdot \frac{\Delta I}{\Delta t} \quad \text{oder} \quad \Delta t \cdot U_L = L \cdot \Delta I \tag{2.1.3}$$

Der Betrag von ΔI muss für die Energieaufnahme und die Energieabgabe, bedingt durch den stationären Zustand gleich groß sein. Damit muss auch das Produkt $L \cdot \Delta I$ für beide Fälle gleich groß sein. Daraus folgt:

$$(U_e - U_a) \cdot t_{ein} = U_a \cdot t_{aus} \tag{2.1.4}$$

Des weiteren wurde in Bild 2.1 definiert:

$$\Delta I = I_{L\max} - I_{L\min} \tag{2.1.5}$$

Aus Gl. (2.1.4) erhält man:

$$\frac{U_a}{U_e} = \frac{t_{ein}}{T} = v_T \tag{2.1.6}$$

v_T ist das Tastverhältnis des Wandlers:

$$v_T = \frac{t_{ein}}{T} \tag{2.1.7}$$

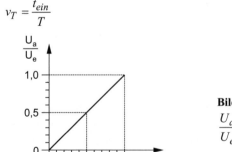

Bild 2.2:   Normierte Ausgangsspannung $\dfrac{U_a}{U_e}$ in Abhängigkeit von v_T.

2.1.2   Berechnung der Induktivität L

Die Größe der Induktivität L und der Stromrippel $\Delta I = I_{Lmax} - I_{Lmin}$ hängen wiederum über das Grundgesetz der Induktivität zusammen: $U_L = L \cdot \dfrac{\Delta I}{\Delta t}$ Da ΔI für die Einschaltdauer t_{ein} und die Ausschaltdauer t_{aus} betragsmäßig gleich groß ist, reicht die Betrachtung von einem der beiden Vorgänge aus. Wir betrachten den Entladevorgang der Spule (t_{aus}). Für ihn gilt:

$$U_a = L \cdot \frac{\Delta I}{t_{aus}} \tag{2.1.8}$$

wobei $t_{aus} = T - t_{ein} = T \cdot (1 - V_T)$.

Mit Gl. (2.1.6) folgt daraus:

$$t_{aus} = T \cdot (1 - \frac{U_a}{U_e}) \tag{2.1.9}$$

Mit Gl. (2.1.8) ergibt sich:

$$L = \frac{U_a \cdot T \cdot (1 - \frac{U_a}{U_e})}{\Delta I} \tag{2.1.10}$$

Damit haben wir eine erste Dimensionierungsgleichung für die Induktivität L. Der Stromrippel ΔI lässt sich für den minimalen nicht lückenden Strom angeben. In diesem Fall liegt der dreieckförmige Stromverlauf in Bild 2.1 so tief, dass die untere Kante gerade die Zeitachse berührt. I_{lmin} ist gerade Null. Für den Fall gilt:

$$\Delta I = 2 \cdot I_{ag} \tag{2.1.11}$$

Aus Gl. (2.1.10) und Gl. (2.1.11) erhalten wir die Dimensionierungsvorschrift für die Größe L:

$$L = \frac{U_a \cdot T \cdot \left(1 - \frac{U_a}{U_e}\right)}{2 \cdot I_{ag}} = \frac{U_a \cdot \left(1 - \frac{U_a}{U_e}\right)}{2 \cdot I_{ag} \cdot f} \tag{2.1.12}$$

2.1.3   Die Grenze für den nicht lückenden Betrieb

Bei dimensionierter Induktivität L kann aus (2.1.12) in umgekehrter Weise die Grenze des nicht lückenden Betriebs ermittelt werden:

$$I_{ag} = \frac{U_a \cdot (1 - V_T) \cdot T}{2 \cdot L} \tag{2.1.13}$$

Unterschreitet der Ausgangsstrom den Grenzwert I_{ag}, beginnt der Strom i_L zu lücken, wird also zeitweise Null. Dann gelten die in Kapitel 2.1 abgeleiteten Beziehungen nicht mehr und wir müssen uns neue überlegen und erarbeiten. Die Grenze, bei welcher der Ausgangsstrom zu lücken beginnt, kann aus Gl. (2.1.12) übersichtlicher angegeben werden, wenn wir eine Normierung durchführen, deren Sinn erst in Kapitel 2.2 erkennbar wird. Dort wird die normierte Ausgangsspannung $U_N = \frac{U_a}{U_e}$ und der normierte Ausgangsstrom $I_N = \frac{I_a \cdot L}{U_e \cdot T}$ definiert. Führen wir die Normierung in Gl. (2.1.13) ein und bezeichnen den normierten Ausgangsgrenzstrom mit I_{Nag}, so erhalten wir: $I_{Nag} = \frac{1}{2} \cdot U_N \cdot (1 - v_T)$.   Im Grenzfall gilt noch:

$$U_N = \frac{U_a}{U_e} = v_T$$

Daraus ergibt sich:

$$I_{Nag} = \frac{1}{2} \cdot U_N \cdot (1 - U_N) \tag{2.1.14}$$

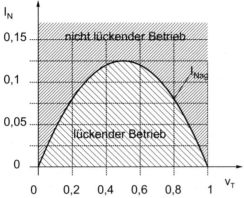

Bild 2.3: Nicht lückender und lückender Betrieb.

2.1.4 Die Größe des Ausgangskondensators

Die Anforderungen an die Leistungsschalter (T und D) gehen aus Bild 2.1 hervor, wenn wir die Verläufe für den konkreten Fall quantitativ richtig zeichnen. Als Beispiel für die Dimensionierung von weiteren Leistungsbauteilen sei hier der notwendige Kapazitätswert für den Ausgangskondensator C_a bestimmt. Der Eingangskondensator C_e kann nach dem selben Verfahren dimensioniert werden. Ein Beispiel findet sich in Kapitel 13.

Die Dimensionierung des Ausgangskondensators erfolgt hier zunächst für den idealen Kondensator. Für ihn gilt allgemein: $i_C = C \cdot \dfrac{du_C}{dt}$, wobei $i_C = i_L - i_a$ ist. Der Kondensator C_a sei so dimensioniert, dass die Ausgangsspannung als eine Gleichspannung mit einem kleinen überlagerten Wechselspannungsanteil betrachtet werden kann. Wenn nun die Ausgangsspannung nahezu eine Gleichspannung darstellt, fließt auch ein nahezu reiner Gleichstrom I_a in den Verbraucher. Damit wird der Gleichanteil von i_L gleich I_a und der Wechselanteil von i_L wird gleich i_C.

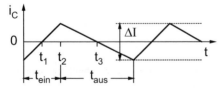

Bild 2.4: Verlauf des Kondensatorstromes i_C.

Für die Rechnung gehen wir von der minimalen Kondensatorspannung aus und berechnen die maximale Kondensatorspannung. Die minimale Kondensatorspannung liegt bei t_1 vor, die maximale bei t_3. Das Ergebnis liefert dann den Spitze-Spitze-Wert U_{WSS}. Es gilt:

$$U_{WSS} = \int_{t_1}^{t_3} \frac{i_C}{C} \cdot dt . \tag{2.1.15}$$

Von t_1 bis t_2 gilt: $i_C = \dfrac{\Delta I}{t_{ein}} \cdot t \quad für \quad 0 \le t \le \dfrac{t_{ein}}{2}$

Von t_2 bis t_3 gilt: $i_C = \dfrac{\Delta I}{2} - \dfrac{\Delta I}{t_{aus}} \cdot t \quad für \quad 0 \le t \le \dfrac{t_{aus}}{2}$

Damit können wir Gl. (2.1.15) ausrechnen:

$$U_{WSS} = \frac{1}{C} \cdot \int_{0}^{\frac{t_{ein}}{2}} \frac{\Delta I}{t_{ein}} \cdot t \cdot dt + \frac{1}{C} \cdot \int_{0}^{\frac{t_{aus}}{2}} \left(\frac{\Delta I}{2} - \frac{\Delta I}{t_{aus}} \cdot t \right) \cdot dt = \tag{2.1.16}$$

$$\frac{\Delta I}{C} \cdot \left(\frac{t_{ein}}{8} + \frac{t_{aus}}{4} - \frac{t_{aus}}{8} \right) = \frac{\Delta I}{8 \cdot C} \cdot (t_{ein} + t_{aus}) = \frac{\Delta I \cdot T}{8 \cdot C} \Rightarrow C = \frac{T \cdot \Delta I}{8 \cdot U_{WSS}}$$

Die U_{WSS} definierende Gleichung (2.1.16) gilt nur für den idealen Kondensator. In Wirklichkeit hat der Kondensator nicht nur eine Kapazität, sondern zusätzlich eine parasitäre Induktivität und einen ESR (**E**rsatz-**S**erien-**W**iderstand). In dem ESR sind alle Verluste des Kondensators zusammengefasst und in der Induktivität L_C alle induktive Komponenten, also auch die Induktivität der Anschlussdrähte und eventuell die Induktivität der Leiterbahnen.

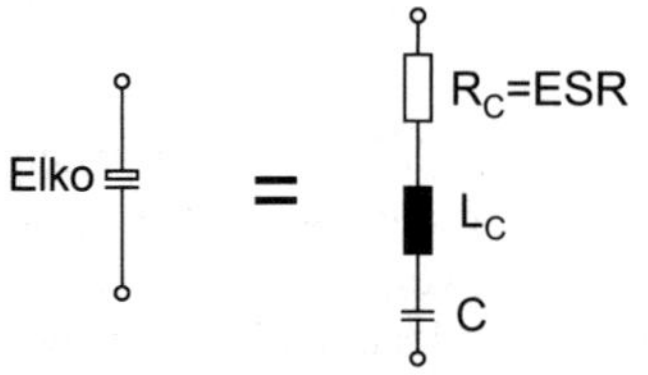

Bild 2.5:   Ersatzschaltbild eines Elkos.

Über die Reihenschaltung R_C, L_C, C fließt der Kondensatorstrom i_C, der den Wechselanteil des Drosselstroms darstellt. Er ist in Bild 2.6 oben dargestellt. Im gleichen Bild sind noch die prinzipiellen Spannungsverläufe an L_C, R_C und C eingezeichnet.

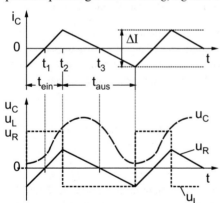

Bild 2.6:   Die Spannungsabfälle an den Ersatzelementen.

An R_C fällt die Spannung $U_R = R_C \cdot i_C$ ab. An L_C fällt die Spannung $u_L = L_C \cdot \dfrac{di_C}{dt}$ ab. Da i_C stückweise linear ist, wird U_{LC} stückweise konstant. Sie hat die Werte $L \cdot \dfrac{\Delta I}{t_{ein}}$ und $-L \cdot \dfrac{\Delta I}{t_{aus}}$, die in Bild 2.6 eingezeichnet sind. An C fällt die Spannung U_C ab, die in Bild 2.6 skizziert ist und deren Spitze-Spitze-Wert aus der Gleichung (2.1.16) zu entnehmen ist. U_C ist das Integral über dem Kondensatorstrom: $u_C = \int i_C dt + U_{C0}$, wenn U_{C0} die Gleichspannung auf dem Kondensator ist. Die gesamte Ausgangsspannung U_{wss} ergibt sich durch phasenrichtige Addition der einzelnen Anteile. Eine andere Möglichkeit besteht darin, dass man den dreieckförmigen Verlauf des Drosselwechselstroms durch seine Grundwelle annähert (also eine reine Sinusspannung annimmt). Diese Annäherung ist sehr grob. Eine genauere Analyse erreicht man, wenn man weitere Harmonische dazu nimmt. Der dreieckförmige Stromverlauf wird dazu nach Fourier in seine Grundwelle (erste Harmonische) und die höheren Harmonischen zerlegt. Für jede Harmonische können die Spannungsabfälle an den parasitären Bauelementen und dem eigentlichen Kondensator berechnet und phasenrichtig addiert werden. Da dieses Verfahren aufwendig ist, beschränkt man sich häufig auf die Berechnung der Grundwelle und überprüft das Ergebnis durch Messung der verbleibenden Welligkeit der Kondensatorspannung. Bei beiden Verfahren wird mit dem komplexen Scheinwiderstand Z des Kondensators und dem Kondensatorstrom der Spannungsabfall berechnet. Für den Betrag von Z gilt:

$$Z = \sqrt{ESR^2 + (\frac{1}{\omega \cdot C} - \omega \cdot L_C)^2} \qquad (2.1.17)$$

Ist der Wert für ESR bei der betreffenden Arbeitsfrequenz unbekannt, kann er aus dem Verlustwinkel berechnet werden:

$$ESR = \frac{\tan \delta}{\omega \cdot C} \qquad (2.1.18)$$

Zum ESR von Elektrolytkondensatoren und von Folienkondensatoren sind in Kapitel 13 weitere Angaben zu finden.

2.1.5   Numerische Bestimmung des Effektivwertes

Für die Strombelastbarkeit von Kondensatoren zählt der Effektivwert des Stromes, der häufig aus dem Oszillogramm numerisch bestimmt werden muss. Bei manchen Digital-Oszilloskopen ist die hier beschriebene Rechenoperation bereits implementiert. Andernfalls lässt sich der Effektivwert auch leicht mit einigen Stützstellen näherungsweise bestimmen, was für die Dimensionierung des Kondensators meist ausreicht.

Es gilt allgemein:

$$I = \sqrt{\frac{1}{T} \cdot \int_0^T i^2 dt} \qquad (2.1.19)$$

Für die diskrete Rechnung folgt daraus:

$$I = \sqrt{\frac{1}{N} \cdot \sum_{n=1}^{N} i_n^2} \qquad (2.1.20)$$

In Gl. (2.1.20) ist N die Anzahl der diskreten Stromwerte und n der laufende Index der Stromwerte. Die Anwendung von Gl. (2.1.20) soll an einem konkreten Stromverlauf in Bild 2.7 gezeigt werden.

Für die Berechnung des Effektivwerts des Stromverlaufs wird die Kurve durch diskrete Stromwerte angenähert. Die Näherung ist in Bild 2.7 gestrichelt eingezeichnet. Hier ist $N = 8$ und $1 \leq n \leq 8$. Mit Gl. (2.1.20) folgt:

$$I = \sqrt{\frac{1}{8}\left(1,8^2 + 3,2^2 + 1,1^2 + (-1,1)^2 + (-1,2)^2 + (-1,1)^2 + (-0,9)^2 + (-0,4)^2\right)}\,\text{A} = 1,562\,\text{A}$$

Wird eine höhere Genauigkeit gefordert, muss N vergrößert werden.

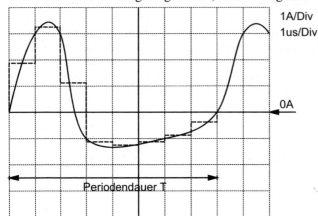

1A/Div
1us/Div

0A

Periodendauer T

Bild 2.7: Beispiel für einen gemessenen Stromverlauf.

Die Überprüfung kann mit einer Temperaturmessung erfolgen. Die Verlustleistung wird mit

$$P_V = I^2 \cdot ESR \tag{2.1.21}$$

berechnet. Die Verlustleistung führt zu einer Erwärmung des Elkos von $\Delta T = P_V \cdot R_{Th}$, wenn $[R_{Th}] = \dfrac{K}{W}$ ist. Der thermische Widerstand des Elkos ist meist nicht genau bekannt, da er neben der Gehäuseform auch vom Layout auf der Platine abhängt. Insofern ist die Rechnung recht ungenau und sollte durch eine Temperaturmessung im endgültigen Aufbau überprüft werden. Sie muss unabhängig davon sowieso erfolgen, da einerseits die Temperaturbelastung des Elkos bezüglich der maximal zulässigen Temperatur überprüft werden muss und andererseits über die Elko-Temperatur auf dessen zu erwartende Lebensdauer hoch gerechnet wird.

Die Hersteller geben die Lebensdauer in Abhängigkeit der Bauteiltemperatur an. Und so kann man über die auftretenden Temperaturen und die Belastungsdauer die Lebensdauer voraus berechnen. In vielen Geräten ist der Elko das Bauelement, das die Lebensdauer begrenzt. Deshalb ist die Überprüfung durch Messung und Rechnung besonders wichtig. Man kann mit dem Ergebnis leichter Garantiezusagen machen, bzw. die Garantiekosten abschätzen.

Der Alterungsprozess des Elkos ist übrigens physikalisch einfach zu erklären. Die eine Elektrode ist ein flüssiger Elektrolyt, der im Laufe der Zeit verdampft. Dadurch nimmt die Kapazität des Elkos ab und erreicht zum Ausfallzeitpunkt ihr unteres Design-Limit. Wie stark der Verdampfungsprozess statt findet, hängt in erster Linie von der Temperatur und dem Gehäuse ab. Die Temperatur können wir aus Kostengründen nur in gewissen Grenzen senken. Hingegen kann mit einem Gehäuse hoher Dichtheit die Lebensdauer deutlich vergrößert werden. Eine Möglichkeit ist die Verschweißung des Gehäuses. Diese Lösung ist sehr teuer, wurde aber beispielsweise für den Einsatz in Kampfflugzeugen erfolgreich eingesetzt.

2.2   Der Abwärtswandler mit lückendem Strom

Wenn der Ausgangsstrom durch eine verringerte Ausgangslast klein wird, tritt ein verändertes Verhalten des Wandlers auf. Der Spulenstrom i_L wird zeitweise Null. Dadurch gelten die Beziehungen von Kapitel 2.1 nicht mehr. Wir wollen uns jetzt überlegen, wie sich die Leistungs-Hardware in diesem Fall verhält.

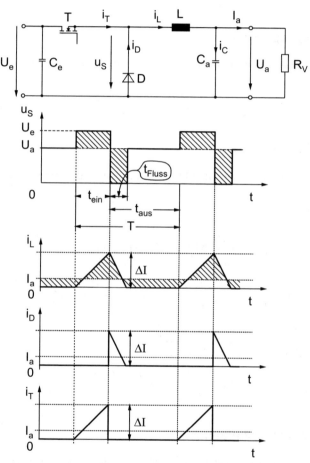

Bild 2.8: Stromverläufe im lückenden Betrieb des Abwärtswandlers.

Aus Bild 2.8 ergeben sich folgende Zusammenhänge:

Während der Zeit t_{ein} steigt der Strom in der Induktivität i_L auf ΔI an.

$$\Rightarrow U_e - U_a = L \cdot \frac{\Delta I}{t_{ein}}$$

(2.2.1)

Während der Zeit t_{Fluss} fällt er wieder auf Null ab.

$$\Rightarrow U_a = L \cdot \frac{\Delta I}{t_{Fluss}} \tag{2.2.2}$$

Aus Gl. (2.2.1) folgt:

$$\Delta I = \frac{(U_e - U_a) \cdot t_{ein}}{L} = \frac{(U_e - U_a)}{L} \cdot v_T \cdot T \tag{2.2.3}$$

2.2.1   Der Eingangsstrom

Aus Bild 2.8 lässt sich der zeitliche Mittelwert des Eingangsstromes I_e berechnen:

$$I_e = \frac{\Delta I}{2} \cdot \frac{t_{ein}}{T} = \frac{(U_e - U_a) \cdot v_T^2 \cdot T^2}{L \cdot 2 \cdot T} = \frac{(U_e - U_a) \cdot v_T^2 \cdot T}{2 \cdot L} \tag{2.2.4}$$

2.2.2   Der Ausgangsstrom

Aus Bild 2.8 lässt sich auch der zeitliche Mittelwert des Ausgangsstromes I_a berechnen:

$$I_a = \frac{\Delta I}{2} \cdot \frac{t_{ein} + t_{Fluss}}{T}$$

Aus Gl. (2.2.2) folgt: $t_{Fluss} = \frac{L \cdot \Delta I}{U_a}$. Mit Gl. (2.2.3) wird I_a:

$$I_a = \frac{\Delta I}{2} \cdot \left(v_T + \frac{L \cdot \Delta I}{T \cdot U_a} \right) = \frac{U_e - U_a}{2 \cdot L} \cdot v_T \cdot T \cdot \left(v_T + \frac{L \cdot (U_e - U_a) \cdot v_T \cdot T}{T \cdot U_a \cdot L} \right)$$

$$= \frac{(U_e - U_a) \cdot v_T^2 \cdot T}{2 \cdot L} + \frac{(U_e - U_a)^2 \cdot v_T^2 \cdot T}{2 \cdot L \cdot U_a} \tag{2.2.5}$$

$$= \frac{(U_e - U_a) \cdot v_T^2 \cdot T}{2 \cdot L} \cdot \left(1 + \frac{U_e - U_a}{U_a} \right) = \frac{(U_e - U_a) \cdot v_T^2 \cdot T}{2 \cdot L} \cdot \frac{U_e}{U_a}$$

2.2.3   Die Ausgangsspannung

Im Idealfall *(η = 100%)* ist die Eingangsleistung gleich der Ausgangsleistung: $U_e \cdot I_e = U_a \cdot I_a$.
Wir lösen die Gleichung nach U_a auf und setzen den Eingangsstrom nach Gl. (2.2.4) ein:

$$U_a = U_e \cdot \frac{I_e}{I_a} = \frac{U_e \cdot (U_e - U_a) \cdot v_T^2 \cdot T}{2 \cdot L \cdot I_a}$$

$$= \frac{U_e^2 \cdot v_T^2 \cdot T}{2 \cdot L \cdot I_a \cdot \left(1 + U_e \cdot \frac{v_T^2 \cdot T}{2 \cdot L \cdot I_a} \right)} = \frac{U_e^2 \cdot v_T^2 \cdot T}{2 \cdot L \cdot I_a + U_e \cdot v_T^2 \cdot T} \tag{2.2.6}$$

Zur besseren Übersicht führen wir die normierte Eingangsspannung U_N und den normierten Ausgangsstrom I_N ein:

$$U_N = \frac{U_a}{U_e} \qquad I_N = \frac{I_a \cdot L}{U_e \cdot T} \tag{2.2.7}$$

Aus Gl. (2.2.6) wird $\dfrac{U_a}{U_e} = \dfrac{v_T^2}{\dfrac{2 \cdot L \cdot I_a}{U_e \cdot T} + v_T^2}$ normiert:

$$U_N = \frac{v_T^2}{2 \cdot I_N + v_T^2} \tag{2.2.8}$$

2.2.4   Grenze zum nicht lückenden Betrieb

Wir führen den normierten Ausgangsgrenzstrom I_{Nag} ein. Das ist der Strom, bei dem der Spulenstrom gerade noch nicht lückt. Wir erhalten ihn zu $I_{ag} = \dfrac{\Delta I}{2} \Rightarrow \Delta I = \dfrac{(U_e - U_a) \cdot v_T^2 \cdot T}{L \cdot v_T}$:

$$I_{Nag} = \frac{\Delta I \cdot L}{2 \cdot U_e \cdot T} = \frac{(U_e - U_a) \cdot v_T \cdot T \cdot L}{2 \cdot U_e \cdot T \cdot L} = \frac{1}{2} \cdot \left(1 - \frac{U_a}{U_e}\right) \cdot v_T = \frac{1}{2} \cdot (1 - U_N) \cdot v_T \tag{2.2.9}$$

Für $I_N = I_{Nag}$ ist $v_T = \dfrac{U_a}{U_e} = U_N$ und damit $I_{Nag} = \dfrac{U_N}{2} \cdot (1 - U_N)$

Der Vergleich mit Gl. (2.1.14) zeigt, dass die Annäherung an die Grenze von beiden Betriebsmodi aus dieselbe Grenzkurve liefert. Auf der Grenzkurve gilt noch $\dfrac{U_a}{U_e} = v_T$, deshalb können wir auch schreiben:

$$I_{Nag} = \frac{v_T}{2} \cdot (1 - v_T) \tag{2.2.10}$$

Die Ergebnisse der Gleichungen (2.2.9) bis (2.2.10) sind in Bild 2.9 berechnet und dargestellt.

Bild 2.9 stellt somit das Ausgangskennlinienfeld des Wandlers mit dem Parameter v_T dar. Für große Ausgangsströme wird die Ausgangsspannung unabhängig vom Ausgangsstrom. Der Wandler ist eine Spannungsquelle. Dieser Fall ist im rechten Teil von Bild 2.9 zu sehen. Dort arbeitet der Wandler im nicht lückenden Betrieb.

Reduzieren wir den Ausgangsstrom, so erreichen wir die Grenzkurve I_{Nag}. Links von dieser Kurve lückt der Wandler und die Ausgangsspannung wird vom Ausgangsstrom abhängig. Wie die Kurvenschar zeigt, wird die Abhängigkeit um so stärker, je kleiner der Ausgangsstrom wird.

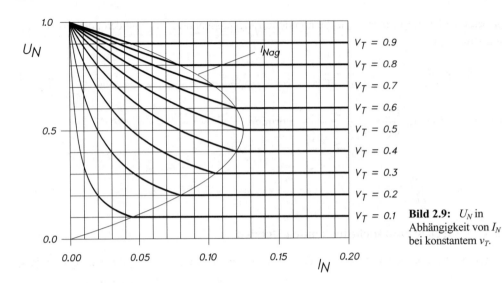

Bild 2.9: U_N in Abhängigkeit von I_N bei konstantem v_T.

2.2.5   Tastverhältnis in Abhängigkeit des Ausgangsstroms

Es stellt sich hier die Frage: Wie muss v_T verändert werden, damit die Ausgangsspannung bei veränderlichem Ausgangsstrom konstant gehalten werden kann?

Wir lösen Gl. (2.2.8) nach v_T auf:

$$v_T = \sqrt{\frac{2 \cdot U_N \cdot I_N}{U_N - 1}} \tag{2.2.11}$$

Damit können wir v_T in Abhängigkeit von I_N angeben, für den Fall, dass U_N konstant gehalten werden soll:

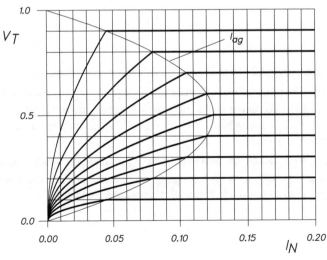

Bild 2.10: Tastverhältnis v_T in Abhängigkeit von I_N für konstante Ausgangsspannungen U_N.

Bei allen Reglern wollen wir die Ausgangsspannung bei sich ändernder Last konstant halten. Wie Bild 2.10 zeigt, ist dies für große Ausgangsströme sehr leicht möglich, weil der Wandler von sich aus die Ausgangsspannung konstant hält. Bei kleinen Ausgangslasten hingegen muss der Regler das Tastverhältnis stark reduzieren, um eine konstante Ausgangsspannung zu erreichen. Dies gilt es bei der Reglerdimensionierung zu berücksichtigen. Es ist nach Bild 2.10 nicht verwunderlich, wenn der Wandler bei großer Last stabil arbeitet und bei kleiner Last plötzlich zu schwingen anfängt oder die Ausgangsspannung unruhig wird. Es hilft dann nur, den Regler auf den kritischen Fall der Minimallast auszulegen.

Hinweis: Die Unterscheidung in die Betriebsmodi nichtlückender - lückender Strom bzw. kontinuierlicher - diskontinuierlicher Betrieb ist daraus entstanden, dass für den zweiten Schalter eine Diode verwendet wird. Sie schaltet sich selbst zum richtigen Zeitpunkt ein und aus, wodurch die Schaltung des Wandlers vereinfacht wird. Verwendet man für den zweiten Schalter ebenfalls einen Transistor, der während t_{aus} eingeschaltet wird, so kann der Strom während t_{aus} auch negativ werden und es gelten dann die Beziehungen für den nichtlückenden Betrieb bis zu beliebig kleinen Ausgangsströmen herunter. Im Extremfall, wenn die Ausgangslast völlig weggenommen wird, bleibt die Ausgangsspannung dennoch gemäß Gl. (2.1.6) stabil. Es wird dann nur Energie hin- und hergeschaufelt. In Kapitel 3.3 wird am Beispiel des Aufwärtswandlers auf diesen Sachverhalt genauer eingegangen.

2.3 Der Abwärtswandler mit Umschwingkondensator

2.3.1 Vorbemerkung

In der Leistungselektronik können die Schalter durch Schwingkreise entlastet werden. Bei geschickter Anordnung des Schwingkreises erfolgt der Schaltvorgang "weich" und nahezu ohne Schaltverluste. Für jede Wandlerart gibt es eine Vielzahl solcher Entlastungs- oder Umschwingnetzwerke. Hier seien nur solche vorgestellt, die einen einfachen LC-Schwingkreis beinhalten, der zum Beispiel durch einen zusätzlichen Kondensator im Zusammenspiel mit der sowieso vorhandenen Induktivität entsteht. Zur Einführung soll an zwei Beispielen das Prinzip erläutert werden:

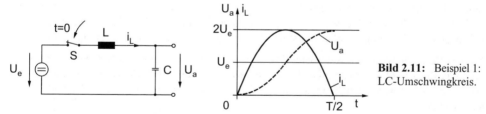

Bild 2.11: Beispiel 1: LC-Umschwingkreis.

Die Schaltung sei energielos, wenn zum Zeitpunkt $t = 0$ der Schalter S geschlossen wird. Im Schaltmoment ist i_L Null, wodurch keine Schaltverluste entstehen. Erst danach steigt i_L an, so wie es im rechten Bild gezeigt ist. Die Ausgangsspannung U_a erreicht maximal den Wert $2 \cdot U_e$ und zwar im Zeitpunkt $t = \dfrac{T}{2}$, wenn gilt $T = 2 \cdot \pi \cdot \sqrt{L \cdot C}$. Zu diesem Zeitpunkt kann S verlustleistungsfrei geöffnet werden. Somit wurde der Kondensator C auf die Spannung $U_a = 2 \cdot U_e$ aufgeladen, ohne dass dabei Verlustenergie entstanden ist.

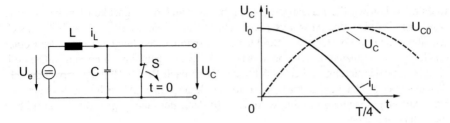

Bild 2.12: Beispiel 2: Umschwingkreis mit aufgeladener Drossel.

Hier war der Schalter S eine gewisse Zeit geschlossen, sodass in der Induktivität der Strom I_0 fließt, wenn S zum Zeitpunkt $t = 0$ öffnet. Im Öffnungsmoment kommutiert der Strom i_L schlagartig auf den Kondensator C. Die Spannung am Kondensator steigt mit endlicher Steigung an und würde für $t = \dfrac{T}{4}$ ihren Maximalwert erreichen. Oft wird der Umschwingvorgang aber gar nicht so weit durchlaufen, weil die Schaltung auf eine konstante Ausgangsspannung arbeitet:

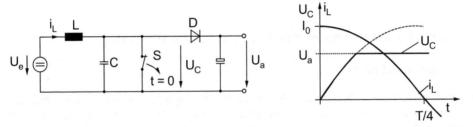

Bild 2.13: Umschwingen bis zur Ausgangsspannung.

In den Bild 2.12 und Bild 2.13 wurden die Kurvenverläufe vereinfacht dargestellt. Sie gelten so nur angenähert für den Fall einer großen Induktivität L und eines kleinen Kondensators C. Die Vereinfachung ist aber zulässig, wenn L die Leistungsinduktivität des Wandlers ist und C die Ausgangskapazität des Leistungsschalters darstellt, die vielleicht noch um einige nF ergänzt wurde.

Diese zwei Beispiele wurden aus einer großen Anzahl von Schaltungsmöglichkeiten herausgegriffen, um das Prinzip zu demonstrieren. Richtig angewendet haben die Umschwingkreise alle die Eigenschaft, dass sie *weich* schalten und damit *Schaltverluste und Störungen vermeiden* oder drastisch reduzieren.

2.3.2   Schaltung beim Abwärtswandler

Der Umschwingkreis kann beim Abwärtswandler realisiert werden, wenn die Schaltung um den Umschwingkondensator C_u ergänzt wird.

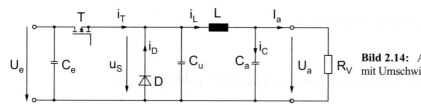

Bild 2.14: Abwärtswandler mit Umschwingkondensator.

Der zugehörige Spannungsverlauf u_S (t) sieht wie folgt aus:

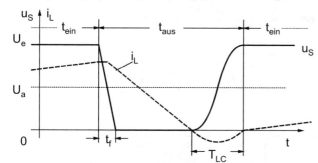

Bild 2.15: Spannungsverlauf beim Abwärtswandler mit Umschwingkondensator.

In Bild 2.15 wurde der Spezialfall $U_a = \dfrac{U_e}{2}$ dargestellt und es wurden die Kurvenverläufe leicht vereinfacht und idealisiert gezeichnet.

Während t_f gilt:

$$\frac{du}{dt} \approx \frac{i_{emax}}{C} \tag{2.3.1}$$

für T_{LC} gilt:

$$T_{LC} \approx \pi \cdot \sqrt{L \cdot C} \tag{2.3.2}$$

Das Hochschwingen während T_{LC} funktioniert natürlich nur, wenn der Wandler immer an der Lückgrenze betrieben wird. Genau genommen sogar immer ein bisschen unterhalb der Lückgrenze, da i_L geringfügig negativ wird. Dies bedeutet insbesondere deshalb eine starke Einschränkung, weil damit die Wandlerfrequenz lastabhängig wird und nicht wie bisher konstant gehalten werden kann.

Des weiteren sieht man in Bild 2.15 , dass der Umschwingvorgang nur dann vollständig möglich ist, wenn gilt $\dfrac{U_e}{2} \leq U_a \leq U_e$. In der Praxis geht der Bereich noch etwas weiter, weil die Sperrverzugszeit von D den Strom noch negativer werden lässt. Damit steht mehr Energie für das Umschwingen zur Verfügung und U_a darf etwas kleiner als $\dfrac{U_e}{2}$ werden. Trotz dieser gravierenden Einschränkungen kann der Umschwingbetrieb aus den genannten Gründen sinnvoll sein. Weniger erzeugte Störungen bedeuten automatisch weniger Filter- oder Schirmungsaufwand. So kann es durchaus sein, dass für einen hartgeschalteten Wandler ein Metallgehäuse unumgänglich ist, während für einen weich geschalteten Wandler gleicher Ausgangsleistung ein Kunststoffgehäuse verwendet werden kann.

3 Der Aufwärtswandler

3.1 Der Aufwärtswandler mit nicht lückendem Strom

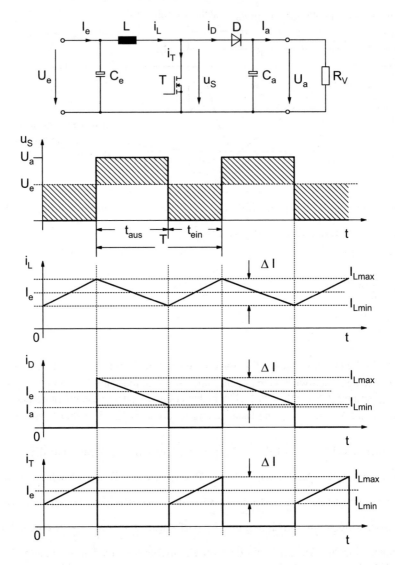

Bild 3.1: Leistungsteil des Aufwärtswandlers mit den wichtigsten Strom- und Spannungsverläufen.

Die Induktivität L wird während der Zeit t_{ein} bei leitendem Transistor T an die Eingangsspannung U_e geschaltet, wodurch i_L ansteigt. Energie wird in die Induktivität geladen. Erst in der zweiten Phase, wenn T sperrt, (während t_{aus}) fließt Strom über die Diode auf die Ausgangsseite. Die Energieübertragung erfolgt in der Sperrphase des Transistors, deshalb heißt der Wandler Sperrwandler. Für die nachfolgende Berechnungen wollen wir alle Bauelement als ideal betrachten, so wie wir es in der Einführung (Kapitel 1.5) vorgesehen haben.

3.1.1   Berechnung der Ausgangsspannung

Ausgehend von der Grundgleichung der Induktivität $u_L = L \cdot \dfrac{di_L}{dt}$ ergibt sich hier für die Dauer t_{ein}:

$$U_e = L \cdot \frac{\Delta I}{t_{ein}} \tag{3.1.1}$$

und für die Zeit t_{aus}:

$$U_a - U_e = L \cdot \frac{\Delta I}{t_{aus}} \tag{3.1.2}$$

mit $\Delta I = I_{L\,max} - I_{L\,min}$.

Im stationären Zustand ist ΔI in Gl. (3.1.1) und Gl. (3.1.2) gleich groß. Deshalb folgt aus beiden Gleichungen: $U_e \cdot t_{ein} = (U_a - U_e) \cdot t_{aus}$. Beide Spannungszeitflächen sind also gleich groß. In Bild 3.1 ist die Flächengleichheit durch die entsprechende Schraffur gekennzeichnet.

Zur Berechnung der Ausgangsspannung dividieren wir Gl. (3.1.2) durch Gl. (3.1.1):

$\dfrac{U_a}{U_e} - 1 = \dfrac{t_{ein}}{t_{aus}}$ mit $T = t_{ein} + t_{aus}$ folgt:

$$\frac{U_a}{U_e} - 1 = \frac{t_{ein}}{T - t_{ein}} \quad \Rightarrow \quad \frac{U_a}{U_e} = \frac{T}{T - t_{ein}} = \frac{1}{1 - v_T} \tag{3.1.3}$$

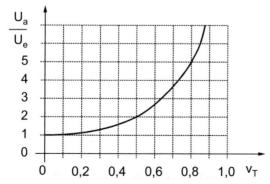

Bild 3.2: Normierte Ausgangsspannung des Aufwärtswandlers.

In Bild 3.2 wurde gemäß Gl. (3.1.3) die Ausgangsspannung des Aufwärtswandlers dargestellt. Zwischen U_N und v_T besteht kein linearer Zusammenhang wie etwa beim Abwärtswandler. Für

Werte von v_T in der Gegend von 1,0 wird die Steigung sehr steil, was den Betrieb der Schaltung in diesem Bereich sehr schwierig bis unmöglich macht. Zusätzlich muss beachtet werden, dass der Transistor mit der vollen Ausgangsspannung belastet wird. Dessen zulässige Drain-Source-Spannung erreicht für $v_T = 0,9$ bereits die zehnfache Eingangsspannung!

Wenn eine variable Arbeitsfrequenz erlaubt ist, können wir den Wandler auch mit einer konstanten Auszeit t_{aus} betreiben. Aus Gl. (3.1.3) folgt:

$$\frac{U_a}{U_e} = \frac{1}{1-v_T} = \frac{T}{T-t_{ein}} = \frac{t_{ein}+t_{aus}}{t_{aus}} = 1+\frac{t_{ein}}{t_{aus}} \qquad (3.1.4)$$

Für die Arbeitfrequenz erhalten wir dann: $f = \dfrac{1}{T} = \dfrac{1}{t_{ein}+t_{aus}} = \dfrac{1}{t_{aus} \cdot \left(\dfrac{t_{ein}}{t_{aus}}+1\right)}$

$$\Rightarrow f \cdot t_{aus} = \frac{1}{1+\dfrac{t_{ein}}{t_{aus}}} \qquad (3.1.5)$$

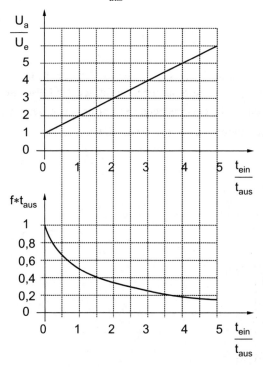

Bild 3.3: Ausgangsspannung im Betrieb mit variabler Frequenz und festem t_{aus}.

3.1.2   Der Eingangsstrom

Der Eingangskondensator C_e puffert den Drosselstrom i_L. Er bildet den Mittelwert:

$$I_e = \overline{i_L} \qquad (3.1.6)$$

3.1.3 Berechnung des Ausgangsstromes

Nur während der Dauer t_{aus} fließt Strom auf die Ausgangsseite. In Bild 3.1 ist dies der Diodenstrom i_D. Der Ausgangskondensator C_a glättet den trapezförmigen Stromverlauf. Bei richtiger Dimensionierung von C_a wird I_a nahezu ein Gleichstrom. Die Trapezfläche wird auf die Periodendauer T verteilt:

$$I_a = I_e \cdot \frac{t_{aus}}{T} = I_e \cdot \frac{T - t_{ein}}{T} = I_e \cdot (1 - v_T) \tag{3.1.7}$$

Zur Kontrolle berechnen wir die Eingangsleistung: $P_e = U_e \cdot I_e$ und die Ausgangsleistung:

$P_a = U_a \cdot I_a$ und setzen Gl. (3.1.3) und Gl. (3.1.7) ein:

$$P_a = U_a \cdot I_a = U_e \cdot \frac{1}{1 - v_T} \cdot I_e \cdot (1 - v_T) = P_e \tag{3.1.8}$$

Eingangs- und Ausgangsleistung müssen bei einem idealen Wandler gleich sein, da er per Definition verlustfrei arbeitet. Deshalb ist Gl. (3.1.8) plausibel.

3.1.4 Berechnung der Induktivität L

Aus Gl. (3.1.1) folgt: $t_{ein} = \dfrac{\Delta I \cdot L}{U_e}$ und aus Gl. (3.1.2) folgt: $t_{aus} = \dfrac{\Delta I \cdot L}{U_a - U_e}$

Mit $T = t_{ein} + t_{aus}$ folgt: $T = \dfrac{\Delta I \cdot L}{U_e} + \dfrac{\Delta I \cdot L}{U_a - U_e}$

$$\Rightarrow \quad L = \frac{T \cdot U_e \cdot (U_a - U_e)}{\Delta I \cdot (U_a - U_e) + \Delta I \cdot U_e} = \frac{T \cdot U_e \cdot (U_a - U_e)}{\Delta I \cdot U_a} = \frac{T}{\Delta I} \cdot U_e \cdot \left(1 - \frac{U_e}{U_a}\right) \tag{3.1.9}$$

Mit Gl. (3.1.9) können wir den Induktivitätswert in Abhängigkeit von Eingangs-, Ausgangsspannung, Arbeitsfrequenz des Wandlers und dem gewünschten ΔI bestimmen. Zusammen mit dem maximal vorkommenden I_{lmax} (in Bild 3.1 eingezeichnet) kann damit das Bauteil L hinsichtlich Kerngröße und Wicklung dimensioniert werden. Wenn der Stromripple ΔI nicht feststeht, kann der Induktivitätswert auch für einen minimalen Ausgangsstrom festgelegt werden, bei dem noch kein lückender Betrieb auftritt. Der trapezförmige Verlauf von i_L in Bild 3.1 ist an der Lückgrenze gerade dreieckförmig. Die Höhe des Dreiecks ist ΔI. Wir bezeichnen den Ausgangsstrom für diesen Grenzfall mit I_{ag}. Für I_{ag} gilt:

$$I_{ag} = \frac{\Delta I}{2} \cdot \frac{t_{aus}}{T} = \frac{\Delta I}{2} \cdot \frac{T - t_{ein}}{T} = \frac{\Delta I}{2} \cdot (1 - v_T) \Rightarrow \quad \Delta I = \frac{2 \cdot I_{ag}}{1 - v_T} = 2 \cdot I_{ag} \cdot \frac{U_a}{U_e}$$

mit Gl. (3.1.9) folgt für die Induktivität L:

$$L = \frac{T}{2 \cdot I_{ag} \cdot \dfrac{U_a}{U_e}} \cdot U_e \cdot \left(1 - \frac{U_e}{U_a}\right) = \frac{T}{2 \cdot I_{ag}} \cdot \frac{U_e^2}{U_a^2} \cdot (U_a - U_e) \tag{3.1.10}$$

3.1.5   Die Größe der Ausgangskapazität

Der Ausgangskondensator C_a muss eine so große Kapazität haben, dass die Ausgangsspannung einen vorgegebenen Ripple U_{CSS} nicht überschreitet. Zur Bestimmung des Ripples betrachten wir die Zeit t_{ein}, in der die Induktivität primärseitig aufgeladen wird. Während t_{ein} fließt kein Strom auf die Sekundärseite herüber und der Ausgangsstrom muss vom Ausgangskondensator geliefert werden. In dieser Zeit entlädt sich der Kondensator, seine Spannung sinkt vom Maximalwert auf den Minimalwert ab. Anschließend wird er wieder aufgeladen. Der Ladevorgang und der Entladevorgang müssen im eingeschwungenen Zustand zu der gleichen Spannungsänderung auf dem Kondensator führen. Somit ist die Spannung am Ende von t_{ein} um U_{CSS} kleiner als zu Beginn von t_{ein}. Es gilt:

$$I_a = C \cdot \frac{U_{CSS}}{t_{ein}} \Rightarrow C = I_a \cdot \frac{t_{ein}}{U_{CSS}} \tag{3.1.11}$$

Der Kapazitätswert des Ausgangskondensators muss also für den maximalen Ausgangsstrom und die maximale Einschaltdauer (maximales t_{ein}) für eine vorgegebene Ausgangswelligkeit (U_{CSS}) dimensioniert werden.

3.1.6   Die Grenze des nicht lückenden Betriebs

Aus Gl. (3.1.10) kann die Grenze für den nicht lückenden Betrieb (kontinuierlich fließenden Strom) angegeben werden:

$$I_{ag} = \frac{T}{2 \cdot L} \cdot \frac{U_e^2}{U_a^2} \cdot (U_a - U_e) \tag{3.1.12}$$

Wir führen den normierten Ausgangsgrenzstrom $I_{Nag} = \dfrac{I_{ag} \cdot L}{T \cdot U_e}$ und die dazugehörige normierte

Ausgangsspannung $U_{Nag} = \dfrac{U_a}{U_e}$ ein und erhalten damit aus Gl. (3.1.12):

$$I_{Nag} = \frac{1}{2} \cdot \frac{1}{U_{Nag}} \cdot \left(1 - \frac{1}{U_{Nag}}\right) \tag{3.1.13}$$

Die Umkehrfunktion lautet:

$$U_{Nag} = \frac{1 \pm \sqrt{1 - 8 \cdot I_{Nag}}}{4 \cdot I_{Nag}} \tag{3.1.14}$$

Sie ist in Bild 3.5 als Grenzkurve eingezeichnet.

Die Normierung auf I_{Nag} und U_{Nag} wird in Kapitel 3.2 genauer begründet.

3.2 Der Aufwärtswandler mit lückendem Strom

In diesem Kapitel soll noch der Fall besprochen werden, dass der Strom durch die Drossel L nicht kontinuierlich fließt, sondern bisweilen zu Null wird. Diesen Betrieb des Wandlers nennen wir den "lückenden" Betrieb.

3.2.1   Die Stromverläufe

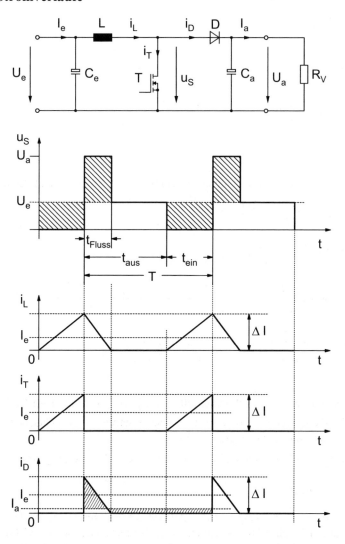

Bild 3.4: Die Strom- und Spannungsverläufe des Aufwärtswandlers im lückenden Betrieb.

Nach dem Abschalten des Transistors T fließt der Strom nur noch für die Zeit t_{Fluss} durch die Induktivität weiter, dann ist die Energie, die in der Induktivität gespeichert war, verbraucht und die Schaltung "wartet" auf den nächsten Einschaltzeitpunkt des Transistors. In der Wartezeit nimmt dann die Spannung u_S den Wert der Eingangsspannung an.

3.2.2   Berechnung der Ausgangsspannung

Aus Bild 3.4 lassen sich folgende Beziehungen erkennen:

$$\frac{U_e}{L} = \frac{\Delta I}{t_{ein}} \tag{3.2.1}$$

$$\frac{U_a - U_e}{L} = \frac{\Delta I}{t_{Fluss}} \tag{3.2.2}$$

$$I_e = \frac{\Delta I}{2} \cdot \frac{\left(t_{ein} + t_{Fluss}\right)}{T} \tag{3.2.3}$$

$$I_a = \frac{\Delta I}{2} \cdot \frac{t_{Fluss}}{T} \tag{3.2.4}$$

Durch Zusammenfassung der Gleichungen (3.2.1) bis (3.2.4) ergeben sich folgende Beziehungen:

Aus Gl. (3.2.4) folgt: $t_{Fluss} = \dfrac{2 \cdot I_a}{\Delta I} \cdot T$

Aus Gl. (3.2.1) folgt: $\Delta I = \dfrac{U_e}{L} \cdot t_{ein}$

in Gl. (3.2.2) eingesetzt: $\dfrac{U_a - U_e}{L} = \dfrac{\Delta I^2}{2 \cdot I_a \cdot T} = \dfrac{U_e^2 \cdot t_{ein}^2}{L^2 \cdot 2 \cdot I_a \cdot T} = \dfrac{U_e^2}{2 \cdot L^2 \cdot I_a} \cdot v_T^2 \cdot T$

$$\Rightarrow \quad U_a = \frac{U_e^2 \cdot v_T^2 \cdot T}{2 \cdot L \cdot I_a} + U_e \quad \Rightarrow \quad \frac{U_a}{U_e} = \frac{U_e \cdot v_T^2 \cdot T}{2 \cdot L \cdot I_a} + 1 \tag{3.2.5}$$

Für den idealen, d.h. verlustlosen Wandler gilt: $U_a \cdot I_a = U_e \cdot I_e$. Mit dieser Beziehung lassen sich aus Gl. (3.2.5) die Eingangs- und Ausgangsgrößen ersetzen, so dass Gleichungen entstehen, die dem jeweiligen Anwendungsfall angepasst sind.

Zum besseren Verständnis von Gl. (3.2.5) führen wir eine Normierung durch:

3.2.3   Normierung

Wenn wir die Ausgangsspannung und den Ausgangsstrom normieren, werden die Beziehungen einfacher und übersichtlicher. Dies ist vor allem für den lückenden Betrieb wichtig. Wir wollen die Normierung an dieser Stelle einführen und die Grenze zum nicht lückenden Betriebs in normierter Darstellung angeben. Wir führen die normierte Ausgangsspannung und den normierten Ausgangsstrom wie folgt ein:

$$U_N = \frac{U_a}{U_e} \tag{3.2.6}$$

$$I_N = \frac{I_a \cdot L}{T \cdot U_e} \tag{3.2.7}$$

Mit Gl. (3.2.6) und Gl. (3.2.7) wird aus Gl. (3.2.5):

$$U_N = \frac{v_T^2}{2 \cdot I_N} + 1 \tag{3.2.8}$$

3.2.4 Die Grenze zum nicht lückenden Betrieb

Der Strom durch die Drossel lückt gerade noch nicht, wenn $t_{Fluss} = t_{aus}$.
Dann ist I_a gerade gleich I_{ag}.

Aus Gl.(3.2.4) folgt für diesen Grenzfall:

$$I_{ag} = \frac{\Delta I}{2} \cdot \frac{t_{aus}}{T} \tag{3.2.9}$$

Aus Gl.(3.2.1) kann ΔI berechnet werden: $\Delta I = \frac{U_e}{L} \cdot t_{ein}$

in Gl. (3.2.9) eingesetzt:

$$I_{ag} = \frac{U_e \cdot t_{ein}}{2 \cdot L} \cdot \frac{t_{aus}}{T} = \frac{U_e}{2 \cdot L} \cdot v_T \cdot (T - t_{ein}) = \frac{U_e \cdot t_{ein}}{2 \cdot L} \cdot (1 - v_T)$$

$$\Rightarrow \quad I_{Nag} = \frac{v_T}{2} \cdot (1 - v_T) \tag{3.2.10}$$

Mit Gl.(3.2.8) kann auch U_{Nag} ausgerechnet werden:

$$U_{Nag} = \frac{v_T^2}{v_T \cdot (1 - v_T)} + 1 = \frac{1}{1 - v_T} \tag{3.2.11}$$

Gl. (3.2.11) stimmt natürlich für den Grenzfall mit dem nicht lückenden Betrieb überein.

Dort gilt: $\dfrac{U_a}{U_e} = \dfrac{1}{1 - v_T}$

Aus Gl.(3.2.10) und Gl. (3.2.11) lässt sich die Grenzkurve berechnen:

$$I_{Nag} = \frac{1}{U_{Nag}} \cdot \frac{1}{2} \cdot \left(1 - \frac{1}{U_{Nag}}\right) \quad \text{und darstellen:}$$

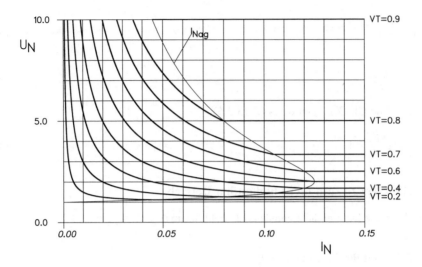

Bild 3.5: Ausgangskennlinienfeld im lückenden Betrieb.

Durch Veränderung von v_T kann man die Ausgangsspannung auch für Ströme kleiner als I_{NAG} konstant halten:

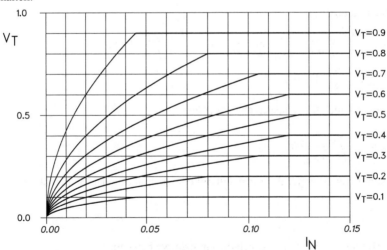

Bild 3.6: v_T in Abhängigkeit von I_N bei konstanter Ausgangsspannung.

Wird der Ausgangsstrom klein, muss das Tastverhältnis überproportional zurückgenommen werden.

3.3 Bidirektionaler Energiefluss

Wir haben beim Abwärtswandler und beim Aufwärtswandler zwischen lückendem und nicht lückendem Strom unterschieden. Das war nötig, weil die Diode nur in Flussrichtung leitet und somit keine negativen Ströme durchlässt. Im Folgenden wird die Diode durch einen Schalter ersetzt, der den Strom in beide Richtungen durchlässt. Unter der Voraussetzung idealer Schalter lässt sich die Schaltung dann folgendermaßen angeben:

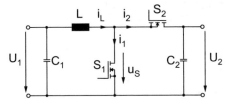

Bild 3.7: Aufwärtswandler mit zwei Schaltern.

Beide Schalter werden gegensinnig betätigt. Wenn der eine leitet, sperrt der andere und umgekehrt. Während der Zeit t_{ein} leitet S_1 und während t_{aus} leitet S_2. Für die Strom- und Spannungsverläufe gelten bei großem Ausgangsstrom die prinzipiell bereits bekannten Bilder:

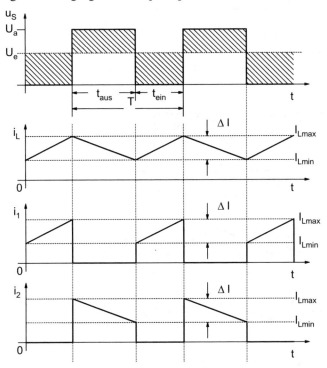

Bild 3.8: Verläufe bei großem Ausgangsstrom.

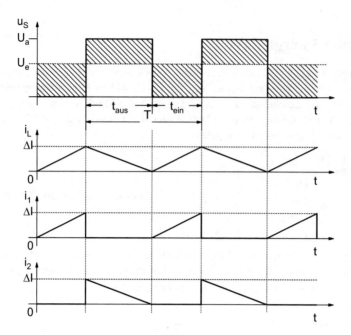

Bild 3.9: Verläufe beim Ausgangsgrenzstrom.

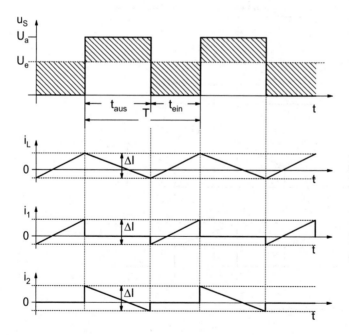

Bild 3.10: Verläufe bei sehr kleinem Ausgangsstrom.

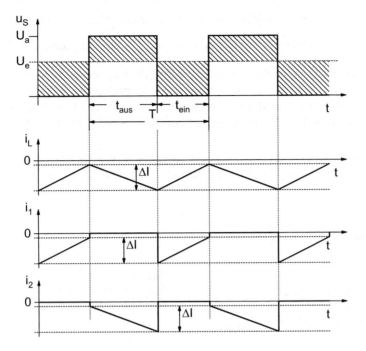

Bild 3.11: Verläufe bei negativem Ausgangsstrom.

Wie Bild 3.8 bis Bild 3.11 zeigen, findet bei der Schalterversion kein lückender Betrieb mehr statt. In Bild 3.11 werden die Ströme negativ, d.h. von der Spannung U_2 wird Energie zur Spannung U_1 übertragen.

Beim Aufwärtswandler gilt nach Gl. (3.1.3): $\dfrac{U_2}{U_1} = \dfrac{1}{1 - v_T}$

Die Gleichung lässt sich umformen:

$$\frac{U_1}{U_2} = 1 - v_T \tag{3.3.1}$$

Mit $v_T = \dfrac{t_{ein}}{T} = \dfrac{T - t_{aus}}{T} = 1 - \dfrac{t_{aus}}{T}$ folgt hieraus:

$$\frac{U_1}{U_2} = \frac{t_{aus}}{T} = v_T^* \tag{3.3.2}$$

wenn wir $v_T^* = \dfrac{t_{aus}}{T}$ definieren. Gl. (3.3.2) liefert die Beziehung für die Ausgangsspannung des Abwärtswandlers, wenn wir sowohl Eingangs- und Ausgangsspannung, als auch t_{ein} und t_{aus} vertauschen.

Beide Wandler sind also bei der Verwendung von Schaltern mit der gleichen Schaltungstopologie realisierbar. Mit einem vorgegebenen Tastverhältnis stellen wir $\frac{U_2}{U_1}$ ein. Der Energiefluss ist dabei in beide Richtungen möglich und ergibt sich in der realen Schaltung automatisch aufgrund der genauen Höhe von U_1 und U_2. Jeweils eine Seite arbeitet als Spannungsquelle, während die andere als Spannungssenke funktioniert. Sobald die Spannungssenke eine minimal höhere Spannung als die Spannungsquelle liefert, dreht sich der Energiefluss um und die Quelle und die Senke tauschen ihre Funktion.

Der Aufwärts-/Abwärtswandler verhält sich genau wie ein Transformator, mit dem einzigen Unterschied, dass er Gleichspannung transformiert. Wir könnten ihn somit als „Gleichspannungstransformator" bezeichnen.

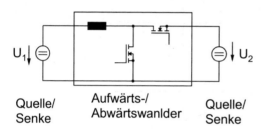

Bild 3.12: Aufwärts- oder Abwärtswandler. Der Energiefluss bestimmt die Funktion.

Eine Anwendung von diesem Verhalten könnte z.B. die Pufferung einer Kraftfahrzeugbatterie mit einem Kondensator sein. Seit einiger Zeit stehen hochkapazitive Kondensatoren zur Verfügung. Ein solcher Kondensator könnte beim Startvorgang einen großen Strom zur Entlastung der Batterie liefern. Nach dem Startvorgang wird er über die Lichtmaschine wieder aufgeladen. Als Glied zwischen Batterie und Starter könnte ein Gleichspannungstransformator wie in Bild 3.12 verwendet werden. Da die Stromstärken in beiden Fällen stark unterschiedlich sind, muss der Stromfluss geregelt werden. Prinzipiell könnte das mit jedem Wandlerprinzip geschehen, jedoch kann es regelungstechnisch besonders günstig mit dem hier beschriebenen Prinzip realisiert werden. Man kann den Wandler auf ein bestimmtes Gleichspannungsübersetzungsverhältnis einstellen. Dann ergibt sich der Energiefluss selbstständig auf Grund des Energiebedarfs.

4 Der Inverswandler

4.1 Der Inverswandler mit nicht lückendem Strom

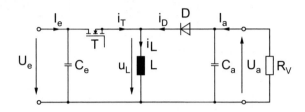

Bild 4.1: Schaltbild des Leistungsteils.

Er trägt seinen Namen von der Eigenschaft, dass er die positive Eingangsspannung in eine negative Ausgangsspannung wandelt. Die Pfeilung in Bild 4.1 berücksichtigt bereits die negative Ausgangsspannung und den negativen Ausgangsstrom.

Wir unterscheiden wieder zwei Fälle:

Fall 1: Der Transistor T leitet. Die Dauer, in der er leitet, nennen wir t_{ein}.

Fall 2: Der Transistor T sperrt. Die Dauer ist t_{aus}.

Während t_{ein} liegt an L die volle Eingangsspannung. Die Diode D sperrt. U_L ist gleich U_e und der Strom i_L steigt linear an. Wird nun der Transistor T gesperrt, dann erzwingt die in der Spule gespeicherte Energie, dass i_L weiter fließt. Im ersten Moment ist i_L genau gleich groß und hat die gleiche Richtung wie vor dem Schaltvorgang. Er findet nur einen Weg, nämlich den über die Diode D. Diese leitet und an der Induktivität L liegt die Ausgangspannung. Sie ist negativ und durch den Ausgangskondensator C_a konstant. Damit nimmt i_L linear ab. Am Ende von t_{aus} wird T wieder eingeschaltet. Der Strom i_L kommutiert von Diode zurück auf den Transistor und das Spiel beginnt von Neuem.

Im eingeschwungenen Zustand wiederholen sich die beschriebenen Vorgänge streng periodisch, d.h. t_{ein} ist über viele Taktperioden konstant. Dasselbe gilt für t_{aus} und die jeweilige Stromänderung. Der Spulenstrom nimmt zwar in jeder Periode zu und wieder ab. Im Mittel bleibt er jedoch gleich groß. Der eingeschwungene oder stationäre Zustand ermöglicht eine einfache Betrachtung des Wandlers, die wir nachfolgend durchführen wollen.

Wir gehen zunächst von einem hinreichend großen Ausgangsstrom aus, der dafür sorgt, dass i_L niemals zu Null wird. Für diesen Fall und unter der Annahme von idealen Bauelementen zeichnen wir die wichtigsten Strom- und Spannungsverläufe des Wandlers.

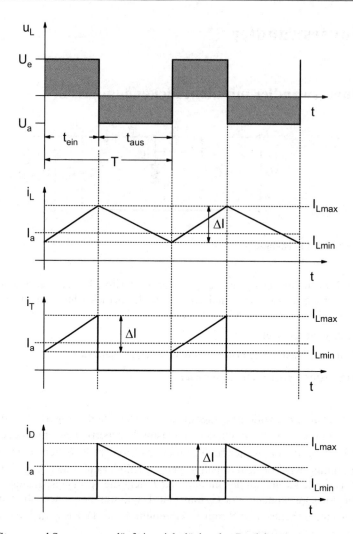

Bild 4.2: Die Strom- und Spannungsverläufe im nicht lückenden Betrieb.

Aus Bild 4.2 lassen sich folgende Beziehungen angeben:

$$U_e = L \cdot \frac{\Delta I}{t_{ein}} \tag{4.1.1}$$

$$U_a = L \frac{\Delta I}{t_{aus}} \tag{4.1.2}$$

Im eingeschwungenen Zustand ist ΔI in beiden Gleichungen gleich groß und wir erhalten die gleichen Spannungszeitflächen an der Induktivität L für t_{ein} und t_{aus}. Sie sind in Bild 4.2 oben markiert.

4.1.1 Die Ausgangsspannung

Aus beiden Gleichungen lässt sich $L \cdot \Delta I$ eliminieren, so dass die Beziehung entsteht:

$$\frac{U_a}{U_e} = \frac{t_{ein}}{t_{aus}} = \frac{t_{ein}}{T - t_{ein}} = \frac{v_T}{1 - v_T} \tag{4.1.3}$$

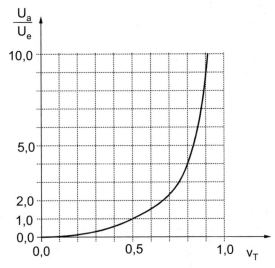

Bild 4.3: Ausgangsspannung des Inverswandlers.

In Bild 4.3 ist das Verhältnis von Ausgangsspannung zu Eingangsspannung über dem Tastverhältnis v_T dargestellt. Ähnlich wie beim Aufwärtswandler erhält man auch hier eine nichtlineare Beziehung zwischen Ausgangsspannung und Tastverhältnis.

Will man eine lineare Beziehung erreichen, muss das Verhältnis $\dfrac{t_{ein}}{t_{aus}}$ zur Ansteuerung verwendet werden. Aus Gl. (4.1.3) folgt:

$$\frac{U_a}{U_e} = \frac{t_{ein}}{T - t_{ein}} = \frac{t_{ein}}{t_{aus}} \tag{4.1.4}$$

Darin können wir t_{aus} festhalten und t_{ein} verändern. Dann wird $U_a \sim t_{ein}$.

Wir erkaufen die Proportionalität mit einer Variation der Arbeitsfrequenz:

Aus $f = \dfrac{1}{T} = \dfrac{1}{t_{ein} + t_{aus}}$ folgt:

$$f \cdot t_{aus} = \frac{1}{1 + \dfrac{t_{ein}}{t_{aus}}} \tag{4.1.5}$$

Die Gl. (4.1.4) und die Gl. (4.1.5) sind nachfolgend gezeichnet:

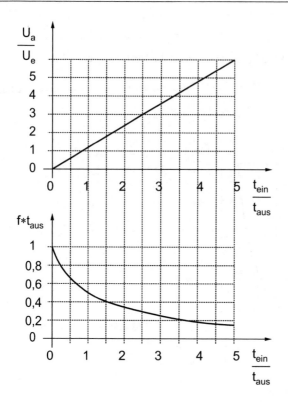

Bild 4.4: Ausgangsspannung und Arbeitsfrequenz bei konstantem t_{aus}.

Obwohl die Betriebsweise in Bild 4.4 wegen der linearen Beziehung zwischen Steuergröße und Ausgangsspannung auf den ersten Blick verlockend erscheint, wird der Wandler meistens doch mit dem Tastverhältnis gesteuert, um eine konstanter Arbeitsfrequenz zu erreichen. Man nimmt die gekrümmte Kennlinie in Bild 4.3 in Kauf und regelt die Ausgangsspannung mit einem genügend langsamen Regler auf den gewünschten Wert.

4.1.2 Berechnung der Induktivität L

Aus (4.1.1) folgt: $t_{ein} = \dfrac{L \cdot \Delta I}{U_e}$ und aus (4.1.2) folgt: $t_{aus} = \dfrac{L \cdot \Delta I}{U_a}$

Mit $T = t_{ein} + t_{aus}$ folgt: $T = L \cdot \Delta I \cdot \left(\dfrac{1}{U_e} + \dfrac{1}{U_a} \right)$

$$\Rightarrow L = \frac{T}{\Delta I} \cdot \frac{U_a \cdot U_e}{U_a + U_e} \tag{4.1.6}$$

ΔI lässt sich für den minimalen Ausgangsstrom angeben, bei dem der Strom durch die Induktivität noch nicht lückt:

$$I_{ag} = \frac{\Delta I}{2} \cdot \frac{t_{aus}}{T} \quad \Rightarrow \Delta I = \frac{2 \cdot I_{ag} \cdot T}{t_{aus}}$$

Damit ergibt sich für die Induktivität:

$$L = \frac{T \cdot t_{aus}}{2 \cdot I_{ag} \cdot T} \cdot \frac{U_e \cdot U_a}{U_e + U_a} \tag{4.1.7}$$

Im Grenzfall gilt (4.1.3) gerade noch. Daraus lässt sich v_T berechnen:

$$(1 - v_T) \cdot \frac{U_a}{U_e} = v_T \quad \Rightarrow \quad v_T = \frac{U_a}{U_e} \cdot \frac{1}{1 + \dfrac{U_a}{U_e}} = \frac{U_a}{U_e + U_a}$$

und mit

$$t_{aus} = T - t_{ein} = T \cdot (1 - v_T) = T \cdot \left(1 - \frac{U_a}{U_e + U_a} \right) = T \cdot \frac{U_e}{U_e + U_a}$$

in Gl. (4.1.7) einsetzen:

$$L = \frac{1}{2 \cdot I_{ag}} \cdot T \cdot \frac{U_e \cdot U_a \cdot U_e}{(U_e + U_a)^2} = \frac{T \cdot U_e^2 \cdot U_a}{2 \cdot I_{ag} \cdot (U_e + U_a)^2} \tag{4.1.8}$$

Damit kann die notwendige Induktivität aus den Wandlerdaten errechnet werden.

4.1.3 Die Grenze für den nicht lückenden Betrieb

Ist die Induktivität L bereits dimensioniert, kann mit Gl. (4.1.8) der Ausgangsgrenzstrom angegeben werden:

$$I_{ag} = \frac{T \cdot U_e^2 \cdot U_a}{2 \cdot L \cdot (U_e + U_a)^2} \tag{4.1.9}$$

Ist der Ausgangsstrom größer als der Ausgangssgrenzstrom I_{ag} in Gl. (4.1.9), arbeitet der Wandler im nicht lückenden Betrieb und es gelten die Beziehungen in diesem Teilkapitel. Ist der Ausgangsstrom kleiner, arbeitet der Wandler lückend und es gelten die bisherigen Beziehungen nicht mehr. Im folgenden Kapitel 4.2 wird der Fall quantitativ untersucht und es werden die wichtigsten Beziehungen hergeleitet, die für die Dimensionierung des Wandlers nötig sind.

4.2 Der Inverswandler mit lückendem Strom

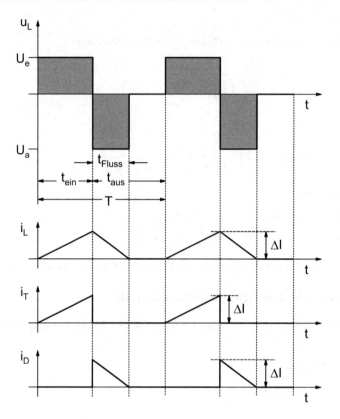

Bild 4.5: Die Strom- und Spannungsverläufe im lückenden Betrieb.

In Bild 4.5 wurde der Fall dargestellt, dass der Strom in der Induktivität zu Null wird, bevor der Transistor wieder einschaltet. $t_{Fluss} < t_{aus}$. Der Strom lückt. Für diesen Fall sollen im Folgenden die Beziehungen für Ausgangsspannung und Ausgangsstrom hergeleitet werden.

Aus Bild 4.5 folgt:

$$U_e = L \cdot \frac{\Delta I}{t_{ein}} \qquad (4.2.1)$$

$$U_a = L \cdot \frac{\Delta I}{t_{Fluss}} \qquad (4.2.2)$$

$$I_e = \frac{\Delta I}{2} \cdot \frac{t_{ein}}{T} \qquad (4.2.3)$$

$$I_a = \frac{\Delta I}{2} \cdot \frac{t_{Fluss}}{T} \tag{4.2.4}$$

Aus Gl. (4.2.2) folgt: $t_{Fluss} = \dfrac{L \cdot \Delta I}{U_a}$

In Gl. (4.2.4) eingesetzt:

$$I_a = \frac{\Delta I}{2} \cdot \frac{L \cdot \Delta I}{U_a \cdot T} = \frac{\Delta I^2}{2 \cdot U_a \cdot T} \tag{4.2.5}$$

Aus Gl. (4.2.1) folgt: $\Delta I = \dfrac{U_e}{L} \cdot t_{ein}$ in Gl. (4.2.5) eingesetzt:

$$I_a = \frac{U_e^2 \cdot t_{ein}^2 \cdot L}{L^2 \cdot 2 \cdot U_a \cdot T} = \frac{U_e^2 \cdot v_T^2 \cdot T}{L \cdot 2 \cdot U_a} \quad \Rightarrow \quad \frac{U_a}{U_e} = \frac{U_e \cdot v_T^2 \cdot T}{I_a \cdot 2 \cdot L} \tag{4.2.6}$$

Die Normierung $U_N = \dfrac{U_a}{U_e}$ und $I_N = \dfrac{I_a \cdot L}{U_e \cdot T}$ liefert:

$$U_N = \frac{v_T^2}{I_N \cdot 2} \tag{4.2.7}$$

Die Grenze für den nicht lückenden Strom erkennt man in Bild 4.2 genau dort, wo der Strom durch die Induktivität gerade nicht mehr lückt. Dann ist t_{Fluss} gerade gleich t_{aus}. Wir nennen den Ausgangsgrenzstrom, für den dieser Fall eintritt, I_{ag} und können aus Gl.(4.2.4) bestimmen:

$$I_{ag} = \frac{\Delta I}{2} \cdot \frac{t_{aus}}{T}$$

ΔI können wir wieder aus Gl. (4.1.1) bestimmen: $\Delta I = \dfrac{U_e}{L} \cdot t_{ein}$ und setzen ihn ein:

$$I_{ag} = \frac{U_e \cdot t_{ein} \cdot t_{aus}}{2 \cdot L \cdot T}$$

Mit Gl. (4.1.7) folgt:

$$I_{ag} = \frac{U_e \cdot T}{2 \cdot L} \cdot v_T \cdot (1 - v_T) \tag{4.2.8}$$

I_{ag} normiert auf I_{Nag} ergibt dann also:

$$I_{Nag} = \frac{I_{ag} \cdot L}{U_e \cdot T} = \frac{v_T}{2} \cdot (1 - v_T) \tag{4.2.9}$$

Daraus und aus Gl. (4.2.7) kann die normierte Ausgangsgrenzspannung angegeben werden:

$$U_{Nag} = \frac{v_T^2}{I_{Nag} \cdot 2} = \frac{v_T^2}{v_T \cdot (1 - v_T)} = \frac{v_T}{1 - v_T} \tag{4.2.10}$$

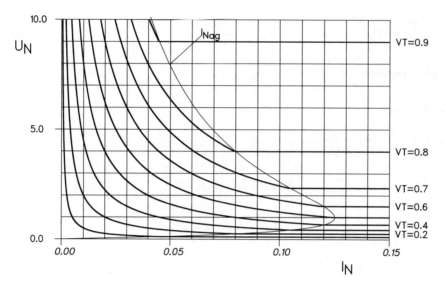

Bild 4.6: Ausgangskennlinie im lückenden Betrieb.

In Bild 4.6 ist der Zusammenhang von U_N über I_N dargestellt, wobei als Parameter der Kurvenschar v_T dient.

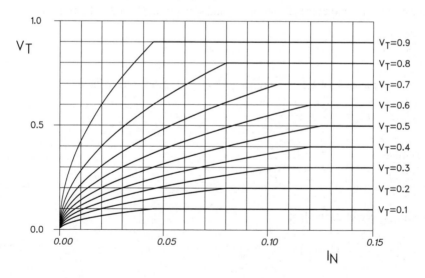

Bild 4.7: v_T in Abhängigkeit von I_N für konstante Ausgangsspannung.

In Bild 4.7 ist das Tastverhältnis über dem normierten Ausgangsstrom dargestellt für den Fall, dass U_N konstant gehalten werden soll.

Auch bei diesem Wandler haben wir die zwei unterschiedlichen Betriebsweisen „nicht lückend" und „lückend" unterschieden. Sie führen zu völlig unterschiedlichen Beziehungen für die Ausgangsspannung.

Auch sei an dieser Stelle nochmals daran erinnert, dass wir die Wandler für die erste Analyse als völlig verlustfrei betrachtet haben. Bereits in den beiden vorhergehenden Kapiteln hatten wir gesehen, dass diese Betrachtungsweise im nicht lückenden Betrieb zu einer reinen Spannungsquellencharakteristik der Ausgangsspannung führt. Der Ausgangsstrom beeinflusst die Ausgangsspannung nicht. Bei Belastung des Ausgangs durch einen Ausgangsstrom bleibt die Ausgangsspannung konstant. Dieses Ergebnis haben wir beim Inverswandler wiedergefunden und wollen es auf seine Grenzen hin interpretieren:

Die Wandler verhalten sich bei konstanter Eingangsspannung ausgangsseitig als *ideale* Spannungsquelle für den Fall, dass der Wandler verlustlos arbeitet *und* der Strom nicht lückt. Ist eine der beiden Bedingungen nicht erfüllt, so verhält sich der Wandler als eine *reale* Spannungsquelle, die bekanntlich einen Innenwiderstand besitzt. Die Ausgangsspannung wird vom Ausgangsstrom abhängig.

Nun ist aber die Abhängigkeit der Ausgangsspannung vom Ausgangsstrom für die beiden physikalisch völlig unterschiedlichen Ursachen auch verschieden stark. Bei einem verlustbehafteten Wandler mit gutem Wirkungsgrad ist die Ausgangsspannung nur wenig vom Ausgangsstrom abhängig, solange der Strom nicht lückt. Wir können den Wandler als Spannungsquelle mit einem kleinen Innenwiderstand betrachten.

Kommt der Wandler hingegen in den Lückbetrieb (und das gilt für alle hier vorgestellten Wandler), dann kann der Wandler nicht mehr als Konstantspannungsquelle betrachtet werden, sondern muss ausgangsseitig als stark veränderliche Spannungsquelle angesehen werden. Wie Bild 4.6 zeigt, steigt die Ausgangsspannung mit abnehmendem Ausgangsstrom stark an. Wir könnten die Ausgangsseite als eine *vom Ausgangsstrom gesteuerte Spannungsquelle* betrachten, die eine nichtlineare Steuerkennlinie hat.

Eine gleichwertige Ersatzschaltung wäre eine reale Spannungsquelle mit einem veränderlichen Innenwiderstand. Dabei müsste nach Bild 4.5 zusätzlich die Spannungsquelle in Abhängigkeit vom Ausgangsstrom verändert werden. Die Ersatzschaltung würde dann aber nur durch lastabhängiges Verändern der Werte den Wandler tatsächlich beschreiben. Und wie die Werte zu verändern sind, geht wieder aus Bild 4.5 hervor. Somit können gleich die Kennlinien zur Beschreibung des Wandlers verwendet werden.

Regelungstechnisch ist der lückende Betrieb nicht sinnvoll in den Griff zu bekommen. In der Praxis vermeidet man den lückenden Betrieb, wo immer es geht. Entweder wird eine Minimallast am Ausgang vorgeschrieben, für die der Wandler noch nicht lückt oder der Wandler wird bei zu kleinem Ausgangsstrom ganz abgeschaltet und nach Absinken der Ausgangsspannung wieder eingeschaltet. Die Entscheidung, ob der Wandler noch arbeitet oder abgeschaltet wird, fällt über mehrere Schaltperioden. Er taktet deshalb in diesem Zustand mit einer Frequenz, die deutlich niedriger ist, als seine normale Arbeitsfrequenz.

5 Der Sperrwandler

5.1 Der Sperrwandler mit nicht lückendem Strom

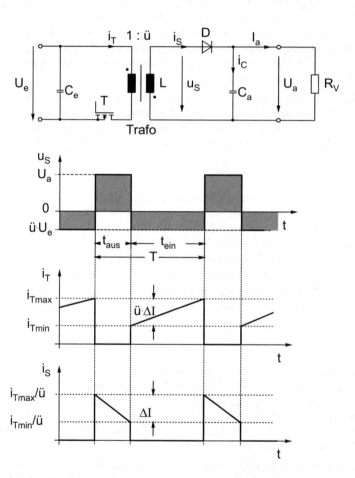

Bild 5.1: Schaltung des Sperrwandlers und Strom- und Spannungsverläufe.

Zur Potentialtrennung und zur Spannungsumsetzung wird hier ein Transformator eingesetzt. In Kapitel 12 wird auf den Transformator gesondert eingegangen. Es werden dort die Grundlagen für die Trafoberechnung, Hinweise zur Dimensionierung und zum Aufbau von Transformatoren für Schaltnetzteile gegeben. Im Moment ist nur die Konvention wichtig, dass wir sowohl ΔI, als auch die Hauptinduktivität auf die Sekundärseite beziehen. Um die Funktion des Wandlers verstehen zu können, reicht es vorab aus, wenn wir den Trafo idealisiert betrachten, d.h. er arbeitet verlustfrei und habe keine Streuinduktivitäten. Die realen Eigenschaften des Trafos können nachträglich ergänzt und die Rechnungen entsprechend korrigiert werden.

Wenn der Transistor leitet (t_{ein}), wird der Strom durch die Hauptinduktivität des Trafos erhöht. Der Trafo speichert Energie in seiner Hauptinduktivität, genauso, wie es die Induktivität L beim Aufwärtswandler tut. Primär- und Sekundärwicklung sind auf dem selben Kern aufgebracht und werden deshalb beide vom gleichen magnetischen Fluss durchsetzt. Dabei spielt es für den magnetischen Kreis keine Rolle, ob der notwendige Strom zur Aufrechterhaltung des magnetischen Flusses durch die Primärwicklung - oder, mit dem Übersetzungsverhältnis gewichtet, über die Sekundärwicklung fließt.

Wenn der Transistor sperrt, kann der Strom primärseitig nicht weiter fließen. Der magnetische Kreis fordert aber einen Stromfluss. Es muss zwangsläufig ein sekundärseitiger Strom fließen. Die Richtung ist in beiden Fällen dieselbe, nämlich vom Wicklungsende mit Punkt zum Wicklungsende ohne Punkt. Wie in Bild 5.1 ersichtlich, wird die Diode D leitend, übernimmt also den Stromfluss. Man sagt auch, der Strom „kommutiert" von T auf D.

Der Stromfluss über die Diode D erfolgt zum Ausgang hin. Es wird in dieser Phase (t_{aus}) Energie auf die Ausgangsseite geliefert. Die Energieübertragung erfolgt also in der Sperrphase des Transistors. Deshalb heißt der Wandler Sperrwandler.

Die Kondensatoren C_e und C_a sind Blockkondensatoren. Sie sind bei diesem Wandler zwingend notwendig, da sowohl eingangs- wie auch ausgangsseitig impulsförmige Ströme eingeprägt sind. Die Kondensatoren müssen so dimensioniert sein, dass auf beiden Seiten so gut gepuffert wird, dass Eingangs- und Ausgangsspannung als Gleichspannung betrachtet werden können. Dies ist Voraussetzung für die Gültigkeit der Strom- und Spannungsverläufe in Bild 5.1.

Die Gleichheit der Spannungszeitflächen wurde wieder durch Schraffur verdeutlicht. Damit lassen sich die folgenden Gleichungen aufstellen.

5.1.1 Die Ausgangsspannung

Wir beziehen alle Größen des Trafos auf die Sekundärseite und definieren das Übersetzungsverhältnis $\ddot{u}$ wie in Bild 5.1 angegeben.

Aus Bild 5.1 entnehmen wir:

$$\ddot{u} \cdot U_e = L \cdot \frac{\Delta I}{t_{ein}} \tag{5.1.1}$$

und

$$U_a = L \cdot \frac{\Delta I}{t_{aus}} \tag{5.1.2}$$

Gl. (5.1.1) dividiert durch Gl. (5.1.2) ergibt:

$$\frac{U_a}{\ddot{u} \cdot U_e} = \frac{t_{ein}}{t_{aus}} = \frac{t_{ein}}{T - t_{ein}} = \frac{V_T}{1 - V_T} \tag{5.1.3}$$

Gl. (5.1.3) ist identisch mit der entsprechenden Beziehung für den Inverswandler, wenn wir hier die Eingangsspannung mit dem Übersetzungsverhältnis $\ddot{u}$ multiplizieren.

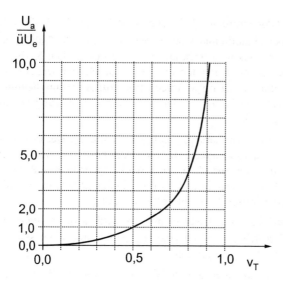

Bild 5.2: Ausgangsspannung des Sperrwandlers.

Wir können auch den Sperrwandler mit konstantem t_{aus} und variablem t_{ein} steuern. Dann wird die Ausgangskennlinie in Bild 5.2 zur Geraden. Bis auf das Übersetzungsverhältnis $ü$ erhalten wir die gleichen Ergebnisse wie beim Inverswandler. Deshalb verzichten wir hier auf eine erneute Herleitung.

Im Prinzip kann man jede beliebig große Ausgangsspannung mit dem Sperrwandler erzeugen, wenn man das Tastverhältnis entsprechend groß wählt. Man beachte jedoch die Spannungsbelastung des Schalttransistors, die für ein großes v_T drastisch zunimmt. Sinnvollerweise erfolgt zusammen mit dem Übersetzungsverhältnis des Trafos eine Kompromissdimensionierung.

5.1.2 Berechnung der Induktivität L

Aus Gl. (5.1.1) folgt: $\quad t_{ein} = \dfrac{L \cdot \Delta I}{ü \cdot U_e} \quad$ und aus Gl. (5.1.2) folgt: $\quad t_{aus} = \dfrac{L \cdot \Delta I}{U_a}$

Mit $T = t_{ein} + t_{aus}$ folgt:
$$T = L \cdot \Delta I \cdot \left(\frac{1}{ü \cdot U_e} + \frac{1}{U_a} \right)$$

$$\Rightarrow L = \frac{T}{\Delta I} \cdot \frac{U_a \cdot ü \cdot U_e}{(U_a + ü \cdot U_e)} \tag{5.1.4}$$

ΔI lässt sich für den minimalen Ausgangsstrom angeben, bei dem der Strom durch die Induktivität noch nicht lückt:

$$I_{ag} = \frac{\Delta I}{2} \cdot \frac{t_{aus}}{T} \tag{5.1.5}$$

$$\Rightarrow \Delta I = \frac{2 \cdot I_{ag} \cdot T}{t_{aus}} \tag{5.1.6}$$

und damit wird

$$L = \frac{T \cdot t_{aus}}{2 \cdot I_{ag} \cdot T} \cdot \frac{U_a \cdot \ddot{u} \cdot U_e}{\ddot{u} \cdot U_e + U_a} \qquad (5.1.7)$$

wobei gilt: $t_{aus} = T - t_{ein} = T \cdot (1 - v_T)$

Im Grenzfall gilt Gl. (5.1.3) gerade noch. Daraus lässt sich v_T berechnen:

$$(1 - v_T) \cdot \frac{U_a}{\ddot{u} \cdot U_e} = v_T \quad \Rightarrow \quad v_T = \frac{U_a}{\ddot{u} \cdot U_e} \cdot \frac{1}{1 + \dfrac{U_a}{\ddot{u} \cdot U_e}} = \frac{U_a}{\ddot{u} \cdot U_e + U_a} \qquad (5.1.8)$$

Mit dieser Beziehung kann v_T in U_a und U_e ausgedrückt werden:

$$t_{aus} = T \cdot \left(1 - \frac{U_a}{\ddot{u} \cdot U_e + U_a}\right) = T \cdot \frac{\ddot{u} \cdot U_e}{\ddot{u} \cdot U_e + U_a} \qquad (5.1.9)$$

Jetzt kann L endgültig berechnet werden:

$$L = \frac{1}{2 \cdot I_{ag}} \cdot T \cdot \frac{\ddot{u} \cdot U_e \cdot U_a \cdot \ddot{u} \cdot U_e}{(U_a + \ddot{u} \cdot U_e)^2} = \frac{T \cdot \ddot{u} \cdot U_e^2 \cdot U_a}{2 \cdot I_{ag} \cdot (U_a + \ddot{u} \cdot U_e)^2} \qquad (5.1.10)$$

L ist hier die sekundärseitige Induktivität.

5.1.3 Die Grenze für den nicht lückenden Betrieb

Aus Gl. (5.1.10) kann für eine dimensionierte Induktivität L der Ausgangsgrenzstrom angegeben werden:

$$I_{ag} = \frac{T \cdot \ddot{u}^2 \cdot U_e^2 \cdot U_a}{2 \cdot L \cdot (U_a + \ddot{u} \cdot U_e)^2} \qquad (5.1.11)$$

5.2 Der Sperrwandler mit lückendem Strom

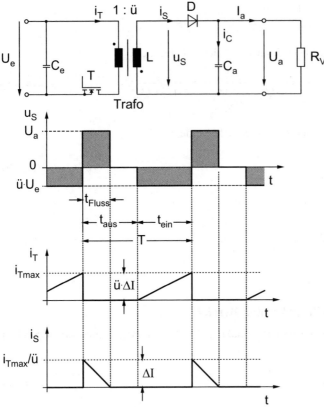

Bild 5.3: Strom- und Spannungsverläufe im lückenden Betrieb.

Für die Ströme gilt auch folgender Zusammenhang: $\dfrac{I_{T\,max}}{\ddot{u}} = I_{S\,max}$.

Der Strom durch den Trafo wird zu Null bevor der Transistor wieder einschaltet. Kein Strom im Trafo heißt kein magnetischer Fluss und keine gespeicherte Energie. In der Zeit $t_{aus} - t_{Fluss}$ ruht der Trafo energielos, als wäre er nicht eingeschaltet. Für diesen Fall werden im Folgenden die Beziehungen für Ausgangsstrom und -spannung hergeleitet.

Die Hauptinduktivität des Trafos (auf die Sekundärseite bezogen) wird L genannt.

5.2.1 Berechnung der Ausgangskennlinien

Aus Bild 5.3 können wir folgende Beziehungen entnehmen:

$$\ddot{u} \cdot U_e = L \cdot \frac{\Delta I}{t_{ein}} \tag{5.2.1}$$

$$U_a = L \cdot \frac{\Delta I}{t_{Fluss}} \tag{5.2.2}$$

$$\frac{I_e}{\ddot{u}} = \frac{\Delta I}{2} \cdot \frac{t_{ein}}{T} \tag{5.2.3}$$

$$I_a = \frac{\Delta I}{2} \cdot \frac{t_{Fluss}}{T} \tag{5.2.4}$$

Aus Gl. (5.2.2) folgt: $t_{Fluss} = \dfrac{L \cdot \Delta I}{U_a}$ in Gl. (5.2.4) eingesetzt:

$$I_a = \frac{\Delta I}{2} \cdot \frac{L \cdot \Delta I}{U_a \cdot T} = \frac{\Delta I^2 \cdot L}{2 \cdot U_a \cdot T} \tag{5.2.5}$$

Aus Gl. (5.2.1) folgt: $\Delta I = \dfrac{\ddot{u} U_e}{L} \cdot t_{ein}$ in Gl. (5.2.5)   eingesetzt:

$$I_a = \frac{\ddot{u}^2 \cdot U_e^2 \cdot t_{ein}^2 \cdot L}{L^2 \cdot 2 \cdot U_a \cdot T} = \frac{\ddot{u}^2 \cdot U_e^2 \cdot v_T^2 \cdot T}{L \cdot 2 \cdot U_a} \quad \Rightarrow \quad \frac{U_a}{\ddot{u} \cdot U_e} = \frac{\ddot{u} \cdot U_e \cdot v_T^2 \cdot T}{2 \cdot I_a \cdot L} \tag{5.2.6}$$

Die Normierung $U_N = \dfrac{U_a}{\ddot{u} \cdot U_e}$ und $I_N = \dfrac{I_a \cdot L}{\ddot{u} \cdot U_e \cdot T}$ liefert:

$$U_N = \frac{v_T^2}{2 \cdot I_N} \tag{5.2.7}$$

Die Grenze für den nicht lückenden Strom erkennt man in Bild 5.3 genau dort, wo der Strom durch die Induktivität gerade nicht mehr lückt. Dann ist t_{Fluss} gerade gleich t_{aus}. Wir nennen den Ausgangsgrenzstrom, für den dieser Fall eintritt, I_{ag} und können aus (5.2.4) bestimmen:

$$I_{ag} = \frac{\Delta I}{2} \cdot \frac{t_{aus}}{T} \tag{5.2.8}$$

ΔI können wir wieder aus Gl. (5.2.1) bestimmen:

$\Delta I = \dfrac{\ddot{u} \cdot U_e}{L} \cdot t_{ein}$ und setzen ihn ein:

$$I_{ag} = \frac{\ddot{u} \cdot U_e \cdot t_{ein} \cdot t_{aus}}{2 \cdot L \cdot T} = \frac{\ddot{u} \cdot U_e \cdot T}{2 \cdot L} \cdot v_T \cdot (1 - v_T) \tag{5.2.9}$$

I_{ag} normiert auf I_{Nag} ergibt dann also:

$$I_{Nag} = \frac{v_T}{2} \cdot \left(1 - v_T\right)$$ (5.2.10)

Daraus und aus Gl. (5.2.7) kann die normierte Ausgangsgrenzspannung angegeben werden:

$$U_{Nag} = \frac{v_T^2}{I_{Nag} \cdot 2} = \frac{v_T^2}{v_T \cdot \left(1 - v_T\right)} = \frac{v_T}{1 - v_T}$$ (5.2.11)

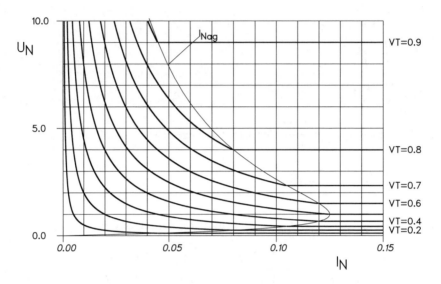

Bild 5.4: Ausgangskennlinienfeld des Sperrwandlers mit lückendem Strom.

In Bild 5.4 ist der Zusammenhang von U_N über I_N dargestellt. Parameter ist v_T.

Für große Ausgangsströme ist die Ausgangsspannung beim idealen Wandler lastunabhängig. Für Ströme kleiner dem Ausgangsgrenzstrom wird die Ausgangsspannung lastabhängig. Die Grenzkurve zwischen beiden Fällen ist in Bild 5.4 dünn eingezeichnet. Je kleiner der Ausgangsstrom wird, desto stärker hängt die Ausgangsspannung von der Last ab. Bei sehr kleinen Lasten steigen die Kennlinien steil an. Eine kleine Laständerung bewirkt eine große Spannungsänderung.

Soll die Ausgangsspannung U_N trotz verändertem Ausgangsstrom I_N konstant gehalten werden, so muss v_T in Abhängigkeit von I_N folgendermaßen nachgeführt werden:

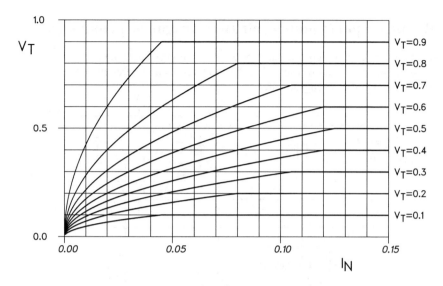

Bild 5.5: Tastverhältnis über dem Ausgangsstrom für konstante Ausgangsspannung.

Wir sehen, dass bei großen Ausgangsströmen, also im nicht lückenden Betrieb, v_T bei einer Last-änderung praktisch nicht nachgeführt werden muss. Ganz anders sieht es bei kleinen Ausgangs-strömen aus: Dort muss v_T bei einer Laständerung stark verändert werden, damit die Ausgangs-spannung konstant gehalten werden kann. Ein Regler muss also für die größte vorkommende Steigung der Kurvenschar in Bild 5.5 ausgelegt werden und der Regelkreis muss für diesen Fall noch stabil bleiben. Wollte man den Wandler bis zum Strom Null herunter betreiben, so müsste der Regler eine unendlich große Steigung beherrschen, was ihn entweder unendlich langsam oder unendlich ungenau machen würde!

In der Praxis gibt es zwei Lösungen des Problems:

1) Forderung einer Minimallast oder

2) Vollständiges Abschalten des Wandlers bei zu kleiner Last.

Das Abschalten bei zu kleiner Last führt zum sogenannten „Idle-Modus". Fällt der Wandler bzw. dessen Ansteuerschaltung in diesen Betrieb, dann arbeitet der Wandler häufig mit Impulspaketen, da die Entscheidung, ob der Wandler nun läuft oder abgeschaltet wird, deutlich langsamer erfolgt als die Wandlerfrequenz selbst. D.h. der Wandler bleibt eine gewisse Zeit aus, schaltet dann wieder ein und beharrt im eingeschalteten Zustand über mehrere Wandlerperioden. Dabei arbeitet er mit der kürzesten Einschaltzeit, die er kann. Beobachtet man dies mit dem Oszilloskop, dann sind die t_{ein}-Zeiten nur noch als Nadeln zu sehen. Die Nadel-Pakete und die Arbeitspausen wechseln sich ab. Dafür entstand der Begriff „Idle-Modus".

5.3 Beispiel: Sperrwandler mit zwei Ausgangsspannungen

Der Sperrwandler eignet sich gut zur Erzeugung mehrerer Ausgangsspannungen, wobei eine Ausgangsspannung geregelt werden kann. Die anderen sind ungeregelt oder es wird jeweils ein zusätzlicher Längsregler nachgeschaltet.

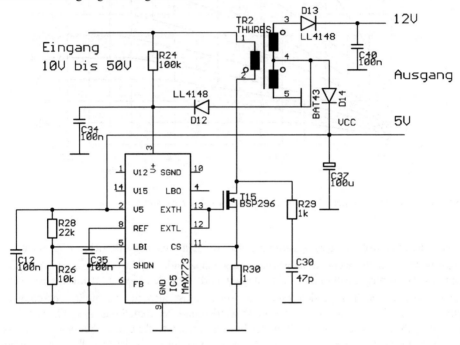

Bild 5.6: Komplette Schaltung eines kleinen Sperrwandlers.

Die Schaltung stammt aus einem Leistungswechselrichter und dient zur internen Stromversorgung. Sie erzeugt 5V geregelt und 12V grob stabilisiert. Die Eingangsspannung darf im Bereich von 10V bis 50V liegen. Für die Übertragung von 1W reicht bereits ein Trafo mit dem Kern E8,8 (SMD) aus.

Der 5V-Ausgang ist auf 1% geregelt. Der 12V-Ausgang ist ungeregelt und bewegt sich bei der vorliegenden Schaltung maximal zwischen 11,5V und 12,5V.

IC5 übernimmt die PWM-Erzeugung, die Regelung und alle anderen notwendigen Funktionen. Lediglich der Leistungsschalter und ein paar passive Bauteile sind extern dazuzubauen. Am Pin 4 steht ein digitaler Ausgang einer Unterspannungserkennung zur Verfügung. Pin 4 kann direkt mit dem Reset-Eingang eines Prozessors verbunden werden.

6 Der Eintaktflusswandler

6.1 Der Eintaktflusswandler mit nicht lückendem Strom

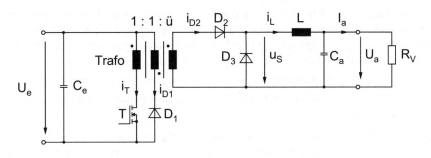

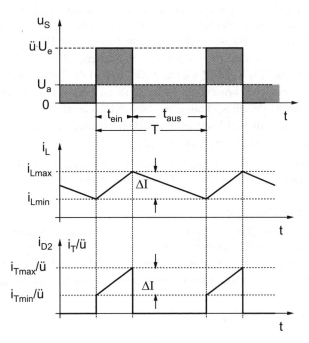

Bild 6.1: Schaltung des Eintaktflusswandlers und Strom- und Spannungsverläufe (ohne Magnetisierungs-strom).

Der Eintaktflusswandler arbeitet ähnlich wie der Abwärtswandler. Zur Potentialtrennung und gegebenenfalls zur Spannungserhöhung oder -erniedrigung wird der Transformator verwendet. Der Schalttransistor T steuert den Trafo magnetisch nur in einer Richtung aus. Zur Entmagnetisierung dient die zweite Primärwicklung und die Diode D_1.

Zur Erklärung der Grundfunktion der Schaltung sollen wieder alle Bauteile als ideal betrachtet werden und der Magnetisierungsstrom des Transformators soll vernachlässigt werden. Der Stromripple ΔI wird auf die Sekundärseite bezogen.

Wie immer in der Leistungselektronik gibt es zwei Zustände: Der Transistor T leitet. Dies ist während t_{ein} der Fall. Oder T sperrt. Dieser Fall liegt während t_{aus} vor.

Wenn T leitet, liegt die mit dem Übersetzungsverhältnis $ü$ transformierte Eingangsspannung an der Sekundärseite des Transformators an. Die erste Primärwicklung und die Sekundärwicklung sind mit gleichem Wicklungssinn gewickelt. Deshalb ist die Sekundärspannung positiv und die Diode D_2 leitet. Somit wird während t_{ein}: $u_S = ü \cdot U_e$. An der Induktivität liegt die Spannung $u_L = ü \cdot U_e - U_a$ an. Legt man die Pfeilungen nach Bild 6.1 zu Grunde, dann nimmt i_L in dieser Phase zu. Da die Spannung an der Induktivität L eine Gleichspannung ist, nimmt i_L linear, also mit konstanter Steigung zu.

Betrachten wir nun den zweiten Zustand, wo T sperrt. Treibendes Element in der Schaltung ist die Induktivität L. Sie verlangt einen Stromfluss, der nun nicht mehr über T erfolgen kann, da dieser von unserer Ansteuerschaltung ausgeschaltet worden ist. Wenn bei dem Trafo primärseitig kein Strom fließt, dann kann auch sekundärseitig kein Strom fließen. Folglich wird u_S schlagartig klein und würde sofort negative Werte annehmen, wenn da nicht die Diode D_3 wäre. Sie lässt keine negativen Spannungen zu, sondern wird bei Null Volt leitend. Jetzt hat der Strom i_L seinen Weg gefunden: Er fließt über D_3 weiter. U_S ist also Null und an der Induktivität L liegt jetzt die Spannung $-U_a$. Das Minuszeichen braucht uns nicht weiter zu kümmern. Es besagt lediglich, dass jetzt der Strom i_L abnimmt. Da die Spannung an der Induktivität wiederum eine Gleichspannung ist, nimmt der Strom linear ab. Am Ende von t_{aus} schaltet unsere Ansteuerung T wieder ein und die Vorgänge wiederholen sich, wie in Bild 6.1 skizziert.

Zusammenfassend können wir erkennen: Der Eintaktflusswandler verhält sich wie ein Abwärtswandler mit vorgeschalteter Spannungsübersetzung durch den Transformator.

6.1.1 Die Ausgangsspannung

Wir betrachten den stationären Zustand. Das Tastverhältnis, die Eingangsspannung und die Last werden für einen Augenblick konstant gehalten. Dann ist auch die Stromzunahme während t_{ein} betragsmäßig gleich groß wie die Stromabnahme während t_{aus}. Die Induktivität L sorgt dadurch für gleiche Spannungszeitflächen während der Zeiten t_{ein} und t_{aus}. Damit kann man sofort angeben:

$$(ü \cdot U_e - U_a) \cdot t_{ein} = U_a \cdot t_{aus} \tag{6.1.1}$$

$$\Rightarrow \frac{ü \cdot U_e - U_a}{U_a} = \frac{t_{aus}}{t_{ein}} = \frac{T - t_{ein}}{t_{ein}} = \frac{1 - v_T}{v_T} \quad \Rightarrow \frac{U_a}{ü \cdot U_e} = v_T \tag{6.1.2}$$

Bis auf $ü$ erhalten wir die gleiche Beziehung wie beim Abwärtswandler. Die Ausgangsspannung hängt linear vom Tastverhältnis v_T ab. Wir hatten für die Herleitung von Gl. (6.1.2) eine konstante Eingangsspannung angenommen. Ihr absolute Größe steckt aber in Gl. (6.1.2) mit drin. Folglich ist es sinnvoll nicht die Ausgangsspannung sondern das Verhältnis von Ausgangs- zu Eingangsspannung aufzuzeichnen.

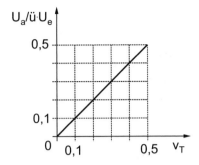

Bild 6.2: Ausgangsspannung des Eintaktflusswandlers.

6.1.2 Die Primärseite

Dass in Bild 6.1 v_T nur bis 0,5 gezeichnet ist, hat seinen Grund im Transformator, den wir jetzt noch genauer betrachten müssen.

Wenn T leitet, fließt primärseitig nicht nur der mit dem Übersetzungsverhältnis $ü$ multiplizierte Sekundärstrom, sondern zusätzlich ein Magnetisierungsstrom, der während t_{ein} linear ansteigt. Im Abschaltmoment von T ist der Magnetisierungsstrom dadurch maximal und muss nun wieder auf Null abgebaut werden. Dafür steht die Ausschaltzeit t_{aus} zur Verfügung. In ihr leitet die Diode D_1, die über die zweite Primärwicklung den Magnetisierungsstrom auf die Eingangsseite zurückspeist und ihn dabei bis auf Null abbaut. Die Zeit, die dafür nötig ist, hängt vom Übersetzungsverhältnis zwischen erster und zweiter Primärwicklung ab. Bedingung für den Abbau des Magnetisierungs-stromes im Grenzfall ist, dass die beiden Spannungs-Zeit-Flächen auf der Primärseite für t_{ein} und t_{aus} gleich groß sind. Wählt man etwa die Entmagnetisierungswicklung mit halber Windungszahl wie die erste Primärwicklung, so kann t_{aus} minimal 50% von t_{ein} sein. Über die Einhaltung der gleichen Spannungs-Zeit-Flächen hinaus ist man im Prinzip in der Wahl der Windungszahl der zweiten Primärwicklung frei. Allerdings bestimmt sie neben dem Bereich des zulässigen Tastver-hältnisses die Spannungsfestigkeit von T und D_1.

Zu beachten sind auch eventuell vorkommende Überschwinger beim Einschalten oder bei einem Lastsprung. Das Tastverhältnis darf auch nicht kurzzeitig den zulässigen Maximalwert überschrei-ten. Es empfiehlt sich eine Begrenzerschaltung in der Ansteuerung, um diese Anforderung unter allen Umständen sicher zu stellen.

Wählt man die beiden Primärwicklungen mit gleicher Windungszahl (wie in Bild 6.1:), so darf das maximale Tastverhältnis $v_T = 0{,}5$ sein. Berücksichtigt man noch Toleranzen, so muss das Tastver-hältnis entsprechend unter $v_T = 0{,}5$ liegen.

An T steht dann prinzipiell die doppelte Eingangsspannung an. In der Praxis müssen wir allerdings einen Transistor mit höherer Spannungsfestigkeit verwenden, da immer zusätzliche Überschwin-ger vorhanden sind. Sie haben ihre Ursache hauptsächlich in der nicht idealen Kopplung der beiden Primärwicklungen. Daneben spielt aber auch der Aufbau, das Layout eine Rolle.

In Bild 6.1 hatten wir zur Übersichtlichkeit den Magnetisierungsstrom vernachlässigt. Wir wollen ihn jetzt nachtragen:

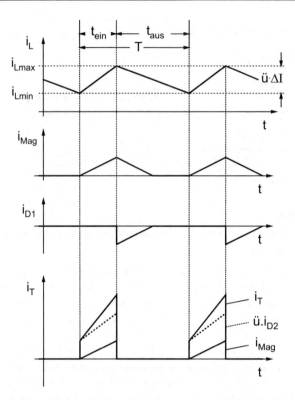

Bild 6.3: Primärströme mit Magnetisierungsstrom.

Bild 6.3 wurde für ein Übersetzungsverhältnis von 1 : 1 zwischen den beiden Primärwicklungen und für ein Tastverhältnis gezeichnet, das kleiner als 0,5 ist. Man erkennt leicht, dass bei $v_T = 0,5$ ($t_{aus} = t_{ein}$) die Grenze erreicht ist, wo der Trafo gerade noch entmagnetisiert wird.

Bild 6.3 zeigt weiter, dass bei entsprechender Dimensionierung des Trafos der Strom durch die Entmagnetisierungswicklung deutlich kleiner ist, als der Strom durch die eigentliche Primärwicklung. Die Entmagnetisierungswicklung kann also mit dünnerem Draht ausgeführt werden.

6.1.3 Die Induktivität L

Wir betrachten nochmals Bild 6.1. Aus der Grundgleichung für die Induktivität ($u_L = L \cdot \dfrac{di_L}{dt}$) können wir für die Zeitdauer t_{ein} angeben:

$$\ddot{u} \cdot U_e - U_a = L \cdot \frac{\Delta I}{t_{ein}} \tag{6.1.3}$$

Für t_{aus} gilt:

$$U_a = L \cdot \frac{\Delta I}{t_{aus}} \tag{6.1.4}$$

Wir lösen Gl. (6.1.3) nach t_{ein} und Gl. (6.1.4) nach t_{aus} auf und setzen $T = t_{ein} + t_{aus}$.

$$\Rightarrow T = L \cdot \Delta I \cdot \left(\frac{1}{\ddot{u} \cdot U_e - U_a} + \frac{1}{U_a} \right) = L \cdot \Delta I \cdot \frac{\ddot{u} \cdot U_e}{U_a \cdot (\ddot{u} \cdot U_e - U_a)}$$

Wir lösen die Gleichung nach L auf:

$$L = \frac{T \cdot U_a \cdot (\ddot{u} \cdot U_e - U_a)}{\Delta I \cdot \ddot{u} \cdot U_e} \qquad (6.1.5)$$

Mit der Gl. (6.1.5) haben wir eine Dimensionierungsvorschrift für den Induktivitätswert von L. Für die Auslegung von L (Kerngröße, Wicklung, Luftspalt) brauchen wir noch den Maximalwert von i_L. Wir bekommen ihn aus einem quantitativ richtig gezeichneten Kurvenverlauf nach der Vorlage in Bild 6.1. Dazu muss natürlich der Fall der maximalen Last verwendet werden.

Es empfiehlt sich, das Diagramm peinlich genau zu zeichnen, denn daraus gehen alle Anforderungen, wie Spannungsfestigkeit der Bauelemente und Maximal- oder Effektivstrom durch die Bauelemente hervor. Eventuell muss das Diagramm mehrmals gezeichnet werden, da während der Ausarbeitung neue Fragen auftauchen und geklärt werden müssen.

Wir haben Gl. (6.1.5) hergeleitet und können damit L bestimmen. Die Gleichung soll noch diskutiert werden: Die Eingangsspannung U_e und die Ausgangsspannung U_a sind mit allen Toleranzen im Pflichtenheft festgelegt. Das Übersetzungsverhältnis haben wir vielleicht vorab schon so gewählt, das die Spannungsfestigkeit von T in einen günstigen Bereich fällt. Die Arbeitsfrequenz des Wandler steht entweder schon fest oder wir nehmen eine sinnvoll erscheinende Frequenz an (z.B. 100kHz) und überprüfen später, ob eine höhere oder niedrigere Arbeitsfrequenz Vorteile bringt. Bleibt also nur noch das ΔI. Grundsätzlich wünschen wir uns natürlich ein kleines ΔI, weil dadurch bei gegebener Wandlerleistung der Maximalwert des Drosselstroms kleiner wird, wodurch der magnetische Kreis nicht soweit ausgesteuert wird. Ein kleines ΔI würde aber einen sehr großen Induktivitätswert von L verlangen, was uns auch wieder nicht gefällt. Eine Dimensionierungsvorschrift kann sein, dass wir den Wandler für einen minimalen Ausgangsstrom I_{ag} dimensionieren, bei dem der Wandler gerade noch nicht lückt. Es gilt dann $\Delta I = 2 \cdot I_{ag}$. Und man erhält für L:

$$L = \frac{T \cdot U_a \cdot (\ddot{u} \cdot U_e - U_a)}{2 \cdot I_{ag} \cdot \ddot{u} \cdot U_e} \qquad (6.1.6)$$

6.1.4   Grenze des nicht lückenden Betriebs

Bei einmal dimensionierter Induktivität L nach Gl. (6.1.6) kann der Ausgangsgrenzstrom I_{ag} angegeben werden:

$$I_{ag} = \frac{\Delta I}{2} = \frac{T \cdot U_a \cdot (\ddot{u} \cdot U_e - U_a)}{2 \cdot L \cdot \ddot{u} \cdot U_e} \qquad (6.1.7)$$

Für $I_a \geq I_{ag}$ lückt der Wandler also nicht und alle Betrachtungen in diesem Kapitel gelten.

Für $I_a < I_{ag}$ lückt der Wandler und es gelten andere Beziehungen, die wir nachfolgend erarbeiten möchten.

6.2 Der Eintaktflusswandler mit lückendem Strom

6.2.1 Die Strom- und Spannungsverläufe

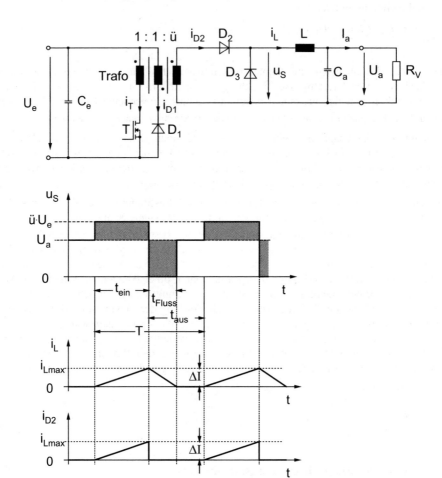

Bild 6.4: Strom- und Spannungsverläufe im lückenden Betrieb.

Folgende Beziehungen lassen sich aus Bild 6.4 entnehmen:

$$\ddot{u} \cdot U_e - U_a = L \cdot \frac{\Delta I}{t_{ein}} \tag{6.2.1}$$

$$U_a = L \cdot \frac{\Delta I}{t_{Fluss}} \tag{6.2.2}$$

$$\frac{I_e}{\ddot{u}} = \frac{\Delta I}{2} \cdot \frac{t_{ein}}{T} \tag{6.2.3}$$

$$I_a = \frac{\Delta I}{2} \cdot \frac{t_{ein} + t_{Fluss}}{T} \tag{6.2.4}$$

aus Gl. (6.2.2) folgt:

$$t_{Fluss} = \frac{L \cdot \Delta I}{U_a} \tag{6.2.5}$$

in Gl. (6.2.4) eingesetzt:

$$I_a = \frac{\Delta I}{2} \cdot \frac{t_{ein} + \dfrac{L \cdot \Delta I}{U_a}}{T} = \frac{\Delta I}{2} \cdot \left(v_T + \frac{L \cdot \Delta I}{U_a \cdot T} \right) \tag{6.2.6}$$

Aus Gl. (6.2.1) folgt: $\Delta I = \dfrac{\ddot{u} \cdot U_e - U_a}{L} \cdot t_{ein}$, in Gl. (6.2.5) eingesetzt:

$$\begin{aligned}
I_a &= \frac{\ddot{u} \cdot U_e - U_a}{2 \cdot L} \cdot v_T \cdot T \cdot \left(v_T + \frac{L \cdot (\ddot{u} \cdot U_e - U_a) \cdot v_T \cdot T}{U_a \cdot T \cdot L} \right) \\
&= \frac{\ddot{u} \cdot U_e - U_a}{2 \cdot L} \cdot T \cdot v_T^2 \cdot \left(1 + \frac{\ddot{u} \cdot U_e - U_a}{U_a} \right) = \frac{\ddot{u} \cdot U_e - U_a}{2 \cdot L} \cdot T \cdot v_T^2 \cdot \ddot{u} \cdot \frac{U_e}{U_a}
\end{aligned} \tag{6.2.7}$$

6.2.2   Normierte Ausgangsgrößen

Es wird nun die Normierung

$$I_N = \frac{I_a \cdot L}{\ddot{u} \cdot U_e \cdot T} \tag{6.2.8}$$

und

$$U_N = \frac{U_a}{\ddot{u} \cdot U_e} \tag{6.2.9}$$

eingeführt.

Aus Gl. (6.2.6) wird dann:

$$I_N = \frac{(\ddot{u} \cdot U_e - U_a) \cdot T \cdot v_T^2 \cdot L}{2 \cdot L \cdot \ddot{u} \cdot U_e \cdot T \cdot U_N} = (1 - U_N) \cdot \frac{v_T^2}{2} \cdot \frac{1}{U_N} = \left(\frac{1}{U_N} - 1 \right) \cdot \frac{v_T^2}{2} \tag{6.2.10}$$

Aus Gl. (6.2.7) kann U_N berechnet werden:

$$U_N = \frac{v_T^2}{2 \cdot I_N + v_T^2}$$ (6.2.11)

Gl. (6.2.8) stimmt mit der Beziehung für den Aufwärtswandler überein (siehe Kapitel 2).

6.2.3 Die Grenze des lückenden Betriebs

Wir hatten definiert: $I_{ag} = \frac{\Delta I}{2}$. Wir führen den normierten Ausgangsgrenzstrom I_{Nag} ein:

$$I_{Nag} = \frac{\Delta I \cdot L}{2 \cdot \ddot{u} \cdot U_e \cdot T} = \frac{(\ddot{u} \cdot U_e - U_a) \cdot t_{ein} \cdot L}{2 \cdot L \cdot \ddot{u} \cdot U_e \cdot T} = \frac{v_T}{2} \cdot (1 - U_{Nag})$$

für den Grenzfall gilt: $U_{Nag} = v_T$. Damit wird

$$I_{Nag} = \frac{v_T}{2} \cdot (1 - v_T)$$ (6.2.12)

6.2.4 Die Ausgangsdiagramme

In Bild 6.5 ist U_N über I_N sowohl für den lückenden als auch für den nicht lückenden Betrieb dargestellt. Als Parameter dient v_T.

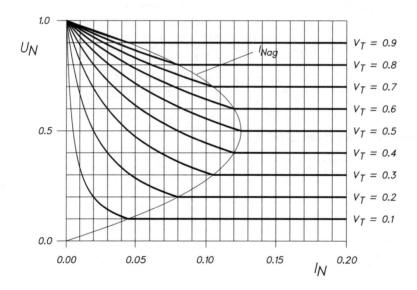

Bild 6.5: Ausgangskennlinienfeld des Eintaktflusswandlers.

Aus Gl. (6.2.7) kann v_T berechnet werden, wenn man für U_N die Grenzspannung U_{Nag} einsetzt:

$$v_T = \sqrt{\frac{2 \cdot I_N}{\dfrac{1}{U_N} - 1}} = \sqrt{\frac{2 \cdot I_N \cdot U_{Nag}}{1 - U_{Nag}}} \tag{6.2.13}$$

Mit Gl. (6.2.10) kann v_T für $I_N < I_{Nag}$ berechnet werden. Dabei setzen wir für U_N die Spannung ein, die U_N an der Grenzlinie hatte, also U_{Nag}.

Das berechnete v_T ist in Bild 6.6 dargestellt.

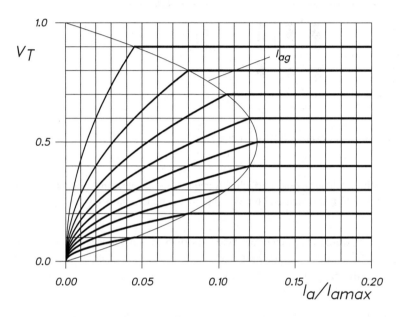

Bild 6.6: v_T in Abhängigkeit von I_N für konstante Ausgangsspannung.

Wenn wir die Ausgangsspannung konstant halten wollen, dann müssen wir für kleine Ausgangsströme, wenn die Schaltung in den lückenden Modus kommt, das Tastverhältnis v_T drastisch reduzieren. Das gelingt nur, wenn der Regler sehr langsam arbeitet. Für den Normalbetrieb, also dort wo der Wandler nicht lückt, haben wir dann eine sehr langsame Ausregelung von Lastschwankungen. Vielleicht hilft eine Kompromissdimensionierung oder eben die Einschränkung, dass ein minimaler Ausgangsstrom fließen muss.

7 Der Gegentaktflusswandler

7.1 Schaltung und Kurvenverläufe

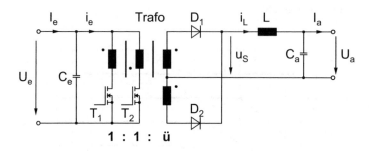

Bild 7.1: Schaltung des Gegentaktflusswandlers.

Der Gegentaktflusswandler - oder einfach Gegentaktwandler genannt - eignet sich für den mittleren und oberen Leistungsbereich und für Wandler, bei denen ein hoher Wirkungsgrad gefordert ist.

Er arbeitet so, dass während t_{ein} einer der beiden primärseitigen Transistoren leitet. Die Transistoren T_1 und T_2 arbeiten dabei alternierend und jeder realisiert die exakt gleiche t_{ein}-Zeit. Dadurch wird der Transformator symmetrisch ausgesteuert. Während t_{aus} sperren beide Transistoren und es leiten die Dioden D_1 und D_2.

Durch den symmetrischen Betrieb wird der Trafo in beiden Richtungen ausgesteuert. Dadurch entfällt die Entmagnetisierungswicklung und der magnetische Kreis wird besser ausgenutzt als beim Eintaktflusswandler oder beim Sperrwandler.

Zur Nomenklatur: Da sich die Transistoren T_1 und T_2 abwechseln, gibt es zwei Möglichkeiten, die Periodendauer T zu definieren. Von der Primärseite aus betrachtet kann T als die Zeit definiert werden, in der T_1 und T_2 arbeitet. Dann ist T doppelt so groß, wie in Bild 7.2 eingetragen. Für die Sekundärseite jedoch spielt es keine Rolle, ob T_1 oder T_2 gerade arbeitet. Die sekundärseitige Wirkung ist dieselbe. Deshalb verwenden wir die Definition von T wie in Bild 7.2 angegeben. Dies hat auch den entscheidenden Vorteil, dass alle Beziehungen vom Eintaktflusswandler aus Kapitel 6 übernommen werden können. Eine erneute Herleitung an dieser Stelle erübrigt sich damit. Auch die Unterscheidung „lückender Betrieb" – „nicht lückender Betrieb" kann für den Gegentaktwandler genauso vom Eintaktflusswandler übernommen werden, wenn wir eine Erweiterung vorsehen: v_T darf hier bis 1,0 gehen.

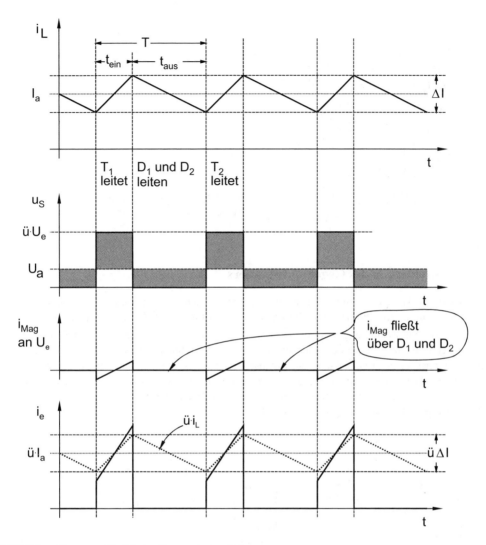

Bild 7.2: Kurvenverläufe beim Gegentaktwandler.

7.1.1 Die Ausgangsspannung

Wir wollen hier noch die normierte Ausgangsspannung für den nicht lückenden Betrieb angeben. Die Arbeitsweise des Gegentaktwandlers ist dem Eintaktflusswandler bzw. dem Abwärtswandler ähnlich: Wenn T_1 oder T_2 leiten, liegt die transformierte Eingangsspannung an der Induktivität L an und wenn T_1 und T_2 sperren, erzwingt L, dass der Strom i_L weiter fließt. Er kann nur über die Dioden D_1 und D_2 fließen. Dadurch wird während t_{aus} die Spannung u_S Null. Das ist genau das gleiche Verhalten wie beim Abwärtswandler. Die Ausgangsspannung kann also wie beim Abwärtswandler angegeben werden, wenn wir für die Eingangsspannung $ü U_e$ einsetzen:

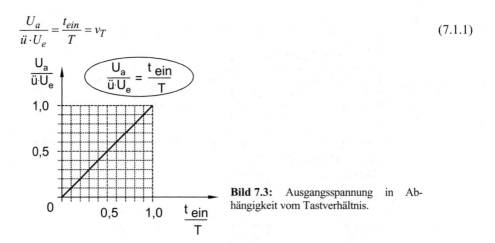

$$\frac{U_a}{\ddot{u} \cdot U_e} = \frac{t_{ein}}{T} = v_T \tag{7.1.1}$$

Bild 7.3: Ausgangsspannung in Abhängigkeit vom Tastverhältnis.

7.1.2 Ansteuerung des Gegentaktwandlers

Ein besonderes Augenmerk muss auf die streng symmetrische Ansteuerung und den streng symmetrischen Aufbau gerichtet werden. Die Einschaltzeiten für T_1 und T_2 müssen genau gleich groß sein, damit die Stromänderung ΔI in beiden Richtungen exakt gleich ist. Schon kleine Unsymmetrien würden den Trafo in die Sättigung bringen und ohne Schutzmaßnahmen sofort den entsprechenden Transistor zerstören. Auf diese Eigenschaft des Gegentaktwandlers muss schon bei der Schaltungssynthese geachtet werden. Insbesondere muss ein PWM-Generator eingesetzt werden, der von Natur aus identische Ansteuersignale für T_1 und T_2 erzeugt. Ein Beispiel für einen diskret aufgebauten PWM-Generator sei hier vorgestellt:

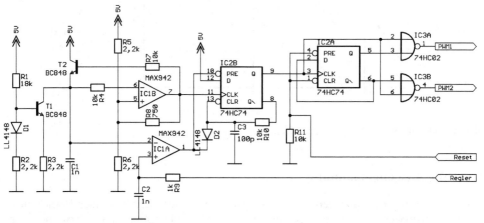

Bild 7.4: PWM-Generator für den Gegentaktwandler.

Am Eingang „Regler" liegt eine Spannung zwischen 0V und 5V an. Sie steuert das Tastverhältnis des PWM-Signals, das an den Ausgängen PWM1 und PWM2 zur Verfügung steht.

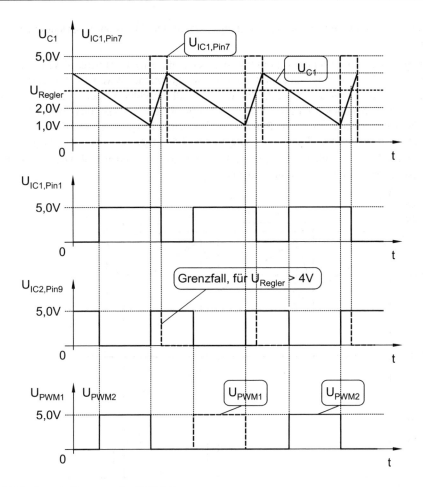

Bild 7.5: Impulsdiagramm des PWM-Generators.

T_1 arbeitet als Stromquelle, die C_1 entlädt. Die Diode D_1 ist zur Temperaturkompensation der Basis-Emitter-Diode von T_1 eingebaut. Wenn keine hohe Konstanz der PWM-Frequenz verlangt wird, kann auf D_1 verzichtet werden.

IC1B kippt bei einer Kondensatorspannung von 1V um und lädt über T_2 den Kondensator auf ca. 4V auf. Die Kondensatorspannung verläuft nahezu sägezahnförmig. IC1A vergleicht den Säge-zahn mit der Eingangsspannung (Regler) und liefert am Komparator-Ausgang von IC1A bereits das eigentliche PWM-Signal. Dieses wird mit IC2A auf die beiden PWM-Ausgänge verteilt. Bei einer positiven Taktflanke am Takteingang von IC2A (Pin 3) toggelt das Flip-Flop IC2A. Gleich-zeitig werden aber mit den NOR-Gattern (IC3) beide PWM-Ausgänge low. Dadurch werden Fehlimpulse, verursacht durch das Umkippen vom Flip-Flop, sicher verhindert. Geht das Signal an Pin 3 vom IC2A wieder auf low, wird in Abhängigkeit von der Flip-Flop-Stellung einer der beiden PWM-Ausgänge freigegeben. Durch die Toggel-Funktion von IC2A wird das PWM-

Signal streng abwechselnd auf die beiden Ausgänge verteilt. Die Funktion entspricht einem Zeit-Multiplexer.

Voraussetzung für eine einwandfreie Funktion der Schaltung ist ein sauberes PWM-Signal am Eingang (Pin 3, IC2A). Es darf nie dauerhaft auf low sein (entspricht PWM = 100%), da dies einen PWM-Ausgang statisch einschalten würde. Es muss deshalb beachtet werden, dass bei einem v_T von 100% (Eingangsspannung $\geq$ 4V) IC2A noch sicher getaktet wird. Dazu dient das D-Flip-Flop IC2B. Auf die positive Flanke von IC1, Pin 7 wird über den D-Eingang das Flip-Flop gesetzt. Es bleibt mindestens über die mit R_{10} und C_3 eingestellte Totzeit gesetzt. Während es gesetzt ist, schaltet IC3 beide PWM-Ausgänge auf low und IC2A toggelt auf jeden Fall. Der Grenzfall für eine Eingangsspannung (Regler) $\geq$ 4V sieht so aus:

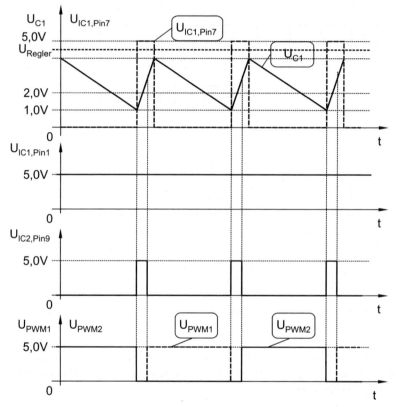

Bild 7.6: Grenzfall für die Eingangsspannung > 4V.

Die Schaltung wirkt sicherlich unübersichtlich. Sie hat aber den Vorteil, dass sie mit wenigen Standard-Bauelementen aufgebaut werden kann und dennoch eine ganz individuelle Funktion erfüllt. So wurde für die Erzeugung der Sägezahnspannung eine einfache diskrete Schaltung gewählt, weil damit Arbeitsfrequenzen von einigen 100kHz bei guter Linearität erreichbar sind und keine besonderen ICs gebraucht werden.

7.2 Brücken

Für den Gegentaktwandler kommen unterschiedliche Brückenanordnungen zum Einsatz, von denen hier einige erwähnt werden:

7.2.1 Primärseite

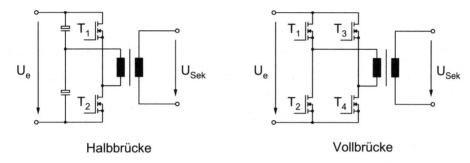

Bild 7.7:   Brückenanordnungen.

In Bild 7.7 ist die Halbbrücke und die Vollbrücke dargestellt. Bei der Halbbrücke wird eine künstliche Mittenspannung mit zwei Elkos hergestellt. Sie eignet sich besonders für hohe Eingangsspannungen, wo eine Halbierung der Spannungsfestigkeit von T_1 und T_2 einen zusätzlichen Vorteil bedeutet.

Durch die Kondensatoren erreicht man eine automatische Symmetrierung. Selbst für den Fall der unsymmetrischen Ansteuerung der Transistoren T_1 und T_2 verschiebt sich die künstliche Mittenspannung so, dass der Transformator gleichmäßig in beiden Richtungen ausgesteuert wird. In der praktischen Ausführung reicht ein Kondensator aus, wenn U_e bereits einen Blockkondensator hat. Oder aber die beiden in Bild 7.7 gezeigten Elkos dienen gleichzeitig als Eingangselko.

Die Vollbrücke funktioniert so, dass T_1 und T_4 oder T_2 und T_3 gleichzeitig leiten. Wenn alle vier Transistoren gesperrt sind (z.B. für eine kurze Zeit beim Umschalten oder während t_{aus}), fließt der Trafostrom über die Inversdioden von zwei diagonalen Transistoren weiter. Dabei spielt es keine Rolle, welche Richtung der Strom hat. Die Vollbrücke erlaubt in jedem Falle, dass der Strom auf die Eingangsspannung fließt. Sie hat dadurch den Vorteil, dass sie die Energie in den Streuinduktivitäten des Trafos bei jeder Umschaltung automatisch auf die Primärseite zurückspeist und nicht – wie etwa bei einem Sperrwandler – verloren geht. Das ergibt einen besseren Wirkungsgrad des Wandlers und weniger Aufwand für die Kühlung der Transistoren oder der Entlastungsnetzwerke. Oft können die Brückentransistoren ganz ohne Kühlkörper betrieben werden.

7.2.2   Sekundärseite

In Abweichung zu Bild 7.1 kann die Sekundärseite auch folgendermaßen ausgeführt werden:

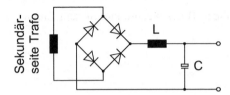

Bild 7.8:   Sekundärseite
mit einer Sekundärwicklung.

Bei nur einer Sekundärwicklung benötigt man vier Dioden zur Gleichrichtung. Meist ist dies aber kostengünstiger, als zwei Sekundärwicklungen. Welche der beiden Schaltungstopologien letztendlich gewählt wird, hängt auch von der Frage der Masseführung ab. So kann in Bild 7.1 die Mittenanzapfung der Sekundärseite direkt auf Masse gelegt werden, während in Bild 7.8 die Sekundärwicklung „freifliegend" bleiben muss.

Es kann vorteilhaft sein, eine fünfte Diode zu verwenden:

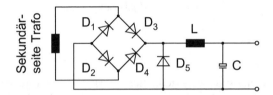

Bild 7.9:   Brückengleichrichter
mit zusätzlicher Diode.

Im Fall des Freilaufs (üblicherweise während t_{aus}) fließt der Spulenstrom über D_5 und wir haben nur den Spannungsabfall von einer Diodenflussspannung. Zusätzlich sorgt der Magnetisierungsstrom des Trafos für eine Kommutierung auf dasjenige Diodenpaar, das als nächstes leiten wird. Dadurch haben wir keine Ausschaltverluste in den Brückendioden D_1 bis D_4. Beim Wiedereinschalten gibt es nur Schaltverluste in D_5. Wir müssen also nur D_5 kühlen oder nur für D_5 eine besonders schnelle Diode verwenden.

Die Ausschaltvorgänge von Dioden sind von grundsätzlicher Bedeutung, da sie häufig den größten Anteil der Verluste in einem Wandler verursachen. Gerade beim Gegentaktwandler sind sie oft die dominierenden Verluste. Die anderen Leistungsbauelemente lassen sich üblicherweise so dimensionieren, dass sie sehr wenig Verluste erzeugen. So sind die Schalttransistoren meist nicht das Problem. Sie sind heutzutage mit hervorragenden Daten erhältlich. Für niedrige Spannungen verwenden wir MOSFETs und für höhere Spannungen IGBTs. Die Verluste in den Leistungstransistoren liegen dann etwa bei 1% der übertragenen Leistung. Bei den Dioden sieht es deutlich schlechter aus und der Hauptgrund sind nicht etwa die Durchlassverluste, sondern die Schaltverluste und zwar speziell die Verluste beim Ausschalten. Eine Diode lässt sich immer schnell einschalten. Beim Ausschalten hingegen sperrt sie verzögert. Bei Schottky-Dioden ist der Effekt gering und oft vernachlässigbar. Bei Bipolar-Dioden ist eine mehr oder weniger große Sperrverzugszeit vorhanden, die entsprechende Verluste erzeugt. Im Folgenden wollen wir diesen Effekt näher beleuchten.

7.3 Sperrverzugszeit von Dioden

7.3.1 Problemstellung

Wir können zur Erläuterung exemplarisch die Schaltung in Bild 7.1 wählen. Bei jeder Art von Sekundärbrücke fließt der Spulenstrom i_L während t_{aus} über eine oder mehrere Dioden. Beim Wiedereinschalten (Übergang von t_{aus} nach t_{ein}) muss der Strom durch die Diode Null werden. Dies kann bei Bipolar-Dioden nicht beliebig schnell passieren, da zunächst noch Ladungsträger aus dem pn-Übergang ausgeräumt werden müssen. Dabei fließt ein Strom in Sperrrichtung durch die Diode. Es ist der „reverse current". Die Zeit in der er fließt, ist die „reverse recovery time". Zur Messung beider Größen dient die folgende Messschaltung:

7.3.2 Messschaltung

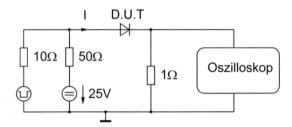

Bild 7.10:   Testschaltung. Impedanz der Quelle: 50Ω, Anstiegszeit: 15ns.

D.U.T steht für „Device under Test". Für die Messung der Sperrverzugszeit t_{rr} gibt es verschiedene Vorschriften. Man kann sie vom Stromnulldurchgang bis zum Erreichen einer festen Schwelle messen (hier 250mA).

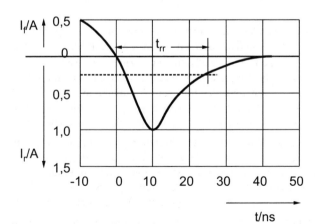

Bild 7.11: Eine mögliche Definition der Sperrverzugszeit (reverse recovery time).

Oder man legt die Schwelle relativ zum Strom-Spitzenwert fest:

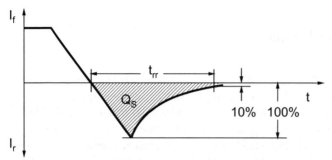

Bild 7.12: Definition der Sperrver-zugszeit auf 10% vom Strom-Spitzenwert.

In Bild 7.11 Bild 7.12 wurden folgende Größen verwendet:

I_f Vorwärtsstrom, Strom in Durchlassrichtung der Diode,

I_r Sperrstrom,

t_{rr} Sperrverzugszeit,

Q_S im pn-Übergang gespeicherte Ladung.

Die Ladung Q_S muss beim Übergang vom leitenden in den sperrenden Zustand aus der Diode ausgeräumt werden. Das erfordert den Sperrstrom I_r, der den prinzipiellen Verlauf in Bild 7.12 hat. Es hängt nun einfach von der anliegenden Spannung ab, welche Verlustleistung dabei auftritt. Liegt eine hohe Sperrspannung während der Sperrverzugszeit an, tritt eine große Verlustleistung in der Diode auf und das Bauelement wird gestresst.

7.3.3   Abhilfe

Der Sperrverzug der Diode ist eine prinzipielle Eigenschaft des pn-Übergangs und lässt sich deshalb nicht vermeiden. Es gibt lediglich einige wenige Maßnahmen, um ihn wenigstens in seiner Auswirkung gering zu halten:

1)   Wir können schnelle Dioden verwenden. Sie haben eine kurze Sperrverzugszeit und die Ladung Q_S ist geringer als bei Standard-Dioden. Dioden werden mit fast, super fast und hyper fast bezeichnet. Dioden der schnellsten Kategorie haben Sperrverzugs-zeiten im Bereich 10ns bis 100ns. Das klingt wenig. Rechnet oder misst man die Ver-lustleistung jedoch nach, dann kommt man bei höheren Wandlerfrequenzen schnell auf unzulässig hohe Werte, da die Verluste bei jedem Schaltvorgang des Wandlers auftreten und folglich proportional mit der Arbeitsfrequenz des Wandlers ansteigen.

2)   Wir können die Spannung über der Diode beim Abschalten begrenzen, indem wir die Spannungsanstiegsgeschwindigkeit klein halten. Dazu schaltet man sogenannte Snub-ber-Netzwerke parallel zur Diode. Sie bestehen meist aus einer RC-Kombination. O-der wir können durch die Betriebsweise des Wandlers den Spannungsanstieg klein halten. Dies trifft für Resonanzwandler oder partial resonante Wandler zu.

3)   Wir können - beim Gegentaktwandler etwa – den primärseitigen Strom begrenzen. Dadurch wird der sekundärseitige Spannungsanstieg ebenfalls begrenzt und der rever-se current fließt dadurch bei niedrigerer Diodenspannung, wodurch die Verlustleis-tung verkleinert wird. Die Strombegrenzung geschieht mittels vorgeschalteter Induk-tivität. Nach dem Einschaltvorgang mit Strombegrenzung führt die vorgeschaltete In-

duktivität zuviel Strom, der wieder abgebaut werden muss. Im einfachsten Fall wird die überschüssige Energie in einem ohmschen Widerstand verheizt. In aufwendigeren Fällen wird durch ein zusätzliches, aktives Schaltwerk die Energie auf die Primärseite zurückgespeist oder einem Kondensator zur Zwischenspeicherung zugeführt. Der Fantasie des Schaltungsentwicklers sind dabei keine Grenzen gesetzt!

4) Für Anwendungen im Niedervolt-Bereich können wir Schottky-Dioden verwenden, die prinzipiell keine Sperrverzugszeit aufweisen. Bei ihnen muss lediglich eine kleine parasitäre Kapazität umgeladen werden.

5) Für Anwendungen mit höheren Spannungen (bis 600V) gibt es neuerdings von Infineon SiC-Schottky-Dioden, die einen etwa um den Faktor 10 kleineren reverse recovery current haben. Dies ist ein ganz entscheidender Fortschritt für die Leistungselektronik, insbesondere im Bereich der Netzanwendungen. Die Verluste in den Dioden können gesenkt werden, wodurch die Netzteile kleiner gebaut werden können.

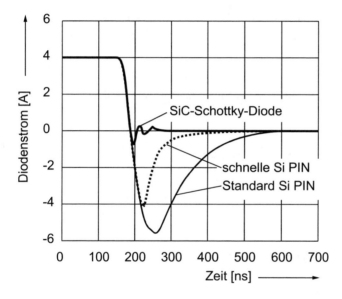

Bild 7.13: Schaltverhalten bei 150°C im Vergleich. I_F = 4A, dI/dt = 200A/μs, V_R = 300V.

8 Resonanzwandler

Aus der Vielzahl der Resonanzwandler sei in diesem Kapitel nur ein Beispiel vorgestellt. Ausgehend von der Boucherot-Schaltung werden die wichtigsten Beziehungen und eine praktische Realisierung angegeben.

8.1 Die Boucherot-Schaltung

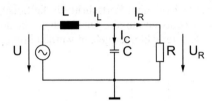

Bild 8.1: Das Schaltbild der Boucherot-Schaltung.

8.1.1 Beziehungen

Zur Analyse der Schaltung soll zunächst der Strom I_R berechnet werden:

$$\frac{I_R}{U} = \frac{\dfrac{1}{1+j\omega RC}}{j\omega L + \dfrac{R}{1+j\omega RC}} = \frac{1}{R\cdot(1-\omega^2 LC)+j\omega L} \tag{8.1.1}$$

mit

$$\omega_0 = \frac{1}{\sqrt{LC}} \tag{8.1.2}$$

wird I_R unabhängig von R und hat den Wert:

$$\frac{I_R}{U} = -j\sqrt{\frac{C}{L}} = \frac{1}{j\omega_0 L} \tag{8.1.3}$$

Die Schaltung wird damit zur Stromquelle.

Aus Gl. (8.1.3) folgt für den Betrag:

$$\frac{I_R}{U} = \sqrt{\frac{C}{L}} \tag{8.1.4}$$

Der Kehrwert dieser Gleichung hat die Einheit Ω . Deshalb definieren wir:

$$X_0 = \sqrt{\frac{L}{C}} \tag{8.1.5}$$

Aus Gl. (8.1.3) und Gl. (8.1.4) folgt damit:

$$L = \frac{U}{\omega_0 \cdot I_R} = \frac{X_0}{\omega_0} \qquad (8.1.6)$$

und

$$C = \frac{I_R}{\omega_0 \cdot U} = \frac{1}{\omega_0 \cdot X_0} \qquad (8.1.7)$$

Die Gleichungen (8.1.3) und (8.1.4) gelten für den speziellen Fall $\omega = \omega_0$. Es soll nun untersucht werden, was sich bei Frequenzen ungleich der Resonanzfrequenz ändert. Dazu setzen wir in Gl. (8.1.1) die eingeführten Abkürzungen ($\omega_0 = \frac{1}{\sqrt{LC}}$, $X_0 = \sqrt{\frac{L}{C}}$) ein und erhalten:

$$\frac{I_R}{U} = \frac{1}{R(1 - \frac{\omega^2}{\omega_0^2}) + j\frac{\omega}{\omega_0} X_0} \qquad (8.1.8)$$

Mit $Q = \frac{R}{X_0}$ folgt $\dfrac{I_R}{U} = \dfrac{1}{Q \cdot X_0} \cdot \dfrac{1}{(1 - \frac{\omega^2}{\omega_0^2}) + j\frac{\omega}{\omega_0} X_0}$ oder

$$\frac{I_R}{U} X_0 = \frac{1}{Q \cdot (1 - \frac{\omega^2}{\omega_0^2}) + j\frac{\omega}{\omega_0}} \qquad (8.1.9)$$

Von dieser Gleichung wird nachfolgend der Betragsverlauf über der normierten Kreisfrequenz gezeigt:

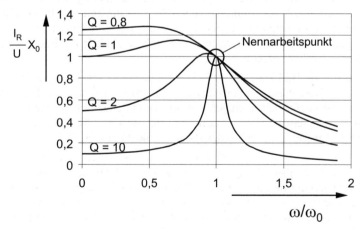

Bild 8.2: Ausgangsstrom I_R in Abhängigkeit der Frequenz für verschiedene Güten Q.

Der Vollständigkeit wegen sei hier noch der Strom I_L und I_C berechnet:

$$\frac{I_L}{U} = \cfrac{1}{j\omega L + \cfrac{\cfrac{R}{j\omega C}}{R + \cfrac{1}{j\omega C}}} = \cfrac{1}{j\omega L + \cfrac{R}{1 + j\omega RC}} = \frac{1 + j\omega RC}{R\left(1 - \omega^2 LC + j\omega L\right)}$$

$$\qquad\qquad\qquad\qquad\qquad\qquad\qquad\qquad\qquad\qquad (8.1.10)$$

$$= \cfrac{1 + j\dfrac{\omega}{\omega_0} Q}{Q \cdot X_0 \cdot \left(1 - \dfrac{\omega^2}{\omega_0^2}\right) + j\dfrac{\omega}{\omega_0} X_0} \quad\Rightarrow\quad \frac{I_L \cdot X_0}{U} = \cfrac{1 + j\dfrac{\omega}{\omega_0} Q}{Q \cdot \left(1 - \dfrac{\omega^2}{\omega_0^2}\right) + j\dfrac{\omega}{\omega_0}}$$

Für I_C gilt:

$$\frac{I_C}{U} = \cfrac{\cfrac{R}{1 + j\omega RC}}{j\omega L + \cfrac{R}{1 + j\omega RC}} \cdot j\omega C = \frac{j\omega RC}{R + j\omega L - \omega^2 RLC}$$

$$\qquad\qquad\qquad\qquad\qquad\qquad\qquad\qquad\qquad\qquad (8.1.11)$$

$$= \cfrac{j\dfrac{\omega}{\omega_0} Q}{Q \cdot X_0 \left(1 - \dfrac{\omega^2}{\omega_0^2}\right) + j\dfrac{\omega}{\omega_0} X_0} \quad\Rightarrow\quad \frac{I_C \cdot X_0}{U} = \cfrac{j\dfrac{\omega}{\omega_0} Q}{Q \cdot \left(1 - \dfrac{\omega^2}{\omega_0^2}\right) + j\dfrac{\omega}{\omega_0}}$$

In Bild 8.3 wurde der normierte Spulenstrom über der normierten Kreisfrequenz dargestellt. Er kann als Eingangsstrom für die Boucherot-Schaltung betrachtet werden.

Im vorherigen Bild 8.2 ist der Arbeitspunkt bei Resonanzkreisfrequenz angedeutet. Um ihn herum kann der Ausgangsstrom über eine Frequenzänderung in einem gewissen Bereich verändert werden. Sinnvoll ist eine Dimensionierung der Schaltung mit einer niedrigen Güte ($Q < 2$). Das hat zwei Vorteile: Zum einen würde bei einer großen Güte die Blindleistung, die zwischen L und C hin- und her schwingt, vergleichsweise groß und würde die Bauteile stark belasten und entsprechende Verluste erzeugen.

Zum anderen erhält man, wie Bild 8.3 zeigt, bei einer kleinen Güte schon unterhalb der Resonanzfrequenz einen negativen Phasenwinkel für den normierten Spulenstrom. Dies bedeutet, dass I_L der Spannung U nacheilt oder noch genauer: Im Nulldurchgang der Spannung U ist I_L noch negativ. Diese Eigenschaft ist Voraussetzung für ein „weiches" Schalten der verwendeten Leistungshalbleiter. Wir werden weiter unten darauf zurückkommen.

Wird die Schaltung oberhalb der Resonanzfrequenz betrieben, ist der gewünschte negative Phasenwinkel im gesamten genutzten Frequenzbereich gegeben. Allerdings haben wir dann die größte Ausgangsleistung bei der niedrigsten Frequenz. Für kleinere Ausgangsleistungen arbeitet der Wandler mit höherer Frequenz. Wir haben dann bei kleineren Leistungen höhere Schaltverluste, was bedeutet, dass der Wirkungsgrad bei Teillast und kleinen Ausgangsleistungen stark abnimmt. Ein solcher Wirkungsgradverlauf ist häufig unerwünscht.

Arbeitet der Wandler hingegen mit konstanter oder nahezu konstanter Last, ist die Betriebsweise günstig.

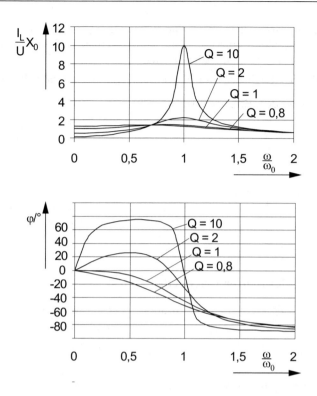

Bild 8.3: Spulenstrom I_L und Phasenwinkel für verschiedene Güten.

8.1.2 Ansteuerung mit Rechteckspannung

In Bild 8.1 haben wir eine sinusförmige Wechselspannungsquelle vorausgesetzt. Diese steht nur in Ausnahmefällen mit der passenden Frequenz zur Verfügung. Ein Fall wäre z.B. die Netzspannung mit 230V/50Hz. Dann müsste unsere Schaltung allerdings mit 50Hz arbeiten. Gerade beim Resonanzwandler ist aber eine hohe Arbeitsfrequenz möglich und wird aus Gründen der Baugröße der magnetischen Bauteile auch gefordert.

Eingangsseitig steht üblicherweise eine Gleichspannung zur Verfügung. Aus ihr wird in einer Zerhackerschaltung ein Rechtecksignal der geforderten Frequenz erzeugt und der Resonanzschaltung zugeführt.

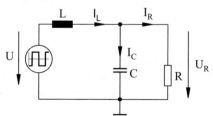

Bild 8.4: Resonanzschaltung mit rechteckförmiger Ansteuerung.

Eine Rechteckspannung lässt sich aus einer Gleichspannungsquelle prinzipiell verlustleistungsfrei erzeugen und die Schaltung filtert mit dem Tiefpassverhalten (Bild 8.4) hauptsächlich die
Grundwelle heraus. Dies sei hier kurz näher betrachtet:

Nach Fourier enthält eine Rechteckspannung eine sinusförmige Grundwelle mit dem Scheitelwert $\hat{U}$: $\hat{U} = \dfrac{4}{\pi} \cdot U_0$ oder dem Effektivwert

$$U = \frac{4}{\sqrt{2}\pi} U_0 \tag{8.1.12}$$

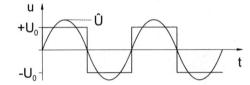

Bild 8.5: Grundwellenan-
teil eines Rechtecksignals.

8.1.3 Berechnung der dritten Oberwelle

Die nächste vorkommende Frequenz ist die dritte Oberwelle. Sie hat nach Fourier den Scheitelwert

$$U_3 = \frac{U}{3} \tag{8.1.13}$$

Für den Ausgangsstrom I_R gilt nach Gl. (8.1.9)

$$\frac{I_R \cdot X_0}{U} = \frac{1}{Q} \cdot \frac{1}{(1 - \dfrac{\omega^2}{\omega_0^2}) + j\dfrac{\omega}{\omega_0}} \tag{8.1.14}$$

Wir nehmen als Spezialfall $Q = 1$ an. Dann folgt für die Grundwelle I_{R1} bei Resonanzfrequenz:

$$I_{R1} = \frac{1}{j}\frac{U}{X_0} \text{ oder für den Betrag von } I_{R1}: I_{R1} = \frac{U}{X_0}$$

Für die dritte Oberwelle I_{R3} folgt aus Gl. (8.1.14) für $\omega = 3\omega_0$:

$$I_{R3} = \frac{U_3}{X_0} \cdot \frac{1}{\sqrt{(1-9)^2 + 3^2}} = \frac{U}{3 \cdot X_0}\frac{1}{8,54} \tag{8.1.15}$$

Daraus folgt für das Verhältnis $\dfrac{I_{R3}}{I_{R1}} = \dfrac{1}{25,62} = 0,039$

Die dritte Oberwelle liefert also nur noch einen Beitrag von 3,9%. Der Fehler kann durch Kor-
rektur von X_0 kompensiert werden. Die weiteren Oberwellen können sicherlich vernachlässigt
werden. Damit können wir mit gutem Gewissen die oben abgeleiteten Beziehungen übernehmen.

8.1.4 Realisierung der Rechteckspannung

Eine Rechteckansteuerung kann beispielsweise mit einer H-Brücke erfolgen:

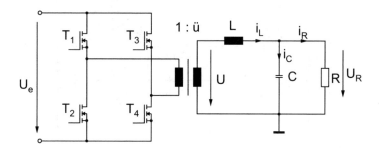

Bild 8.6: Resonanzwandler mit H-Brücke angesteuert.

Die Diagonalzweige T_1, T_4 und T_2, T_3 werden gleichzeitig geschaltet.

Hier wirkt sich der negative Phasenwinkel zwischen dem Strom I_L und der Spannung U so aus, dass beim Umschalten der H-Brücke der Schaltvorgang durch den Strom unterstützt wird. Schaltet man die Diagonalzweige mit einer geringen Pause, in der alle vier Transistoren kurzzeitig sperren, so schwingt die Brücke in dieser Pause selbstständig und ohne Verluste um. Der Umschwingvorgang kann, falls nötig , durch Kondensatoren parallel zu den Transistoren verlangsamt werden.

Diese Eigenschaft ist ein riesiger Vorteil der hier vorgestellten Schaltung. Es kann eine hohe Arbeitsfrequenz bei gleichzeitig minimaler EMV-Abstrahlung erreicht werden.

8.1.5 Ein Ausführungsbeispiel: 12V-Vorschaltgerät für Energiesparlampe

Mit dem Stromquellenverhalten eignet sich die Schaltung hervorragend zum Betrieb von Energiesparlampen. Ein Ausführungsbeispiel zeigt die nachfolgende Schaltung. Dort wurde aus Kostengründen die Brücke durch einen einzigen Leistungsschalter ersetzt. Der Trafo arbeitet abwechslungsweise im Sperr- und Flussbetrieb. Die Schaltung lässt sich nicht mehr so einfach berechnen, da für jede Halbwelle ein getrennter Ansatz und ein eigener Rechenweg erforderlich ist.

Die Dimensionierung erfolgte deshalb in der Simulation mit PSpice. Die nachträgliche Realisierung bestätigte die Simulation vollständig!

C_2 ist der Umschwingkondensator für T_1. Beim Abschalten kommutiert der Drain-Strom auf C_2, wodurch der Anstieg der Drain-Source-Spannung begrenzt wird. T_1 schaltet somit nahezu beim Strom Null ab.

Eingeschaltet wird T_1, wenn seine Drain-Source-Spannung bereits Null ist, bzw. seine Body-Diode leitet. Dafür sorgen die beiden Schwingkreise L_1/C_3 und Trafo/C_2. Damit hat der Transistor T_1 in beiden Fällen vernachlässigbare Schaltverluste. Seine Leitend-Verluste können durch geeignete Wahl des Transistors so klein gehalten werden, dass er ohne Kühlkörper betrieben werden kann.

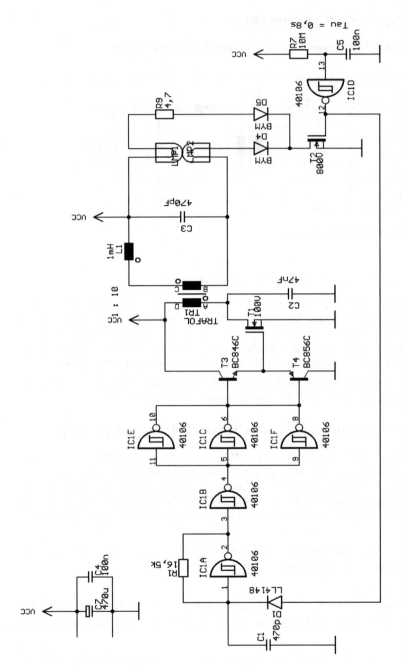

Bild 8.7: Vorschaltgerät für 12V-Energiesparlampe.

Die Schaltung eignet sich für Energiesparlampen unterschiedlicher Bauform mit einer maximalen Lampenleistung von 11W und einer Versorgungsspannung von 10V bis 15V.

Sie hat außerordentlich wenig EMV-Abstrahlung, da der Transistor „weich" schaltet.

Die Schaltung mit T_2, IC_{1D} dient zur Vorheizung der Lampe. Langwierige Messreihen haben gezeigt, dass die Elektroden beim Zünden bereits heiß sein müssen, damit eine hohe Lebensdauer der Lampe erreicht werden kann.

Der Zündvorgang erfolgt automatisch, da eine nicht gezündete Lampe hochohmig ist und die Boucherot-Schaltung schnell auf eine hohe Spannung aufschwingt, die zum Durchschlag führt.

Die Schaltung hat keine Regelung der Ausgangsleistung. Deshalb wird die Lampenleistung und damit die Helligkeit von der Batterie- oder Versorgungsspannung abhängig.

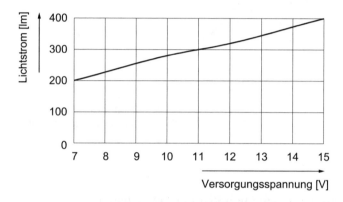

Bild 8.8: Lichtstrom in Abhängigkeit der Versorgungsspannung.

8.2 Gegentaktwandler mit Umschwingen des Drosselstroms

8.2.1 Grundschaltung

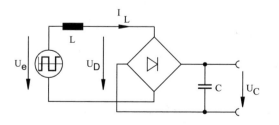

Bild 8.9: Umschwingen des Drosselstroms.

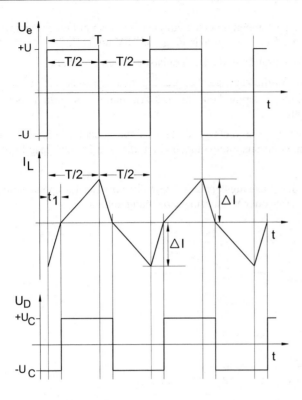

Bild 8.10: Spannungs- und Stromverlauf an der Umschwingdrossel.

8.2.2   Ausgangsspannung in Abhängigkeit der Schaltzeiten

Die Spannung U_e ist eine bipolare Rechteckspannung mit symmetrischem Tastverhältnis. Zur Behandlung der Schaltung seien wieder alle Bauelemente als ideal betrachtet.

Betragsmäßig gilt für t_1:

$$U + U_C = L \cdot \frac{\Delta I}{t_1} \tag{8.2.1}$$

und für $\dfrac{T}{2} - t_1$:

$$U - U_C = L \cdot \frac{\Delta I}{\dfrac{T}{2} - t_1} \tag{8.2.2}$$

Gl. (8.2.1) dividiert durch Gl. (8.2.2) liefert:

$$\frac{U + U_C}{U - U_C} = \frac{\dfrac{T}{2} - t_1}{t_1} \Rightarrow (U + U_c) \cdot t_1 = (U - U_c) \cdot (\frac{T}{2} - t_1)$$

$$\Rightarrow u = \frac{\frac{T}{2} - 2 \cdot t_1}{\frac{T}{2}} = 1 - 4 \cdot \frac{t_1}{T} = 1 - 2 \cdot \frac{t_1}{\frac{T}{2}} \tag{8.2.3}$$

$$u = \frac{U_C}{U} \tag{8.2.4}$$

ist die normierte Ausgangsspannung.

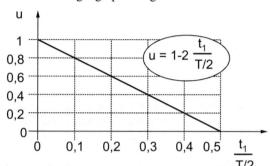

Bild 8.11: Normierte Ausgangsspannung über der relativen Entladezeit t_1.

Je nach Betrieb der Schaltung muss Bild 8.11 auch umgekehrt betrachtet werden, so dass sich t_1 in Abhängigkeit von u einstellt.

8.2.3   Ausgangskennlinie

Aus Gl. (8.2.1) folgt auch: $t_1 = \dfrac{L \cdot \Delta I}{U + U_C}$ in Gl. (8.2.2) eingesetzt:

$$U - U_C = L \cdot \frac{\Delta I}{\frac{T}{2} - \frac{L \cdot \Delta I}{U + U_C}} \Rightarrow (U - U_C) = \frac{L \cdot \Delta I \cdot (U + U_C)}{\frac{T}{2}(U + U_C) - L \cdot \Delta I}$$

$$\Rightarrow (U - U_C) \cdot (U + U_C) \cdot \frac{T}{2} - (U - U_C) \cdot L \cdot \Delta I = L \cdot \Delta I \cdot (U + U_C)$$

$$\Rightarrow (U - U_C) \cdot (U + U_C) \cdot \frac{T}{2} = 2 \cdot L \cdot \Delta I \cdot U \quad \text{mit } u = \frac{U_C}{U} \text{ folgt:}$$

$$1 - u^2 = \frac{4}{T} \cdot \frac{L \cdot \Delta I}{U} \quad \text{oder}$$

$$u = \sqrt{1 - 4 \frac{L \cdot \Delta I}{U \cdot T}} \tag{8.2.5}$$

Zur Diskussion von Gl. (8.2.5) nehmen wir den Term $\dfrac{4 \cdot L}{U \cdot T}$ als konstant an und setzen

$$\frac{U \cdot T}{2 \cdot L} = I_0 \quad \text{und} \quad i = \frac{I_a}{I_0} \tag{8.2.6}$$

Aus Bild 8.10 entnehmen wir die Beziehung

$$I_a = \frac{\Delta I}{2} \qquad (8.2.7)$$

Zusammen ergibt sich damit:

$$u = \sqrt{1 - 4i} \qquad (8.2.8)$$

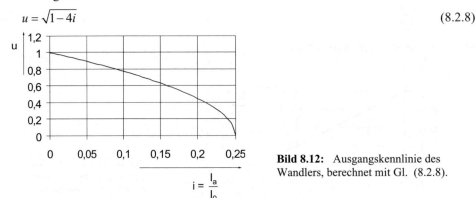

Bild 8.12: Ausgangskennlinie des Wandlers, berechnet mit Gl. (8.2.8).

Bild 8.12 stellt die Ausgangskennlinie der Schaltung für den Fall dar, dass die Ansteuerung der Schaltung die Zeit T konstant hält. Diese Betrachtungsweise ist nötig, wenn die Wandlerschaltung mit einem Regler versehen wird und dessen Stabilität untersucht werden soll. Dafür spielt die Steigung der Kurve in Bild 8.12 eine direkte Rolle.

Hinweis: Dass die Kurve bei $i = 0{,}25$ endet, hängt nur von der speziellen Wahl der Bezugsgröße I_0 in Gl. (8.2.6) ab.

8.2.4 Periodendauer in Abhängigkeit der Ausgangsspannung

Eine andere, naheliegende Betriebsweise der Schaltung ist, dass ΔI konstant gehalten wird. Dann bleibt nach Gl. (8.2.6) auch der Ausgangsstrom I_a konstant. Die Schaltung arbeitet somit als Stromquelle. Zur Erfüllung dieser Bedingung muss allerdings eine schnelle Strommessschaltung und eine genügend schnelle Ansteuerung der Leistungsschalter verwendet werden, damit ΔI tatsächlich für alle vorkommenden Betriebsbedingungen konstant gehalten werden kann.

Aus Gl. (8.2.5) und Gl. (8.2.7) erhalten wir auch die Beziehung

$$T = \frac{8 \cdot I_a \cdot L}{(1 - u^2) \cdot U} \qquad (8.2.9)$$

Diese Beziehung stellt die Funktion $T(u)$ mit dem Parameter I_a dar, wenn wir L und U als konstant betrachten. Zur Darstellung der Beziehung normieren wir T auf T_0 und setzen

$$T_0 = \frac{8 \cdot I_a \cdot L}{U} \Rightarrow \frac{T}{T_0} = \frac{1}{(1 - u^2)} \qquad (8.2.10)$$

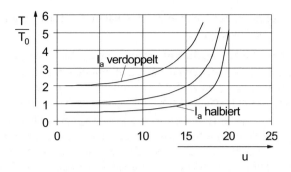

Bild 8.13: Normierte Periodendauer über der normierten Ausgangsspannung.

8.2.5 Umschwingbedingung

Im vorangegangenen Kapitel wurde die prinzipielle Funktion der Schaltung beschrieben. Es soll nun näher auf den Umschwingvorgang eingegangen werden.

Wie aus Bild 8.10 zu ersehen ist, eilt der Spulenstrom I_L grundsätzlich der Spannung U_e nach, so wie es an jeder Induktivität zu erwarten ist. Für den Wandler bedeutet dies aber einen Funktionsvorteil: Immer dann wenn die Eingangsrechteckspannung U_e die Polarität wechselt (also die Leistungsschalter umschalten), fließt der Strom I in die Richtung, dass er den Umschaltvorgang unterstützt!

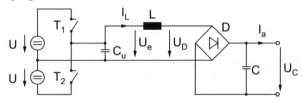

Bild 8.14: Rechteckspannung mit Halbbrücke realisiert.

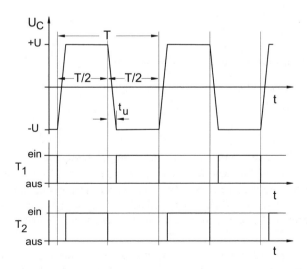

Bild 8.15: Umschwingvorgang und Schaltzeiten der Transistoren.

In den Lücken, in denen beide Transistoren sperren, schwingt die Schaltung selbstständig um. Die treibende physikalisch Größe ist der Spulenstrom I_L.

Beim Abschalten kommutiert der Strom auf den Umschwingkondensator C_u. Bei entsprechender Dimensionierung steigt die Spannung am Schalter erst danach und, mit dem Schaltvorgang verglichen, langsam an. Dieser Betrieb wird auch mit ZVS (Zero-Voltage-Switch) bezeichnet, weil beim eigentlichen Ausschalten des Leistungsschalters noch die Spannung Null anliegt.

Der nachfolgende Transistor muss nicht – wie in Bild 8.15 gezeichnet – genau zu dem Zeitpunkt einschalten, wo seine Drain-Source-Spannung Null wird. Er darf auch etwas später einschalten. Bis dahin übernimmt die Body-Diode den Strom. Schaltet er dann ein, werden die Ladungsträger in der Body-Diode über den R_{DSon} entladen. Damit spielt die Sperrverzugszeit keine Rolle.

Die Anstiegsgeschwindigkeit von U_e wird mit dem Kondensator C_u eingestellt. Damit kann die Schaltung mit minimaler EMV-Abstrahlung betrieben werden und die Schaltverluste in T_1 und T_2 können nahezu auf Null reduziert werden.

Der Umschwingvorgang lässt sich für viele Schaltungen so beschreiben, dass der Spulenstrom I_L während des Umschwingens als konstant angenommen wird. Dann lässt sich die Spannungsanstiegsgeschwindigkeit von U_e angeben:

$$\frac{dU_e}{dt} = \frac{I_L}{C_u} \tag{8.2.11}$$

Trifft diese Vereinfachung nicht zu, weil der Spulenstrom während des Umschwingens bereits merklich reduziert wird, muss eine Sinusschwingung zur Berechnung verwendet werden. Die Umschwingung funktioniert nur so lange, wie die Energie in der Spule ausreicht, um den Kondensator C_u vollständig umzuladen. Die Funktionsgrenze ist erreicht, wenn die in der Spule gespeicherte Energie gerade noch ausreicht, den Kondensator C_u umzuladen. Es gilt dann:

$$\frac{1}{2}C_u(2 \cdot U)^2 = \frac{1}{2}LI_L^2 \tag{8.2.12}$$

Der minimale Spulenstrom, bei dem dies noch erfüllt ist, ergibt sich zu $I_{L\min} = \sqrt{\dfrac{C_u}{L}} \cdot 2 \cdot U$.

Für kleinere Ströme ist kein oder kein vollständiges Umschwingen möglich.

Die Umschwingzeit beträgt im Grenzfall:

$$t_u = \pi \cdot \sqrt{L \cdot C_u} \tag{8.2.13}$$

Gl. (8.2.13) stellt die Grenze dar, wo das Umschwingen gerade noch funktioniert. Dabei ist t_u die maximal vorkommende Umschwingzeit. Für den Wert von C_u werden in der Praxis die parasitären Ausgangskapazitäten der beiden Transistoren addiert, da wechselstrommäßig deren Parallelschaltung wirkt. Am besten geht man vom Ersatzschaltbild aus, das in Kapitel 9 vorgestellt wird und entnimmt die konkreten Werte aus den Datenblattangaben der Transistor-Hersteller.

Es empfiehlt sich zusätzlich zu den parasitären Kapazitäten noch externe Kondensatoren zu verwenden. Dadurch wird der Einfluss der Exemplarstreuung der parasitären Kapazitäten abgeschwächt.

8.3 Resonanzwandler mit variabler Frequenz

Wenn man eine lastabhängige Arbeitsfrequenz des Wandlers in Kauf nimmt, lässt sich ein Resonanzwandler realisieren, der in einem großem Leistungsbereich arbeiten kann. Das Konzept bietet sich beispielsweise für Wandler in Wechselrichtern an, wo beim Nulldurchgang der Spannung die Ausgangsleistung praktisch Null beträgt. Somit muss der gesamte Leistungsbereich von Nulllast bis Maximalleistung durchlaufen werden können.

8.3.1 Schaltung

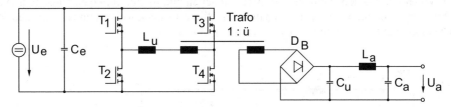

Bild 8.16: Resonanzwandler mit variabler Frequenz, Leistungsteil.

Die Schaltung ähnelt dem klassischen Gegentaktflusswandler. Er wurde jedoch um den Resonanz- oder Umschwingkreis erweitert, der aus L_u und C_u besteht. Für eine genauere Betrachtung lässt sich die Schaltung noch vereinfachen. Dazu wird L_u auf die Sekundärseite des Trafos transformiert und der über die Vollbrücke angesteuerte Trafo durch die transformierten Eingangsspannungen U_e' und $-U_e'$ ersetzt:

8.3.2 Vereinfachte Schaltung

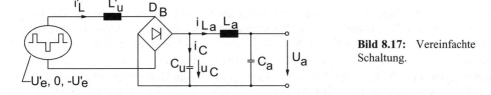

Bild 8.17: Vereinfachte Schaltung.

In Bild 8.17: wurde der Trafo als ideal angenommen und es gilt:

$$U_e' = \ddot{u} \cdot U_e \quad I_L' = I_L \cdot \left(\frac{1}{\ddot{u}}\right) \quad L_u' = \ddot{u}^2 \cdot L_u$$

Beim Einschalten (Sprung von 0 auf U_e' oder Sprung von 0 auf $-U_e'$) steigt i_L' linear an bis er den Wert von I_{La} erreicht hat. In dieser Zeit ist u_C Null, da der Brückengleichrichter den Strom I_{La} führt. Danach beginnt der eigentliche Umschwingvorgang. Die Scheitelwerte von den Strömen und Spannungen seien mit dem Index „0" bezeichnet. Dann gilt:

$$I_{L0} = I_{La} + I_{C0} \tag{8.3.1}$$

Aus $\dfrac{1}{2} \cdot C_u \cdot U_{C0}{}^2 = \dfrac{1}{2} \cdot L_u' \cdot I_{C0}{}^2$ und $U_{C0} = 2 \cdot U_e'$ folgt $I_{C0} = \sqrt{\dfrac{C_u}{L_u'}} \cdot 4 \cdot U_e'$

8.3.3   Ersatzschaltung zur Betrachtung von einem Schaltvorgang

Eine analytische Beschreibung des Wandlers für einen allgemeinen Betriebszustand ist aufwendig und liefert unübersichtliche Beziehungen. Deshalb wird nachfolgend ein spezieller Betriebszustand herausgegriffen und an ihm die grundsätzliche Funktion des Wandlers erläutert. Wenn wir uns den stationären Betrieb vorstellen und in ihm nur einen Umschwingvorgang betrachten, kann die vereinfachte Schaltung in Bild 8.17 noch weiter reduziert werden. Zusätzlich setzen wir $L = L_u'$ und $C = C_u$.

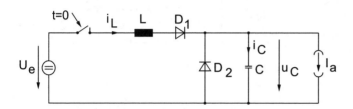

Bild 8.18:   Vereinfachte Ersatzschaltung.

Die ausgangsseitige Drossel L_a, die einen nahezu konstanten Strom zieht, wurde durch eine Stromquelle ersetzt. Wenn wir jetzt noch den größtmöglichen Ausgangsstrom voraussetzen und annehmen, dass der Strom i_L nach dem Umschwingvorgang wieder Null wird, können wir i_L, i_C und u_C angeben:

8.3.4   Spannungs- und Stromverläufe

Im nachfolgenden Bild 8.19 sind die wichtigsten Strom- und Spannungsverläufe des Gegentakt-Resonanzwandlers dargestellt. Der Wandler arbeitet so, dass der Schalter frühestens nach t_2 geöffnet wird, da dann der Strom durch den Schalter Null ist. Bedingt durch die Diode D_1 wird sowieso am Ende von t_2 abgeschaltet. Die Ansteuerung der Leistungsschalter muss also nicht zeitgenau erfolgen. Dadurch dass der Schalter bei Strom Null öffnet, erhalten wir prinzipiell keine Ausschaltverluste. Ab t_4 kommutiert der Ausgangsstrom I_a auf die Diode D_2 und kann damit weiterfließen.

Beim Wiedereinschalten ist i_L Null, wodurch die Einschaltverluste Null oder zumindest minimal sind. Da die Diode D_2 den Ausgangsstrom führt, müssen wir an ihr mit einer Sperrverzugszeit rechnen. Diese stört aber hier praktisch nicht, denn durch die Induktivität L ist der Stromanstieg begrenzt und durch die Kapazität zudem noch der Spannungsanstieg an D_2.

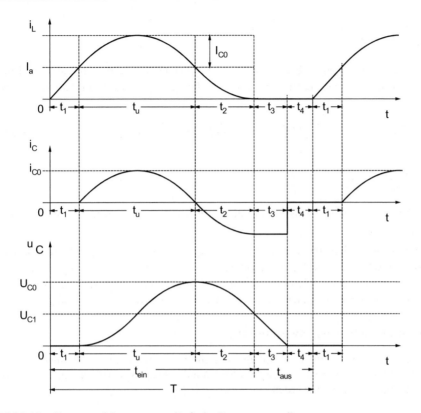

Bild 8.19: Strom- und Spannungsverläufe des Resonanzwandlers.

8.3.5 Beziehungen

Während t_1 führt die Diode D_2 ganz oder teilweise den Ausgangsstrom. D_2 leitet und u_C ist Null. An der Induktivität L fällt die Eingangsspannung U_e ab. In der Zeit t_1 steigt i_L von Null auf I_a an. Daher gilt:

$$t_1 = \frac{L \cdot I_a}{U_e} \tag{8.3.2}$$

Während t_u schwingt der LC-Schwingkreis um. Dabei ist der Ausgangsstrom I_a dem Spulenstrom i_L als Konstante überlagert. Für t_u gilt:

$$t_u = \pi \cdot \sqrt{L \cdot C} \tag{8.3.3}$$

Während t_2 wird der Umschwingvorgang fortgesetzt. Der Kondensatorstrom i_C wird aber zunehmend negativ und Energie wird vom Kondensator auf den Ausgang geliefert. Für t_2 gilt:

$$t_2 = \frac{1}{\omega} \cdot \arcsin \frac{I_a}{I_{C0}} = \frac{1}{\omega} \cdot \arcsin \frac{I_a \cdot \sqrt{L}}{2 \cdot U_e \cdot \sqrt{C}} \tag{8.3.4}$$

Mit $I_{C0} = 2 \cdot \sqrt{\dfrac{C}{L}} \cdot U_e$ (aus $\dfrac{1}{2} L i^2 = \dfrac{1}{2} C u^2$).

Die Zeit t_3 beginnt, wenn i_L zu Null geworden ist. Die Diode D_1 sperrt während t_3 und der Leistungsschalter kann stromlos geöffnet werden. C liefert jetzt den gesamten Ausgangsstrom und es gilt:

$$t_3 = \frac{C \cdot Ue}{I_a}\left(1 + \cos \omega t_2\right) = \frac{C \cdot Ue}{I_a}\left(1 + \cos \arcsin I_N\right) = \frac{C \cdot Ue}{I_a}\left(1 + \sqrt{1 - I_N^2}\right) \qquad (8.3.5)$$

mit $I_N = \dfrac{I_a \cdot \sqrt{L}}{2 \cdot U_e \cdot \sqrt{C}}$ und $\omega = \dfrac{1}{\sqrt{LC}}$

In t_4 leitet die Diode D_2. Sie wirkt als Freilaufdiode für den Ausgangsstrom. Am Ende von t_4 wiederholt sich der Vorgang.

In Bild 8.19: wurde der Fall gezeichnet, dass $t_1 + t_u + t_2 = t_{ein}$ ist und $t_3 = t_{aus}$. Stellt man nun t_{ein} so ein, dass die Schaltverluste für die maximale Leistung minimiert sind, so wird t_{ein} bei kleineren Lasten zu groß. Dieser Umstand ist aber nicht gravierend, da der Brückengleichrichter nach t_2 sowieso sperrt. Der Wandler kann durchaus mit konstantem t_{ein} betrieben werden.

8.3.6   Berechnung der Ausgangsspannung

Zur Steuerung der Ausgangsspannung wird die Wandlerfrequenz verändert. Ausgehend von Bild 8.19: und den Gleichungen (8.3.2) bis (8.3.5) kann die Ausgangsspannung als arithmetischer Mittelwert von u_C berechnet werden:

$$U_a = \frac{1}{T} \cdot \left(U_e \cdot t_u + U_e \cdot \frac{\sin \omega t_2}{\omega} + U_e \cdot t_2 + \frac{U_e}{2} \cdot t_3\right)$$

$$\Rightarrow \quad \frac{U_a \cdot T}{U_e} = \pi \cdot \sqrt{LC} + \sqrt{LC} \cdot \sin\left(\frac{t_2}{\sqrt{LC}}\right) + t_2 + \frac{t_3}{2}$$

$$= \pi \cdot \sqrt{LC} + \sqrt{LC} \cdot I_N + \sqrt{LC} \cdot \arcsin I_N + \frac{C \cdot U_e}{I_a \cdot 2}\left(1 + \sqrt{1 - I_N^2}\right) \qquad (8.3.6)$$

$$\frac{U_a}{U_e} \cdot T \cdot \frac{\pi}{t_u} = \pi + I_N + \arcsin I_N + \frac{1}{4 \cdot I_N} \cdot \left(1 + \sqrt{1 - I_N^2}\right) \qquad (8.3.7)$$

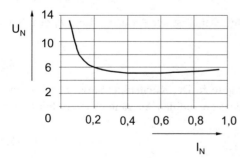

Bild 8.20: Normierte Ausgangsspannung $U_N = \dfrac{U_a}{U_e} \cdot T \cdot \dfrac{\pi}{t_u}$ in Abhängigkeit vom normierten Ausgangsstrom I_N.

8.4 Vergleich „hartes" Schalten – Umschwingen

8.4.1 Beispielschaltung

In den vorangegangenen Betrachtungen haben wir den Wandler immer so betrieben, dass ein weiches Schalten der Leistungsschalter ermöglicht wird und haben dafür auch den Begriff „Umschwingen" verwendet.

Der Umschwingbetrieb hat bezüglich EMV und Schaltverluste Vorteile gegenüber dem hart geschalteten Betrieb. Dennoch stellt sich die Frage, ob der Umschwingbetrieb nicht andere, gravierende Nachteil für den Leistungsteil hat.

So interessiert der Effektivwert des Stromes, der für die Erwärmung im Leistungsteil maßgeblich ist, und es ist zu klären, ob die magnetischen Bauteile bei den unterschiedlichen Betriebsmodi stärker oder schwächer belastet werden.

Der Vergleich soll am Beispiel des Abwärtswandlers durchgeführt werden. Wir gehen von folgender vereinfachter Schaltung aus:

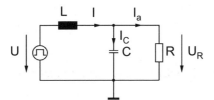

Bild 8.21: Schaltung zum Vergleich hart – weich geschaltet.

Der Stromverlauf sieht prinzipiell so aus:

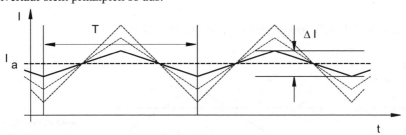

Bild 8.22: Stromverlauf in der Spule des Abwärtswandlers für unterschiedliche ΔI.

Der Vergleich geschieht für unterschiedliche ΔI bei sonst unveränderten Parametern wie Kerngröße, Ausgangsstrom etc.

In Bild 8.22 ist ΔI bei der durchgezogenen Linie ungefähr halb so groß wie der Ausgangsstrom I_a. Verkleinern wir L, wird ΔI größer. Für $\Delta I = 2 \cdot I_a$ erreichen wir die Grenze zum lückenden Betrieb. Diese Grenze ist optimal für den Umschwingbetrieb, den wir im Folgenden untersuchen und mit dem nicht lückenden Betrieb vergleichen wollen.

8.4.2 Beziehungen

Die Drossel L muss für den maximalen Strom $\hat{\imath}$ ausgelegt werden.

Aus Bild 8.22 entnehmen wir:

$$\hat{\imath} = I_a + \frac{\Delta I}{2} \tag{8.4.1}$$

Da für eine allgemeine Aussage das Verhältnis von $\dfrac{\Delta I}{I_a}$ maßgebend ist, führen wir den normierten Strom i ein und definieren:

$$i = \frac{\Delta I}{2 \cdot I_a} \tag{8.4.2}$$

i ist das Maß für die Stromwelligkeit und hat den Wertebereich $0 \le i \le 1$ (siehe auch Bild 8.22). Für $i = 1$ erhalten wir einen dreieckförmigen Stromverlauf (Grenze zum lückenden Betrieb). Für $i = 0$ ergibt sich ein reiner Gleichstrom, was eine unendlich große Induktivität L bedeuten würde.

Mit Gl. (8.4.2) folgt für Gl. (8.4.1):

$$\frac{\hat{\imath}}{I_a} = 1 + i \tag{8.4.3}$$

Für die Belastung der Bauteile wirkt in erster Linie der Effektivwert I. Er soll hier kurz berechnet werden. Allgemein gilt:

$$I = \sqrt{\frac{1}{T} \int_0^T i^2 \, dt} \tag{8.4.4}$$

Ausgehend von Bild 8.22 haben wir folgenden Stromverlauf:

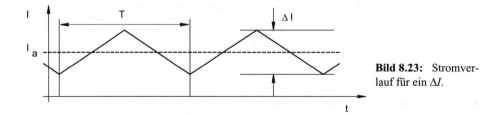

Bild 8.23: Stromverlauf für ein ΔI.

Zur Berechnung des Effektivwerts von I kann der dreieckförmige Stromverlauf von I auch als trapezförmig betrachtet werden, wenn wir stückweise von 0 bis $\dfrac{T}{2}$ und von $\dfrac{T}{2}$ bis T integrieren. Da nur das $\int i^2 dt$ interessiert, kann das zweite Trapez horizontal gespiegelt werden.

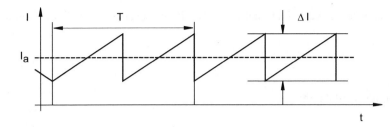

Bild 8.24:
Gleichwertiger
Stromverlauf für
die Berechnung
des Integrals.

Die Periodendauer hat sich halbiert. Deshalb definieren wir T neu:

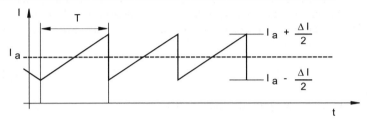

Bild 8.25:
Vereinfachter
Stromverlauf für
die
Effektivwertbe-
rechnung.

Mit Bild 8.25 kann die Rechnung leicht erfolgen:

Für den Stromverlauf gilt.

$$i(t) = \frac{\Delta I}{T}t + I_a - \frac{\Delta I}{2} \tag{8.4.5}$$

Mit Gl. (8.4.5) berechnen wir zunächst das Integral für sich:

$$\int_0^T i^2\, dt = \int_0^T [\frac{\Delta I^2}{T^2}t^2 + 2\frac{\Delta I}{T}t(I_a - \frac{\Delta I}{2}) + (I_a - \frac{\Delta I}{2})^2]\, dt$$

$$= \left(\frac{\Delta I^2}{T^2}\frac{t^3}{3} + \frac{\Delta I}{T}t^2(I_a - \frac{\Delta I}{2}) + (I_a - \frac{\Delta I}{2})^2 t \right)\Bigg|_0^T = \Delta I^2\frac{T}{3} + \Delta I \cdot T(I_a - \frac{\Delta I}{2}) + (I_a - \frac{\Delta I}{2})^2 \cdot T$$

In Gl. (8.4.4) eingesetzt:

$$I = \sqrt{\frac{\Delta I^2}{3} - \frac{\Delta I^2}{2} + \Delta I \cdot I_a + I_a^2 - \Delta I \cdot I_a + \frac{\Delta I^2}{4}} = \sqrt{\frac{\Delta I^2}{3} - \frac{\Delta I^2}{4} + I_a^2} = \sqrt{\frac{4-3}{12}\Delta I^2 + I_a^2}$$

erhalten wir schließlich das Ergebnis und setzen noch Gl. (8.4.2) ein:

$$I = \sqrt{\frac{\Delta I^2}{12} + I_a^2} \Rightarrow \frac{I}{I_a} = \sqrt{1 + \frac{i^2}{3}} \tag{8.4.6}$$

Bei sonst gleichen Bedingungen wird ΔI durch die Induktivität der Spule bestimmt. Deshalb muss L für den Vergleich variiert werden. Mit dem Spezialfall eines symmetrischen Tastverhältnisses erhält man für L:

$$L = U \cdot \frac{2 \cdot T}{\Delta I} \tag{8.4.7}$$

Wir definieren als Bezugsgröße die Induktivität L_0 als die Induktivität bei $\Delta I = 2 \cdot I_a$. Damit wird

$$L_0 = \frac{U \cdot T}{I_a} \qquad\qquad (8.4.8)$$

Die normierte Induktivität wird damit:

$$\frac{L}{L_0} = 2 \cdot \frac{I_a}{\Delta I} = \frac{1}{i} \qquad\qquad (8.4.9)$$

Die Spule wird bei Schaltreglern mit einem Ferrit-Kern aufgebaut, der eine bestimmte magnetische Querschnittsfläche A hat und der bis zu einer zulässigen magnetischen Induktion B ausgesteuert werden kann. Mit der geforderten Induktivität und dem Stromspitzenwert $\hat{\imath}$ wird die Windungszahl festgelegt zu

$$N = \frac{L \cdot \hat{\imath}}{A \cdot \hat{B}} \qquad\qquad (8.4.10)$$

Gl. (8.4.10) stellt die Definitionsgleichung für die Induktivität dar:

$$L = N \cdot \frac{\Phi}{I} = N \cdot \frac{A \cdot \hat{B}}{\hat{\imath}} \qquad\qquad (8.4.11)$$

Für die Flussdichte und den Strom müssen die Maximalwerte eingesetzt werden.

Aus Gl. (8.4.11) kann die erforderliche Windungszahl berechnet werden:

$$N = \frac{L \cdot \hat{\imath}}{A \cdot \hat{B}} \qquad\qquad (8.4.12)$$

Wir normieren auf die Bezugsgröße N_0, d.h. N für $\hat{\imath} = 2 \cdot I_a$ $(i = 1)$, $L = L_0$ und Gl. (8.4.1):

$$N_0 = \frac{L_0 \cdot I_a \cdot 2}{A \cdot \hat{B}} \quad \Rightarrow \quad \frac{N}{N_0} = \frac{L}{L_0} \cdot \frac{\hat{\imath}}{2 \cdot I_a} = \frac{1}{2 \cdot i} \cdot (1 + i) \qquad\qquad (8.4.13)$$

Der ohmsche Widerstand einer Kupferwicklung berechnet sich zu

$$R = \rho \cdot \frac{N \cdot l}{A_{Cu}} \qquad\qquad (8.4.14)$$

ρ ist der spezifische Widerstand (von Kupfer), A_{Cu} ist der Leiterquerschnitt des Kupferdrahtes, l ist die mittlere Windungslänge und N ist die Windungszahl.

Jeder einzelnen Windung steht der Leiterquerschnitt $A_{Cu} = \frac{A_w}{N}$ zur Verfügung, wenn A_W der gesamte Wicklungsquerschnitt im Spulenkörper (multipliziert mit dem Kupferfüllfaktor) ist. Aus Gl. (8.4.14) erhalten wir damit:

$$R = \rho \cdot \frac{N^2 \cdot l}{A_W} \qquad\qquad (8.4.15)$$

Den Bezugswiderstand R_0 definieren wir für die Bezugswindungszahl N_0:

$$R_0 = \rho \cdot \frac{l}{A_W} \cdot N_0^2 \tag{8.4.16}$$

Damit wird der normierte Widerstand:

$$\frac{R}{R_0} = (\frac{N}{N_0})^2 = \frac{1}{4 \cdot i^2}(1+i)^2 \tag{8.4.17}$$

8.4.3 Auswirkung auf die ohmschen Verluste in der Drossel

Die bisherigen Herleitungen basieren auf einem gleichbleibenden Spulenkern, mit gleichbleibender Geometrie und mit gleicher Aussteuerbarkeit. Zusätzlich wird die Windungszahl in Abhängigkeit von L und dem Maximalstrom optimal gewählt, also so, dass die maximale Aussteuerbarkeit gerade erreicht wird. Unter diesen Voraussetzungen lassen sich nun die ohmschen Verluste in der Spule berechnen:

$$P = I^2 \cdot R = (1 + \frac{i^2}{3}) \cdot I_a^2 \cdot R_0 \cdot \frac{1}{4i^2}(1+i)^2 \tag{8.4.18}$$

Wie bisher definieren wir die Bezugsgröße bei $i = 1$: $P_0 = \frac{4}{3} \cdot I_a^2 \cdot R_0$

Damit ergibt sich die normierte Leistung:

$$\frac{P}{P_0} = \frac{3}{4}(1 + \frac{i^2}{3})\frac{1}{4i^2}(1+i)^2 \tag{8.4.19}$$

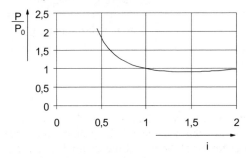

Bild 8.26: Ohmsche Verluste in der Kupferwicklung in Abhängigkeit von i.

Zur Vollständigkeit sei die Gleichung Gl. (8.4.6) gezeichnet:

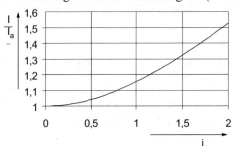

Bild 8.27: Normierter Strom (Effektivwert) in Abhängigkeit von i.

8.4.4   Zusammenfassung

Alle wichtigen Eigenschaften des hart geschalteten und des weich geschalteten Betriebs sind in Tabelle 8.1 gegenüber gestellt. Für den Vergleich wurde willkürlich i = 0,25 gewählt.

Beurteilte Größe	Hartes Schalten: $\Delta I = \dfrac{I_a}{2}$ (i = 0,25)	Weiches Schalten, Um-schwingen: $\Delta I = 2 \cdot I_a$ (i = 1)
Kupferverluste in der Drossel	5	1
Schaltverluste im Leistungs-schalter	Vorhanden, z.T. erheblich	Praktisch Null
Maximaler Strom $\dfrac{\hat{i}}{I_a}$	1,25	2
Effektivwert $\dfrac{I}{I_a}$	1,01	1,155
Leitendverluste im Leistungs-schalter	1	1,155
EMV	problematisch	Problemlos (praktisch nur Grundwelle vorhanden)
Arbeitsfrequenz	konstant	Variabel, lastabhängig

Tabelle 8.1:   Vergleich mit normierten Größen.

Die Hauptvorteile vom weich geschalteten Betrieb gegenüber dem hart geschalteten Betrieb sind nach den vorangegangenen Betrachtungen und nach Tabelle 8.1 die problemlose EMV, die vernachlässigbaren Schaltverluste in den Leistungsschaltern und die deutlich reduzierten Kupferverluste in der Drossel (Faktor 5). Dem gegenüber steht der relativ geringe Nachteil, des um etwa 15% erhöhten Effektivstromes, der die Leistungsschalter und die Block-Elkos belastet.

Nicht berücksichtigt in den Überlegungen wurde die Tatsache, dass der magnetische Kreis unterschiedlich weit durchlaufen wird. Wir haben zwar dasselbe $\hat{B}$ vorausgesetzt, doch die Magnetisierungskurve wird im Umschwingbetrieb bis auf Null herunter (und leicht darunter) durchlaufen, während im hart geschalteten Betrieb die Kennlinie nicht soweit nach unten durchlaufen wird. Was dies an erhöhten Ummagnetisierungsverlusten bewirkt, muss am konkreten Kernmaterial, der vorliegenden Aussteuerung und bei der Arbeitsfrequenz des Wandlers bestimmt werden.

9 Leistungsschalter

9.1 Der MOSFET

Der MOSFET (**M**etall-**O**xid-**S**emiconductor-**F**ield-**E**ffect-**T**ransistor) ist der wichtigste Leistungs-schalter im unteren Leistungs- oder Spannungsbereich. Bei Kfz-Anwendungen etwa ist er allen anderen Leistungsschaltern deutlich überlegen, weswegen er dort ausschließlich eingesetzt wird. Bei Anwendungen mit höherer Spannung kommen vermehrt auch IGBTs zum Einsatz, da sie bei vergleichbaren Daten deutlich weniger Chip-Fläche brauchen und daher billiger sind. Die erreich-bare Arbeitsfrequenz ist aber beim IGBT verglichen mit dem MOSFET immer niedriger. Für größere Leistungen (ab 100W bis 1 kW) und nicht zu niedriger Spannung dominieren die IGBTs. Für sehr große Leistungen werden noch Thyristoren eingesetzt. Sie werden hier nicht behandelt werden. Über sie gibt es genügend Literatur.

9.1.1 Das Schaltzeichen des MOSFET.

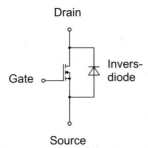

Bild 9.1: Das Schaltbild des N-Kanal Leistungs-MOSFET.

Der MOSFET hat die Anschlüsse **S**ource, **D**rain und **G**ate, in funktionellem Sinne vergleichbar mit den Anschlüssen Emitter, Kollektor und Basis beim Bipolartransistor. Grundsätzlich können vier unterschiedliche Typen gebaut werden: Selbstleitende oder selbstsperrende in P-Kanal- und N-Kanal-Ausführung. Aus diesen vier Grundtypen gibt es die Schalttransistoren nur als selbstsper-rende Typen in beiden Kanalausführungen. Da der N-Kanal-MOSFET bei vergleichbaren Daten weniger Chip-Fläche benötigt als der P-Kanal-Typ, werden Leistungsschalttransistoren vorwie-gend als selbstsperrende N-Kanal-MOSFETs ausgeführt. Wir beschränken uns deshalb bei den weiteren Betrachtungen auf diesen Typ.

9.1.2 Die Body-Diode

Alle Leistungs-MOSFETs enthalten aufbaubedingt die sogenannte Body- oder Invers-Diode. Für einen N-Kanal wurde sie in Bild 9.1 in richtiger Polung eingezeichnet. Bisweilen stört die Invers-Diode in der Schaltung der Leistungselektronik. Manchmal kann sie aber auch genutzt werden. Nähere Ausführungen dazu finden sich in Kap. 9.1.7.

Der MOSFET ist ein spannungsgesteuertes Bauelement. Die angelegte Gate-Source-Spannung bestimmt den Widerstand zwischen Drain und Source. Bei großer positiver Gate-Source-Spannung wird der Transistor voll leitend. Es verbleibt dann ein Restwiderstand zwischen Drain und Source.

Er wird R_{DSon} genannt. Das Ausgangskennlinienfeld sieht für einen Kleinleistungstransistor folgendermaßen aus:

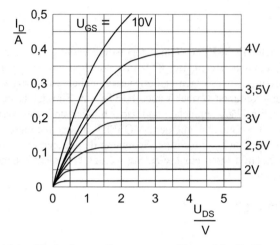

Bild 9.2: Das Ausgangskenn-linienfeld des MOSFET.

Für kleine Drain-Source-Spannungen nähern sich die Kurven in Bild 9.2 einer Ursprungsgeraden an. Deren Steigung stellt einen Leitwert dar. Der Reziprokwert von diesem Leitwert ist der R_{DSon}. Da die Steigung der Geraden von der Gate-Source-Spannung abhängt, wird der MOSFET auch als spannungsgesteuerter Widerstand verstanden und kann auch als solcher eingesetzt werden. Mit einem steuerbaren Widerstand kann z.B. ein Multiplizierer realisiert werden.

In der Leistungselektronik wird der MOSFET möglichst ganz ein- oder ganz ausgeschaltet. Zum Ausschalten muss die Gate-Source-Spannung nach Bild 9.2 auf kleine Werte in Richtung 0V reduziert werden. Es kann aber auch ohne Nachteile für den Aus-Zustand eine negative Gate-Source-Spannung angelegt werden. Im sperrenden Zustand ist der MOSFET ein Isolator. Es fließt lediglich ein Leckstrom. Bei Niedervolttypen kann er praktisch immer vernachlässigt werden. Bei Hochvolt-Typen spielt er meistens ebenfalls keine Rolle und muss nur in speziellen Anwendungen berücksichtigt werden.

Zum Einschalten des Transistors wird eine Gate-Source-Spannung im Volt-Bereich angelegt. Im leitenden Zustand können wir die Drain-Source-Strecke durch einen Widerstand R_{DSon} ersetzen, der einen Wert bis hinunter in den $m\Omega$-Bereich haben kann.

MOSFETs brauchen für die statische Ansteuerung keine Ansteuerleistung. Beim Schaltvorgang hingegen sind dynamische Gateströme nötig, da Kapazitäten umgeladen werden müssen. Je kürzer die Schaltzeit werden muss, desto größer werden die Impulsströme am Gate. Genaueres finden Sie in Kapitel 9.1.4 und Kapitel 9.1.5. Zum Verständnis des Schaltvorgangs arbeitet der Schaltungs-entwickler gerne mit einem Ersatzschaltbild vom Transistor ohne die physikalischen Details des inneren Aufbaus zu kennen.

9.1.3 Das Ersatzschaltbild des MOSFET

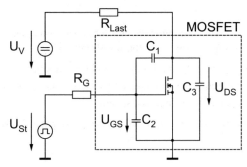

Der im Ersatzschaltbild gezeichnete MOSFET wird als ideal betrachtet. Er wird um die parasitären Kapazitäten ergänzt. Mit dem so erhaltenen Ersatzschaltbild kann der Schaltvorgang verstanden werden und es können die Schaltzeiten berechnen werden.

9.1.4 Einschaltvorgang

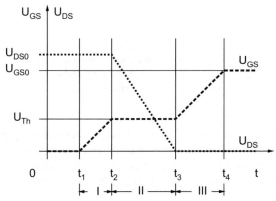

Bild 9.4: Schematisierte Verläufe von U_{GS} und U_{DS} beim Einschalten des MOSFET.

Beim Schalten durchläuft er den linearen Bereich. In Bild 9.4 ist dies für $U_{GS} = U_{Th}$ der Fall. Die Threshold-Voltage U_{Th} ist die Gate-Source-Spannung, bei der der Transistor vom sperrenden in den leitenden Zustand übergeht. Die Drain-Source-Spannung ändert sich von ihrem maximalen auf ihren minimalen Wert. Die Rückkopplung durch C_1 erzwingt dabei eine nahezu konstante Gate-Source-Spannung. Damit lässt sich der Einschaltvorgang des Transistors bezüglich des Eingangskreises in drei Abschnitte aufteilen:

I) $t_1 < t < t_2$: C_1 und C_2 werden parallel umgeladen.

II) $t_2 < t < t_3$: C_1 wird umgeladen.

III) $t_3 < t < t_4$: C_1 und C_2 werden parallel umgeladen.

Der eigentliche Schaltvorgang findet statt, wenn die Drain-Source-Spannung von U_{DS0} auf Null absinkt, der Drainstrom also von Null auf seinen Maximalwert ansteigt. Dies ist der Bereich II.

In der Schaltzeit (t_2 bis t_3) wird C_1 um U_{DS0} umgeladen. Dazu ist die Ladung $Q = C_1 \cdot U_{DS0}$ nötig. Liefert der Treiber den Strom I_G, dann ist die Schaltzeit

$$t_{on} = \frac{Q}{I_G} = \frac{C_1 \cdot U_{DS0}}{I_G} \qquad (9.1.1)$$

Umgekehrt lässt sich der benötigte Treiberstrom für eine gewünschte Schaltzeit berechnen. Will man z.B. in 100ns schalten, dann ist typisch ein Impulsstrom von 200 bis 300mA nötig.

Im Bereich I und III lädt der Treiberstrom die Parallelschaltung von C_1 und C_2 um, ohne dass sich im Leistungskreis etwas ändert. (Der Strom durch C_1 kann gegenüber dem Laststrom immer vernachlässigt werden). In diesen Bereichen treten keine Schaltverluste auf.

C_3 wird vom Laststrom umgeladen und kann bezüglich des Schaltvorgangs in guter Näherung vernachlässigt werden.

9.1.5   Ausschaltvorgang

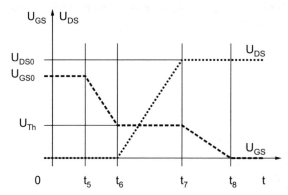

Bild 9.5:   Schematisierte Verläufe von U_{GS} und U_{DS} beim Ausschaltvorgang.

Der Ausschaltvorgang läuft analog zum Einschaltvorgang ab und liefert prinzipiell die gleiche Schaltzeit. Unterschiede treten auf, wenn der Treiberstrom bedingt durch einen unsymmetrischen Treiberausgang für beide Richtungen verschieden groß ist. Auch treten Unterschiede dadurch auf, dass die Threshold-Voltage nicht in der Mitte des Treiberspannungsbereiches liegt. Der Ladestrom der Kondensatoren ist $I_{Lade} = \frac{U_{GS0} - U_{Th}}{R_G}$ und der Entladestrom ist $I_{Entlade} = \frac{U_{Th}}{R_G}$. Beide Ströme sind im Normalfall unterschiedlich groß und damit wird die Einschaltzeit ungleich der Ausschaltzeit. Diesen Effekt gilt es zu berücksichtigen, wenn "gleichzeitig" in einer Schaltung ein Transistor ausgeschaltet werden muss, wenn ein anderer eingeschaltet wird. Genau gleichzeitig kann man sie wegen Parameterstreuungen nicht schalten. Notgedrungenerweise lässt man dann eine Lücke, in der beide Transistoren sperren, um die fatale Überlappung zu verhindern. Man muss sich dann aber genau überlegen, wohin der Strom, der vielleicht durch eine Induktivität eingeprägt ist, in dieser Lücke fließt.

9.1.6   Die Gate-Ladung des MOSFET

Das Schaltverhalten eines MOSFETs kann mit dem Ersatzschaltbild Bild 9.3 erklärt und beschrieben werden. Eine andere Möglichkeit ist die Betrachtung der Gate-Ladung. Die Hersteller von Leistungs-MOSFETs geben immer Diagramme über die Gate-Ladung in den Datenblättern an und sie geben meistens auch die notwendigen Kapazitäten für das Ersatzschaltbild in Bild 9.3 an.

Arbeitet man mit der Gate-Ladung, braucht man den Zusammenhang zwischen Gate-Ladung und Gate-Source-Spannung. Dazu dient die nachfolgende Kennlinie:

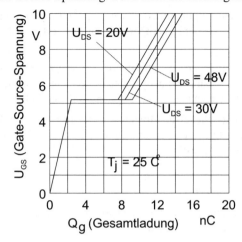

Bild 9.6: Gate-Ladungseigenschaften des Leistungs-MOSFET MTP15N05E. Quelle: Motorola.

Die auf das Gate geflossene Ladung ergibt sich aus dem Strom und der Stromflussdauer:

$$Q = \int i(t) \cdot dt \tag{9.1.2}$$

Zusammen mit der Gate-Source-Kapazität C erhält man für die Gate-Source-Spannung U_{GS}:

$$U_{GS}(t) = \frac{Q(t)}{C(t)} = \frac{\int i(t) \cdot dt}{C(t)} \tag{9.1.3}$$

Darin ist $C(t)$ zeitabhängig, was das Niveau in Bild 9.6 erklärt. Dort verringert sich $C(t)$ mit zunehmender Gate-Ladung. Diese Erklärung mag den physikalischen Vorgängen gerechter werden, als das Ersatzschaltbild in Bild 9.3. Dennoch erfüllt das Ersatzschaltbild alle Anforderungen für die Schaltungsentwicklung in der Leistungselektronik und wird deshalb häufig bevorzugt.

Setzt man für die Ansteuerung des MOSFET eine Stromquelle I ein, so wird aus Gl. (9.1.2):

$Q(t) = I \cdot t$. Die Gate-Ladung wird also proportional zur Zeit t und somit kann die Abszisse in Bild 9.6 auch mit der Zeit beschriftet werden. Ein Vergleich mit Abschnitt 9.1.4 und 9.1.5 zeigt die Übereinstimmung beider Betrachtungsweisen.

9.1.7 Die Avalanchefestigkeit

Ein Maß für die Robustheit von MOSFET ist die Überspannungsfestigkeit. Durch die unvermeidlichen parasitären Induktivitäten, die sich auch in einem sehr sorgfältigen Schaltungsaufbau befinden, kommt es beim Abschalten von Transistoren zum Auftreten von Überspannungen.

Bedingt durch die kurzen Schaltzeiten von MOSFET wird das beim Schalten hoher Ströme besonders kritisch, denn die beim Abschalten auftretenden Spannungsspitzen können die Durchbruchspannung des Transistors erreichen. Diesen Durchbruch bezeichnet man auch als Avalanche-Durchbruch. Funktionell äußert sich der Avalanche-Effekt wie eine Zenerdiode zwischen Drain und Source, die ab einer bestimmten U_{DS} leitet. Erfreulicherweise macht das dem MOSFET nichts aus, solange die Avalanche-Energie nicht zu hoch ist. Die meisten Hersteller

aus, solange die Avalanche-Energie nicht zu hoch ist. Die meisten Hersteller spezifizieren die zulässige Avalanche-Energie und unterziehen die Transistoren einem 100%-Test.

Für die Spezifikation zählt nur die Energie von einem Impuls. Wiederholen sich die Impulse, so tut das dem spezifizierten Energiewert keinen Abbruch, sondern es erhöht sich nur die Verlustleistung am Transistor, die zusätzlich abgeführt werden muss.

Diese Eigenschaft ist für die Schaltungsentwicklung äußerst wichtig und es hat sich in der Praxis gezeigt, dass die von den Herstellern garantierte Avalanche-Energie üblicherweise gut ausreicht. Damit können beim MOSFET jegliche Schutzschaltungen und Entlastungsnetzwerke entfallen.

Diese Aussage darf bitte nicht auf andere Leistungsschalter übertragen werden. Dort sind häufig Schutzbeschaltungen oder Entlastungsnetzwerke nötig. Oder man braucht eine starke Überdimensionierung des Transistors in Bezug auf seine Spannungsfestigkeit.

Siemens zum Beispiel nennt folgende Vorteile:

- Keine Ausfälle durch transiente Überspannungen.

- Externe überspannungsbegrenzende Bauelemente wie Z-Dioden, Supressordioden, Varistoren etc. sind überflüssig oder können kleiner ausfallen.

- Eine spannungsmäßige Überdimensionierung der MOSFET ist nicht nötig.

Sollte die Avalanche-Energie bei energiereichen Überspannungen nicht ausreichen, kann ein Varistor parallel geschaltet werden:

Bild 9.7: Paralleler Varistor gegen energiereiche Überspannungsimpulse.

9.2 Der SenseFET

Neben den "klassischen" Feldeffekttransistoren gibt es Ausführungen mit zusätzlichen Pins zur Strommessung. Man kann sich in dem Bauteil einen Stromsensor vorstellen, deshalb werden sie SenseFETs genannt.

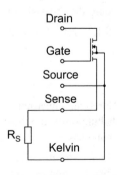
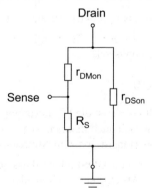

Bild 9.8: Schaltsymbol und Ersatzschaltbild des SenseFETs.

Der Widerstand R_S wird von außen dazugebaut.

Beim SenseFET handelt es sich um einen fünfpoligen Leistungs-MOSFET, der neben den üblichen Gate-, Drain- und Sourceanschlüssen auch über Stromfühler-Pins verfügt. Der Sense-Pin ist mit einem kleinen Teil der vielen parallel geschalteten Sourcezellen des Leistungs-MOSFET verbunden. Der Kelvin-Anschluß dient als zusätzliche Signalerde.

Der Fühlerstrom zwischen Sense- und Kelvin-Pin ist ein kleiner Bruchteil des gesamten Drainstroms. Er hat seine Ursache daher, dass sich die einzelnen parallelen Zellen in einer monolithischen Struktur angleichen. Die Angleichung führt zu einem fast identischen Ein-Widerstand aller Zellen. Somit fließt ein kleiner Teil des Gesamtstroms über die Sensorzellen und kann am Sense-Pin abgegriffen werden. Dabei ergibt sich der Strom über die Anzahl der Sensorzellen zur Gesamtzellenzahl.

Der Sense-Strom kann nun einfach als Spannungsabfall an dem externen Widerstand R_S gemessen werden. Dabei zeigt sich ein sehr erfreulicher Umstand: Selbst wenn R_S nicht beliebig klein ist, bleibt der Spannungsabfall proportional zum Drain-Strom des LeistungsFET. R_S kann bis etwa 100Ω erhöht werden, ohne dass sich an dieser Tatsache etwas ändert. Damit erhält man Sensorspannungen im 100mV-Bereich, die ohne Verstärker beispielsweise einem Reglerbaustein zugeführt werden können. Für einen noch größeren R_S wird die Strommessung allerdings temperaturabhängig. Bild 9.9 zeigt dies.

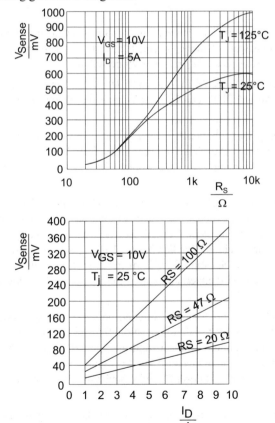

Bild 9.9: Verfügbare SensorSpannung in Abhängigkeit des Sensorwiderstandes R_S.

Bild 9.10: Sensorspannung über dem zu messenden Strom.

Bild 9.9 und Bild 9.10 sind Datenblattkurven. Es empfiehlt sich, die Messschaltung nach diesen Kurven zu dimensionieren, denn die analytischen Zusammenhänge sind nicht so leicht verständlich und unübersichtlich.

Zusammenfassend lassen sich folgende Vorteile für den Einsatz des SenseFETs in Schaltreglern nennen:

- Hoher Wirkungsgrad,
- wenig Erwärmung,
- kleines Bauvolumen,
- weniger Bauteile,
- gute Stromregelung.

Die Vorteile sind ganz besonders gravierend, wenn es um den Einsatz im Kraftfahrzeug geht. Deshalb kommt die Entwicklung des SenseFETs aus diesem Bereich.

9.3 Der TOPFET

In der Automobiltechnik und in manchen industriellen Anwendungen gab es schon immer die Forderung nach einem Selbstschutz des Leistungsschalters. In den letzten Jahren kamen einige Ansätze auf den Markt, von denen an dieser Stelle der TOPFET kurz vorgestellt sei.

Der Kürzel steht für Temperature and Overload Protected FET. Je nach Herstellerfirma wird auch der Begriff TEMPFET (Temperature Protected FET) geprägt, der nahezu die gleiche Funktion beinhaltet.

Für die Schutzfunktion wird die Chip-Temperatur überwacht. Dazu ist auf dem Chip des MOS-FETs ein Temperatursensor mit entsprechender Auswerteschaltung integriert. Wie bei einem Thermostat wird der Leistungstransistor bei Übertemperatur abgeschaltet. Dies geschieht etwa bei einer zu großen statischen Last.

Die Überwachung der Temperatur reicht aber für eine zuverlässige Schutzfunktion nicht aus. Wenn etwa im Kfz. ein Kurzschluss auftritt, dann fließen so große Ströme, dass der Transistor zerstört wäre, bevor die Temperaturüberwachung anspricht. Deshalb ist eine weitere Schutzfunktion im TOPFET integriert. Sie überwacht mittels einer schnellen Messschaltung den Temperaturgradienten. Ist die Temperaturänderung in einer bestimmten Zeit zu groß, wird dies als Kurzschluss interpretiert und der Leistungsschalter wird innerhalb von weniger als 1 Millisekunde abgeschaltet.

TOPFETs werden im TO220-Gehäuse mit drei und fünf Anschlüssen geliefert. Die dreipolige Version kann direkt einen Standard-MOSFET ersetzen. Allerdings ist die Schaltfrequenz auf rund 200Hz begrenzt, da hochohmige Gatevorwiderstände die Schalt- und die Schutzfunktion entkoppeln. Für höhere Schaltfrequenzen steht das fünfpolige Gehäuse zur Verfügung, wo eine externe Stromversorgung für die Schutzelektronik möglich ist. Dieser Pin wird auch zur Rückmeldung der eingetretenen Überlast verwendet.

Der TOPFET bleibt nach einer Überlastung je nach Ausführung entweder solange ausgeschaltet, bis über den letzten zur Verfügung stehenden Pin eine Reset-Funktion ausgelöst wird oder er taktet mit niedriger Frequenz, wobei er fortlaufend neu einzuschalten versucht.

9.4 Der IGBT

Der **I**nsulated **G**ate **B**ipolar **T**ransistor kann bei hohen Sperrspannungen große Ströme schalten und braucht sehr wenig Ansteuerleistung.

9.4.1 Das Schaltzeichen des IGBTs

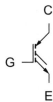

Bild 9.11: Das Schaltzeichen des IGBTs.

Vereinfachend kann er als ein Transistor betrachtet werden, der die Eingangsstufe eines MOSFETs hat und sich ausgangsseitig wie ein Bipolar-Transistor verhält. Er verbindet also die Vorteile der leistungslosen Ansteuerung von MOSFETs mit der Fähigkeit von hohen Stromdichten des Bipolar-Transistors. Bei gleichen Daten für die Spannungsfestigkeit und die Stromfähigkeit braucht der IGBT eine deutlich kleinere Chip-Fläche, wodurch er billiger wird.

9.4.2 Das Ersatzschaltbild des IGBTs

Sein Ersatzschaltbild kann folgendermaßen angegeben werden:

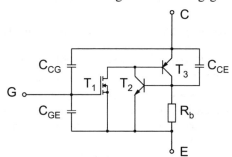

Bild 9.12: Vereinfachtes Ersatzschaltbild des IGBT.

Bei großen Strömen hat der IGBT aufgrund des pnp-Transistors T_3 deutlich niedrigere Durchlassverluste im Vergleich zu einem reinen MOSFET.

Der niederohmige Widerstand R_b macht den parasitären npn-Transistor T_2 weitgehend wirkungslos.

Die dargestellte Thyristorstruktur kann auch bei höchsten Durchlassströmen oder *du/dt*-Belastungen über C_{CE} nicht einrasten, da die Stromverstärkungen von T_2 und T_3 entsprechend eingestellt sind.

IGBTs haben Vorteile gegenüber MOSFETs vor allem bei Hochvoltanwendungen, bei denen gleichzeitig große Ströme geführt werden müssen.

Typische Daten sind: $U_{CE} = 800V$, $I_C = 25A$, $t_f = 400ns$, Gehäuse: TO220.

9.4.3 Schaltverhalten

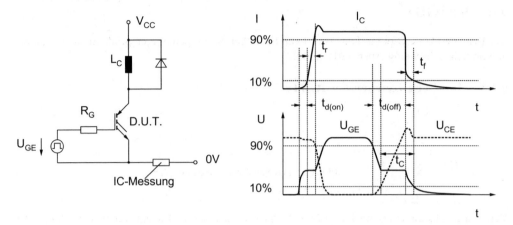

Bild 9.13: Testschaltung, Strom- und Spannungsverläufe und Definition der Schaltzeiten.

Der Einschaltvorgang ist nahezu gleich wie beim MOSFET. Der Ausschaltvorgang erfolgt prinzipiell langsamer. Auffallend ist der noch vorhandene Reststrom nach t_f. Verglichen mit dem MOSFET sorgt er für zusätzliche Verluste beim Ausschalten.

9.4.4 Weitere Leistungsschalter

Es gibt noch den MCT (MOS-Controlled-Thyristor), der im Gegensatz zu normalen Thyristoren abschaltbar ist. Er kann hohe Ströme schalten und hat dabei vergleichsweise niedrige Durchlassverluste. Soweit uns bekannt, hat er sich aber nicht am Markt etabliert, weswegen an dieser Stelle auf weitere Ausführungen verzichtet wird.

Die klassischen „Arbeitspferde der Leistungselektronik", Thyristoren, Triacs, GTO-Thyristoren werden hier ebenfalls nicht behandelt. Sie haben ihren Platz im oberen Bereich der Leistungselektronik und arbeiten im Vergleich zu den hier vorgestellten Leistungsschaltern im NF-Bereich. Für ihren Betrieb sind ganz spezielle Gesichtspunkte von Bedeutung.

Zu Thyristoren und ihrer Anwendung gibt es genügend Literatur, z.B. [3]-[5] oder [10]-[12].

9.5 Schaltverluste

Beim Ein- und Ausschalten von Leistungsschaltern treten Schaltverluste auf. Der Leistungsschalter durchläuft beim Umschalten von einem Schaltzustand in den anderen seinen linearen Bereich in endlicher Schaltzeit. In den folgenden Abschnitten wird am Beispiel eines Ausschaltvorganges der Schaltvorgang berechnet. Mit den gleichen Überlegungen kann der Einschaltvorgang berechnet werden.

Auch die Simulation kann an dieser Stelle empfohlen werden. Die Messung hingegen ist kritisch, da zur Strommessung mit der Stromzange eine Leiterschleife in den Leistungspfad eingebaut werden muss. Die Induktivität der Leiterschleife führt zu einer Beeinflussung des Schaltvorganges. Dadurch ist das Messergebnis nur bedingt aussagekräftig.

9.5.1 Abschaltvorgang mit ohmscher Last

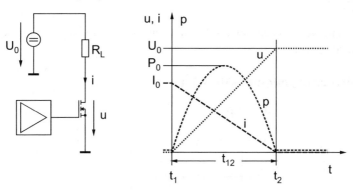

Bild 9.14: Angenäherte Verläufe von Strom und Spannung bei einem Ausschaltvorgang mit ohmscher Last.

Die Spannung $u(t)$ steigt in der Zeit t_{12} von 0 auf U_0 an. Der Strom $i(t)$ nimmt während t_{12} von I_0 auf 0 ab.

Für $t < t_1$ ist $u = 0$ und für $t > t_2$ ist $i = 0$. In beiden Fällen ist das Produkt $p = u \cdot i = 0$.

Für $t_1 \leq t \leq t_2$ sind beide Größen u und i ungleich 0. In dieser Zeit, die in Bild 9.14 mit t_{12} bezeichnet wurde, tritt im Leistungsschalter Verlustleistung auf.

Sie soll hier berechnet werden:

Für die Spannung gilt:

$$u = \frac{U_0}{t_{12}} \cdot t \tag{9.5.1}$$

Für den Strom gilt:

$$i = I_0 - \frac{I_0}{t_{12}} \cdot t \tag{9.5.2}$$

Für die Leistung p ergibt sich damit:

$$p = u \cdot i = U_0 \cdot I_0 \cdot \frac{t}{t_{12}} (1 - \frac{t}{t_{12}}) \tag{9.5.3}$$

mit dem Maximalwert $P_0 = \dfrac{U_0 \cdot I_0}{4}$

Uns interessiert die in einem Ausschaltvorgang umgesetzte Energie:

$$E = \int_0^{t_{12}} p \cdot dt = U_0 \cdot I_0 \cdot \int_0^{t_{12}} [\frac{t}{t_{12}} - (\frac{t}{t_{12}})^2] \cdot dt = U_0 \cdot I_0 \cdot t_{12} \cdot (\frac{1}{2} - \frac{1}{3}) = \frac{U_0 \cdot I_0}{6} \cdot t_{12} \tag{9.5.4}$$

Arbeitet der Wandler mit der Frequenz f, dann erhalten wir für die Ausschaltverluste

$$P_S = \frac{U_0 \cdot I_0}{6} \cdot f \cdot t_{12} \tag{9.5.5}$$

Da U_0, I_0 und f meist vorgegeben sind, versucht man die Schaltverluste durch eine kurze Schaltzeit t_{12} klein zu halten.

9.5.2   Abschaltvorgang mit induktiver Last

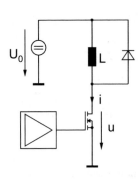
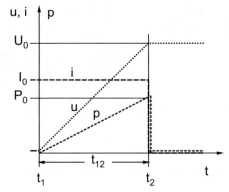

Bild 9.15: Abschaltvorgang mit induktiver Last.

Für die Spannung gilt:

$$u = \frac{U_0}{t_{12}} \cdot t \tag{9.5.6}$$

Für den Strom gilt:

$$i = I_0 \tag{9.5.7}$$

Daraus ergibt sich für die Leistung:

$$p = U_0 \cdot I_0 \cdot \frac{t}{t_{12}} \tag{9.5.8}$$

Wir berechnen wieder die Energie, die in einem Ausschaltvorgang in Wärme umgesetzt wird:

$$E = \int_0^{t_{12}} p \cdot dt = \frac{U_0 \cdot I_0}{t_{12}} \cdot \int_0^{t_{12}} t \cdot dt = \frac{U_0 \cdot I_0}{2} \cdot t_{12} \tag{9.5.9}$$

Arbeitet der Wandler mit der Frequenz f, so ergeben sich die Schaltverluste der Ausschaltvorgänge zu:

$$P = \frac{U_0 \cdot I_0}{2} \cdot t_{12} \cdot f \tag{9.5.10}$$

Der Vergleich zwischen Gl. (9.5.10) und Gl. (9.5.5) zeigt deutlich, dass die Abschaltverluste bei induktiver Last größer sind. Hinzu kommt noch, dass die Spannung U_0 bei Schaltreglern häufig höher ist, als in Bild 9.15 angenommen. Beim Ausschalten kommt es durch parasitäre Induktivitäten zu einer kurzfristigen Spannungserhöhung von U_0 im Ausschaltmoment. Es darf dann in Gl. (9.5.10) nicht der statische Wert von U_0 eingesetzt werden, sondern die tatsächliche Spannung während der Ausschaltzeit t_{12}.

9.5.3 Abschaltvorgang ohne Schaltverluste

Abschaltverluste können minimiert oder gänzlich vermieden werden, wenn der Strom durch den Leistungsschalter oder die Spannung über dem Schalter während des Schaltvorgangs Null sind. Eine Möglichkeit dies zu erreichen besteht nun darin, dass der Strom beim Abschalten auf einen Kondensator kommutiert und der Leistungsschalter stromlos durch den linearen Bereich läuft. Bild 9.16 zeigt eine solche Schaltung.

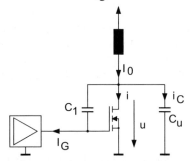

Bild 9.16: Abschalten mit Umschwing-kondensator.

Der MOSFET kann bis auf den parasitären Kondensator C_1 als ideal betrachtet werden. Die Kapazität C_1 (siehe auch Bild 9.3) spielt für den Schaltvorgang eine wichtige Rolle und muss deshalb als einziges „internes" Bauelement aus dem Ersatzschaltbild berücksichtigt werden.

C_u wird extern dazugebaut. Beim Abschalten des MOSFETS fließt der Drosselstrom I_0 über den Kondensator C_u weiter und lädt diesen auf. Dabei wird, wenn die Schaltung richtig dimensioniert ist, der Strom i nahezu schlagartig Null. Damit durchläuft der MOSFET seinen linearen Bereich ohne Stromfluss und die Schaltverluste sind für diesen Ausschaltvorgang Null oder vernachlässigbar.

Zur quantitativen Beschreibung erinnern wir uns an Kapitel 9.1.4 und 9.1.5 und zwar an den Bereich t_2 bis t_3 bzw. t_6 bis t_7. Die Gate-Source-Spannung hat dort ihr Plateau und der Schalttransistor arbeitet über die Dauer des Plateaus im linearen Bereich. Beim Durchlaufen des Plateaus bleibt die Gate-Source-Spannung konstant und damit ist auch der Treiberstrom i_G in diesem Zeitbereich konstant und es gilt:

$$I_G = C_1 \cdot \frac{du}{dt} \tag{9.5.11}$$

C_u sieht die gleiche Spannungsänderung $\dfrac{du}{dt}$ und in Abhängigkeit von C_u fließt der Strom

$$i_C = C_u \cdot \frac{du}{dt} \tag{9.5.12}$$

Wenn der Strom i_C gleich oder größer als I_0 ist, wird i Null.

Es folgt also aus Gl. (9.5.11) und Gl. (9.5.12) die Bedingung für C_u:

$$C_u \geq \frac{I_0}{I_G} \cdot C_1 \tag{9.5.13}$$

I_G ist der Strom, den Treiber bei der Threshold-Voltage des MOSFETs nach Masse liefert.

Mit einer Dimensionierung von C_u nach Gl. (9.5.13) werden die Ausschaltverluste theoretisch vollständig zu Null. In der Praxis wirkt die parasitäre Induktivität von C_u und der Leiterbahnen, mit denen C_u am MOSFET angeschlossen ist, einer schnellen Stromkommutierung entgegen. Der Strom i wird also nicht beliebig schnell zu Null.

Eine weitere Einschränkung bedeutet C_u selbst. Um in ihm vernachlässigbare Verluste zu erreichen, muss ein Folienkondensator mit einem niedrigen ESR eingesetzt werden. (Siehe hierzu Kapitel 13).

Wir haben jetzt nur den Ausschaltvorgang betrachtet. Ohne weitere Maßnahmen äußert sich der Einschaltvorgang äußerst verlustleistungsreich. Um die Einschaltverluste zu minimieren, können Umschwingvorgänge ausgenutzt werden. Sie entladen C_u vor dem Einschalten, so dass der Leistungsschalter bei Spannung Null eingeschaltet wird. Ein Beispiel dazu findet sich in Kapitel 2.3.

9.6 Verbesserte Freilaufdiode

Eine einfache getaktete Motorsteuerung wie sie im Kfz vorkommt, zeigt Bild 9.17. Die Induktivität des Motors selbst arbeitet als Induktivität eines Abwärtswandlers.

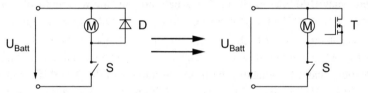

Bild 9.17: MOSFET als Freilaufdiode.

Der Motorstrom fließt entweder über den Schalter S (üblicherweise auch ein MOSFET) oder die Diode D. Selbst wenn die Diode eine Schottky-Diode ist, entsteht an ihr wegen ihrer Durchlassverluste mehr Verlustleistung als am Schalter.

Die Verlustleistung kann verkleinert werden, wenn statt der einfachen Diode ein zweiter Schalter (MOSFET) eingesetzt wird, der immer genau dann leitend gesteuert wird, wenn die Diode leitet.

Das Prinzip gilt natürlich überall dort, wo die Durchlassverluste einer Diode stören. Wenn U_{batt} beispielsweise 12V beträgt, dann liegt die Motorspannung bei einem Tastverhältnis von 50% bei 6V. Die Leitendverluste in der Diode sind dann knapp über 4% der Motorleistung. Nehmen wir ein Tastverhältnis von 10% an, dann ist die Motorspannung 1,2V. Die Leitendverluste in der Diode bei einer angenommenen Flussspannung von 0,5V sind dann schon 37,5%! Bei dieser Anwendung lohnt sich dann sicherlich die Überlegung, ob wir gemäß Bild 9.17 einen zweiten MOSFET mit entsprechender Ansteuerung einsetzen.

9.7 Verpolschutzdiode (Kfz.)

Für EVGs (elektronische Vorschaltgeräte) im Kraftfahrzeug wird bis heute grundsätzlich ein Verpolschutz verlangt. Die Realisierung lässt dafür nicht viele Möglichkeiten offen, wenn man die Randbedingungen berücksichtigt. (Temperaturbereich, Kosten, Zuverlässigkeit, Platzbedarf/Gewicht, Eingangsspannungsbereich). Will man mit einer 12V-Bordversorgung einen Rechner betreiben, so verwendet man beispielsweise einen Längsregler mit 0,6V Dropout-Voltage, d.h. der minimale Spannungsabfall am Längsregler beträgt 0,6V. Gefordert ist die Funktion des EVGs bis 6V herunter. Dann bleiben für den Verpolschutz gerade noch 0,4V Spannungsabfall (minus Toleranzen) übrig. Diese 0,4V dürfen aber keinesfalls ausgeschöpft werden, denn es muss ein gewisser Sicherheitsabstand für Spannungsabfälle auf den Zuleitungen mit eingerechnet werden. Eine Schottky-Diode kommt deshalb in den allermeisten Fällen nicht in Betracht. Dann bleibt nur noch ein Relais oder ein geschalteter Transistor übrig. Nachfolgendes Bild zeigt eine Lösung des Problems:

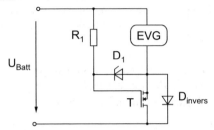

Bild 9.18: Verpolschutz mit FET.

Der Transistor T wird invers betrieben, damit die Inversdiode D_{invers} die richtige Polarität aufweist.

Wenn die Batteriespannung mit der gezeichneten Polarität angelegt wird, ist die Gate-Source-Spannung positiv und der FET leitend. Dass der Strom jetzt umgekehrt durch die Drain-Source-Strecke fließt, stört den Transistor in keiner Weise. Er ist ein steuerbarer Widerstand und hat außer der Body-Diode keine weiteren versteckten pn-Übergänge oder Ähnliches.

Die Inversdiode wird in Durchlassrichtung betrieben. Sie kommt aber gar nicht in den Flussbetrieb, da der Transistor leitend ist. Dabei ist er so niederohmig, dass der Spannungsabfall am R_{DSon} im Normalbetrieb deutlich niedriger wie die Flussspannung der Body-Diode ist

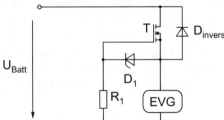

Bild 9.19: Verpolt angeschlossenes Vorschaltgerät.

Wird die Batteriespannung verpolt angelegt, so ist die Gate-Source-Spannung null (D_1 leitet eventuell) und der Transistor sperrt. Die Inversdiode sperrt ebenfalls.

Für beide Fälle (richtige Polung und Verpolung) stört die Inversdiode D_{invers} also nicht und der Transistor T in Bild 9.18 wirkt wie eine Diode mit niedriger Flussspannung.

R_1 und D_1 sind zum Schutz gegen transiente Überspannungen für T eingebaut. Insbesondere im Kfz. können hohe Spannungsimpulse auftreten, die von dem Gate ferngehalten werden müssen. Zwischen Drain und Source machen kurzzeitige Überspannungen nichts aus. Der FET darf nur thermisch nicht überlastet werden.

10 Treiberschaltungen für MOSFETs und IGBTs

In diesem Kapitel werden Treiberschaltungen für Leistungsschalter vorgestellt. Die Treiberschaltung ist die Schnittstelle zwischen dem logischen PWM-Signal und dem Leistungsschalter.

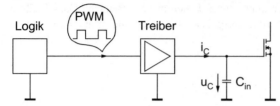

Bild 10.1: Treiberschaltung zur niederohmigen Ansteuerung des Leistungsschalters.

Am Eingang des Treibers liegt ein Logiksignal an, das einer relativ hochohmigen Quelle entstammt. Ausgangsseitig muss die Eingangskapazität C_{in} des Leistungsschalters umgeladen werden. In C_{in} sind zur Vereinfachung alle wirksamen Kapazitäten zusammengefasst.

Wenn die Treiberschaltung den Strom i_C liefert gilt:

$$i_C = C_{in} \cdot \frac{du_C}{dt}$$

Daraus folgt für die Umschaltzeit:

$$t_{um} = C_{in} \cdot \frac{U_{GS0}}{i_C} \, ,$$

wenn U_{GS0} die Spannung ist, auf die C_{in} aufgeladen wird. Um die Schaltverluste zu minimieren, möchte man möglichst schnell umschalten. Da C_{in} und U_{GS0} Eigenschaften des Leistungsschalters sind, kann nur über den Strom i_C die Umschaltzeit beeinflusst werden und der muss von der Treiberschaltung geliefert werden. In Abhängigkeit von der Eingangskapazität C_{in} und der geforderten Schaltgeschwindigkeit liegt der benötigte Treiberstrom bei einigen 10mA bis 2A. Bei MOSFETs und IGBTs muss der Strom allerdings nur während dem eigentlichen Umschaltvorgang als kurzer Peak geliefert werden. Danach, im quasistatischen Ein- oder Auszustand des Leistungsschalters, ist der Treiberstrom vernachlässigbar klein. Schaltungen, die diesen Anforderungen genügen, werden in Kap. 10.1 vorgestellt.

Häufig benötigen wir jedoch eine Potentialtrennung zwischen Logik und Leistungsschalter. Entsprechende Schaltungen werden in Kap. 10.2 vorgestellt.

In Kap. 10.3 werden einige spezielle Ansteuerschaltungen diskutiert, die zur Ansteuerung von Gleichstrommotoren verwendet werden. Solche Schaltungen werden beispielsweise im Kraftfahrzeug eingesetzt.

10.1 Einfache Treiberschaltungen

In allen drei Teilkapiteln werden bewusst keine käuflichen ICs beschrieben, weil diese in den technischen Unterlagen der Hersteller ausreichend beschrieben werden und zum Teil ausführliche

Application Notes zur Verfügung stehen. Sie werden lediglich an gegebener Stelle kurz angedeutet.

Schaltungen mit Optokopplern werden in diesem Buch ebenfalls nicht vorgestellt, da sie in vielen Anwendungen den Qualitätsansprüchen nicht genügen.

10.1.1   Ansteuerung mit CMOS-Gattern

Für langsame Schalter oder Schalter, die (z.B. aus EMV-Gründen) künstlich langsam gemacht werden sollen, kann der Leistungsschalter direkt von CMOS-Gattern angesteuert werden:

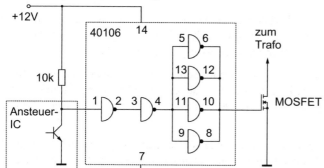

Bild 10.2: Ansteuerschaltung mit CMOS-Gattern.

Zur Stromerhöhung lassen sich die Gatter parallel schalten. Es ist dann lediglich darauf zu achten, dass am Eingang der parallel geschalteten Gatter eine steile Impulsflanke anliegt, damit die Gatterausgänge nahezu gleichzeitig umkippen. In Bild 10.2 werden die 4 parallelen Gatter von einem Gatter derselben Logikfamilie, ja sogar von einem Gatter auf demselben Chip angesteuert. Somit „passt" die ansteuernde Schaltflanke zum Schaltverhalten der Gatter.

Der verwendete Typ (40106) hat Schmitttriggerverhalten. Dies ist für das erste Gatter (Pin 1/2) wichtig, an dessen Eingang eine Schaltflanke mit kleiner Anstiegsgeschwindigkeit liegt. Erreicht die Eingangsspannung die Umschaltschwelle des Schmitttrigger-Gatters, kippt dieses mit der vollen Anstiegsgeschwindigkeit um. Es findet sozusagen eine Impulsregeneration statt.

Für Standard-MOSFETs muss die Gate-Source-Spannung mindestens bei ca. 8V liegen. Dafür bieten sich Gatter aus der 4000er Familie an.

Für Logic-Level-Transistoren, für deren Ansteuerung ein 5V-Pegel ausreicht, können HC-MOS-Bausteine verwendet werden. Ein Schmitttrigger-Typ ist beispielsweise der `HC14. Sind höhere Treiberleistungen gefordert, können Gatter aus der Fast-Advanced-CMOS-Familie eingesetzt werden (FACT-Treiber). Es gibt dort Oktal-Bus-Treiber, die pro Gatter 200mA treiben. Schaltet man alle 8 Treiber, die sich auf einem IC befinden, parallel, erreicht man bereits Treiber-Ströme im Ampere-Bereich mit einem SO-Gehäuse.

Sind hingegen die Anforderungen an die Schaltgeschwindigkeit nicht so groß, kann eventuell ein Logic-Level-MOSFET auch direkt von einem Rechner-Port angesteuert werden. Dies ergibt eine besonders einfache Lösung, insbesondere dann, wenn der Rechner einen PWM-Generator hat.

10.1.2   Treiber mit Push-Pull-Stufe

Wenn die Treiberleistung von Gattern nicht ausreicht, kann die Treiberleistung durch zusätzliche Transistoren am Ausgang erhöht werden. Dazu dient die folgende „Push-Pull"-Schaltung:

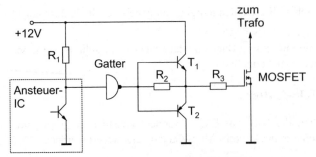

Bild 10.3: Treiber mit Push-Pull-Ausgang.

Bei dieser Schaltung wird die Stromtreiberfähigkeit des Gatters um die Stromverstärkung der Push-Pull-Transistoren erhöht. Beim Übergang von low nach high arbeitet T_1 als Spannungsfolger, während T_2 sperrt. Beim Übergang von high nach low ist es gerade umgekehrt.

Die Schaltung hat sich in vielen Anwendungen bewährt. Sollte es beim Schaltvorgang zu Schwingungen kommen, muss zwischen Treiberausgang und Gate des MOSFETs der Serienwiderstand R_3 zur Bedämpfung eingefügt werden. Der Wert des Widerstandes liegt i.A. zwischen 10Ω und 100Ω.

Der maximal mögliche Treiberstrom (peak) liegt ungefähr bei dem doppelten Wert des für die Transistoren T_1 bis T_4 spezifizierten maximalen Kollektorstrom. Wir können die Transistoren mit den Peak-Strömen durchaus überlasten, da der Stromfluss extrem kurzzeitig erfolgt. Die Stromverstärkung der Transistoren geht zwar zurück, aber Das Gatter ist ausreichend niederohmig, um den notwendigen Basisstrom zu liefern.

Der zusätzliche Spannungsabfall an den Basis-Emitter-Dioden kann normalerweise toleriert werden. Sollte es dennoch zu Schwierigkeiten kommen, so kann der Widerstand R_2 eingebaut werden. Er sorgt dafür, dass nach dem Schaltvorgang, also im quasistatischen Fall der Spannungsabfall an den Basis-Emitter-Dioden von T_1 und T_2 eliminiert wird.

10.1.3   Aktives Abschaltnetzwerk am Gate

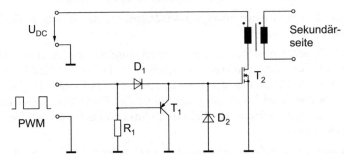

Bild 10.4: MOSFET-Leistungsschalter mit aktivem Abschaltnetzwerk.

Das PWM-Signal schaltet den Leistungstransistor T_2 über die Diode D_1 direkt ein. Beim Ausschalten unterstützt T_1 das PWM-Signal um den Faktor seiner Stromverstärkung. Das PWM-Signal liegt gewöhnlich relativ hochohmig an. Beim Einschalten des MOSFET liefert es alleinig den Strom zum Aufladen von C_{in}. Beim Ausschalten liefert es nur den geringen Basis-Strom von T_1 und wird noch durch R_1 unterstützt. Damit lassen sich die Ein -und Ausschaltzeiten getrennt einstellen und an die jeweiligen Anforderungen anpassen. T_2 schaltet vergleichsweise langsam ein und schnell aus. Das kann erwünscht sein, wenn der lückende Betrieb vorliegt, wo der Laststrom durch T_2 beim Einschalten Null ist. Die Zenerdiode D_2 schützt das Gate vor Überspannungen und kann entfallen, wenn sichergestellt ist, dass am PWM-Eingang keine Überspannungen auftreten. Die Kombination R_1, T_1 hat auch noch den Vorteil, dass T_1 bei fehlendem PWM-Signal (ausgeschaltes Gerät) sicher sperrt. Sollte es bei einem Gerät vorkommen, dass U_{DC} angelegt wird, ohne dass das PWM-Signal bereits richtig anliegt, kann T_1 über die Miller-Kapazität einschalten oder teilweise leitend werden. Der Fall tritt auch beim Einschalten eines Gerätes auf, wenn die 5V- oder die 12V-Versorgung langsamer ansteigen, als die Spannung im Leistungskreis. Mit R_1, T_1 wird das Gate niederohmig nach Masse gezogen und selbst bei einem sprunghaften Anstieg von U_{DC} bleibt T_1 sicher gesperrt.

10.1.4 Treiber-ICs

Natürlich gibt es auch käufliche Treiber-ICs. , die als Treiber eingesetzt werden können. Es sei hier ein Beispiel für einen International Rectifier Typ angegeben:

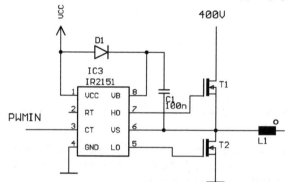

Bild 10.5: Treiber-IC.

Die Stromversorgung des High-Side-Treibers ist mit einer Ladungspumpe realisiert. Ihre Funktion wird in Kapitel 10.3.1 beschrieben. Hier sei nur darauf hingewiesen, dass D_1 eine 400V-Diode sein muss.

Der IR-IC erhält ein digitales Eingangssignal (PWMIN), das als 5V-Logik-Signal oder wahlweise auch mit höherer Spannung zur Verfügung gestellt werden kann. Er übernimmt die Pegelumsetzung und die Stromverstärkung. Am Ausgang kann er Ströme zur Verfügung stellen, die je nach Ausführung des ICs im Bereich von einigen 100mA bis wenige A liegen.

Im vorliegenden Fall wird das Eingangssignal zunächst invertiert. Danach wird es T_1 phasenrichtig und T_2 gegenphasig zugeführt. Zusätzlich erzeugt der IC selbstständig eine Totzeit zwischen den Ein-Zuständen, damit eine Überlappung, in der beide Transistoren leiten könnten, sicher vermieden wird.

IR bietet eine ganze Familie solcher Treiber-Bausteine, die sich in der Stromtreiberfähigkeit, der Schaltgeschwindigkeit und in der Spannungsfestigkeit unterscheiden. So gibt es Ausführungen bis 600V und neuerdings bis 1200V-Spannungsfestigkeit.

Alle Bausteine haben eine Unterspannungserkennung eingebaut, die T_1 und T_2 beim Ein- oder Ausschalten der Versorgungsspannung gleichzeitig sperrt.

10.2 Treiberschaltungen mit Potentialtrennung

10.2.1 Treiberschaltung mit einstellbaren Schaltzeiten

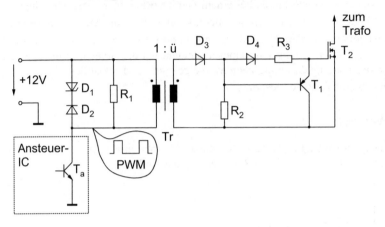

Bild 10.6: Treiberschaltung mit Trafo.

Der hier verwendete Impulstransformator T_r wird ungefähr mit $ü = 1$ dimensioniert und auf seiner Primärseite an eine Spannung von ca. 12V gelegt.

Die am Gate wirksame Spannung muss einerseits groß genug sein, dass der MOSFET auch sicher durchschaltet; andererseits darf die maximal zulässige Gatespannung ($\pm$ 20V oder $\pm$ 30V) nicht überschritten werden. Mit $ü = 1$ werden beide Forderung gut erfüllt.

Wenn T_a leitet, liegen am Trafo primärseitig 12V. Bei $ü = 1$ liegen sekundärseitig ebenfalls 12V an. Durch die beiden Dioden D_3 und D_4 wird diese Spannung um ca. 1,5V erniedrigt, so dass noch 10,5V übrig bleiben, was für übliche MOSFETS ausreicht, um sie voll einzuschalten.

Die beim Abschalten des Treibertransistors T_a wirksam werdende Beschaltung mit D_1 und D_2 erlaubt die Entmagnetisierung des Impulstrafos und begrenzt die Spannung an T_a. Wenn D_1 eine 12V-Zenerdiode ist, liegt die maximale Spannung am Kollektor von T_a knapp über 24V. Der Widerstand R_3 (10..100Ω) begrenzt den Ladestrom der Eingangskapazität von T_2 und verhindert eine Schwingneigung. Beim Abschalten von T_a wird die Eingangskapazität von T_2 über den dann leitenden Transistor T_1 rasch entladen. Verwendet man für T_1 z.B. einen BC858, beträgt der Entladestrom ca. 200mA. Für die Dioden können Standard-Typen verwendet werden, z.B. LL4148.

Beim Einschalten von T_2 wird der Gate-Strom über R_3, D_4, D_3, dem Trafo und T_a geliefert. Die Stromstärke und damit die Zeit für den Einschaltvorgang kann mit R_3 eingestellt werden. Beim Ausschalten wird die Gate-Source-Kapazität von T_2 über T_1 und R_2 entladen. Die Höhe des Entladestroms wird ausschließlich durch R_2 und die Stromverstärkung von T_1 bestimmt. Damit lassen sich die Schaltzeiten für das Einschalten von T_2 und das Ausschalten getrennt einstellen und an die Anforderungen der Leistungs-Hardware anpassen.

Da der Trafo in der Ausschaltzeit vollkommen entmagnetisieren muss, kann die Schaltung bei der vorliegenden Dimensionierung nur bis zu einem maximalen Tastverhältnis von $v_T = 0{,}5$ eingesetzt werden.

10.2.2 Treiber mit Impulsübertrager

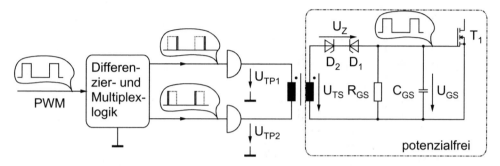

Bild 10.7:   Potentialgetrennte Treiberschaltung mit Impulsübertrager

Die Schaltung zeigt eine potentialtrennende Ansteuerung für einen MOSFET-Leistungstransistor. Sie ist für jeden Wandlertyp geeignet und kann ein Tastverhältnis von 0 bis 100% übertragen.

Die Schaltung funktioniert so, dass zur Ansteuerung des Transistors T_1 nur kurze Impulse verwendet werden. Sie laden die im Transistor parasitär vorhandene Gate-Source-Kapazität um. In den Impulspausen bleibt die Ladung auf der Gate-Source-Kapazität erhalten und damit auch der Schaltzustand des Transistors. Sollte die Gate-Source-Kapazität zu gering sein, so kann sie durch einen externen Kondensator vergrößert werden. In Bild 10.7 ist er als C_{GS} eingezeichnet. Zur Sicherheit wird der Widerstand R_{GS} vorgesehen, der bei abgeschalteter Betriebsspannung für einen definierten "Aus"-Zustand des Transistors sorgt. R_{GS} hat z.B. einen Wert von 10 kΩ oder deutlich größer.

Der Impulstrafo wird mit alternierenden Impulspolaritäten angesteuert, wodurch der magnetische Kreis streng symmetrisch ausgesteuert wird. Dabei sind die Einzelimpulse recht kurz (z.B. 1µs). So kann der Impulstrafo sehr klein ausgeführt werden. Die Größe wird nur durch das Handling und die Zahl der benötigten Anschlüsse bestimmt. Der Trafo kann als SMD-Übertrager ausgeführt werden. Geeignete Kerne sind z.B. E6,3; E8,8 oder RM4 low profile. Damit kann er recht kostengünstig hergestellt oder zugekauft werden.

Die zugehörigen Ansteuersignale der Schaltung sind in Bild 10.8 angegeben. Die Schaltung dient zur Ansteuerung von T_1. Deshalb sind die Signale in Abhängigkeit vom Schaltzustand des Transistors T_1 aufgetragen.

Betrachten wir zunächst das Einschalten von T_1: Die sekundärseitige Treiberspannung U_{TS} lädt über die antiseriell geschalteten Zenerdioden die Gate-Source-Kapazität auf. Während der Impuls ansteht gilt: $U_{TS0} = U_{GS0} + U_Z$. Man kann die Zenerspannung U_Z z.B. zu $U_{TS0}/2$ wählen, dann wird U_{GS0} ebenfalls $U_{TS0}/2$. Nach dem Aufladevorgang der Gate-Source-Kapazität geht die Spannung U_{TS} wieder auf Null zurück (z.B. nach 1us) und die Gate-Source-Spannung U_{GS0} bleibt erhalten, da D_2 sperrt.

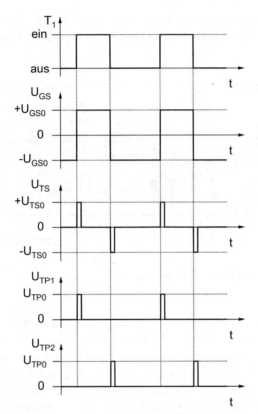

Bild 10.8: Signalverläufe für die
Treiberschaltung mit Impulsübertrager.

Beim Ausschalten von T_1 wird U_{TS} negativ, so dass die Zenerdioden leiten und die Gate-Source-Kapazität entladen wird. Für den Fall, dass $|U_{TS0}| = 2 \cdot |U_{GS0}|$, wird U_{GS} also auf $-U_{TS}/2$ gehen. Auch diese Spannung bleibt während der folgenden Impulspause erhalten, da von antiseriell geschalteten Zenerdioden D_1 sperrt.

Während der Speicherdauer wird C_{GS} nur durch Leckströme vom Transistor und den Zenerdioden und gegebenenfalls von dem Strom durch R_{GS} entladen. Selbst bei hohen Betriebstemperaturen bleibt die Summe dieser Ströme in der Größenordnung von 1μA. Die Gate-Source-Spannung ändert sich dann nach dem Grundgesetz des Kondensators: $i_C = C \cdot \dfrac{du}{dt}$ hier $\dfrac{dU_{GS}}{dt} = \dfrac{I_{Leck}}{C_{GS}}$

Bei einem Leckstrom von 1μA und einer Gate-Source-Kapazität von 1nF beträgt $\dfrac{dU_{GS}}{dt} = \dfrac{1\mu A}{1nF} = \dfrac{0,1V}{100\mu s}$, d.h. bei einem Wandler, der mit einer Wandlerfrequenz von 10kHz arbeitet, ändert sich die Gate-Source-Spannung maximal um 100 mV während einer Periode.

Sollte dieser Effekt bei manchen Anwendungen stören, so muss die Treiberschaltung öfter als einmal pro Umschaltvorgang getaktet werden. Soll also beispielsweise eine statische Ansteuerung des Transistors erfolgen, so muss die Treiberschaltung im 10kHz-Bereich takten. Der Trafo wird dann mit unipolaren Impulsen angesteuert und wir würden vermuten, dass er sättigt. Die Schaltung lässt sich aber so dimensionieren, dass der Trafo in jeder Impulspause entmagnetisieren kann.

Meist reicht der Spannungsabfall der Treiber aus, um in der relativ langen Pause die Entmagnetisierung zu gewährleisten.

In Bild 10.7 sind noch die primärseitigen Treiberspannungen U_{TP1} und U_{TP2} angegeben, wie sie von den Treibern geliefert werden müssen. Ihre Amplitude unterscheidet sich von U_{TS} durch das Übersetzungsverhältnis des Treibertrafos. Im angedeuteten Zahlenbeispiel brauchen wir ein Übersetzungsverhältnis von der Sekundärseite zur Primärseite von ungefähr 2, wenn die Treiber an 12V arbeiten. Man kann beispielsweise auch mit einer Treiber-Versorgung von 5V arbeiten. Dann muss das Übersetzungsverhältnis auf 5 erhöht werden. Allerdings bleibt zu beachten, dass der Treiber-IC oder -Transistor den nötigen Strom liefern kann. Will man die Gate-Source-Spannung schnell umladen, so sind je nach Schalttransistor Stromspitzen am Gate von 100mA und darüber nötig. Diese Stromspitzen müssen mit dem Übersetzungsverhältnis multipliziert werden, um die primärseitigen Ströme zu erhalten. Es sind nur kurze Stromspitzen, aber der Treiber-IC oder -Transistor muss diese Stromspitzen bei der entsprechenden Versorgungsspannung bereitstellen.

In Bild 10.7 wurde vor den primärseitigen Treibern noch eine Differenzier- und Multiplex-Schaltung angedeutet. Sie muss das ankommende PWM-Signal differenzieren, d.h. pro Flanke einen kurzen Impuls erzeugen und sie muss die Impulse phasenrichtig auf die zwei Treiber aufteilen. Eine mögliche Realisierung wird in Bild 10.18 vorgestellt. Es ist eine analog/digital gemischte Schaltung, die sich aber bestens bewährt hat. Wird aus anderen Gründen sowieso ein Gate-Array oder ein kundenspezifischer Schaltkreis in der Schaltung vorgesehen, so kann dieser die Impulserzeugung ohne großen Mehraufwand mit übernehmen, da die Erzeugung der Impulse mit reinen Logik-Gattern erfolgen kann. Insofern stellt die zunächst aufwendig erscheinende Impulserzeugung in beiden Fällen keinen Kostenfaktor dar. Diese Aussage ist noch zutreffender, wenn etwa eine Vollbrücke angesteuert werden soll. Dann genügt es, die Sekundärseite des Treibers zu vervierfachen. Die primärseitige Ansteuerung und die Impulserzeugung bleiben gleich. Bild 10.9 zeigt die vervierfachte Sekundärseite.

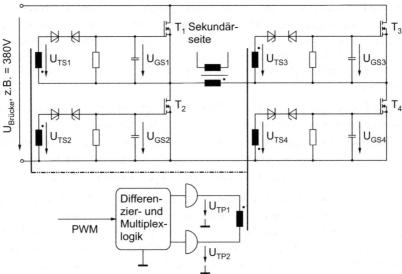

Bild 10.9: Ansteuerung einer Vollbrücke.

Als anzusteuerndes Leistungsbauteil wurde noch ein Transformator als Teil eines Schaltreglers angedeutet. Es könnte sich aber genauso gut um einen Motor handeln, für dessen Ansteuerung die Vollbrücke häufig gebraucht wird.

In Bild 10.9 sieht man den Vorteil der Impulsansteuerung, nämlich dass die gleiche Ansteuerung für alle 4 Transistoren verwendet werden kann, obwohl jeder Transistor ein völlig anderes Potential hat.

Ein weiterer Vorteil ergibt sich aus dem zeitlichen Ablauf beim Umschalten der Transistoren, wenn man die Spannungsverläufe im Detail betrachtet. Zur Erklärung wird nur eine Halbbrücke betrachtet, da sich die zweite Hälfte der Vollbrücke gleichermaßen verhält. Und es reicht nach der Einführung des Ersatzschaltbildes für den MOSFET-Transistor in Kap. 9 aus, die Gate-Source-Spannungen zu betrachten. Sie sind nachfolgend in starker zeitlicher Dehnung (μs) gezeichnet:

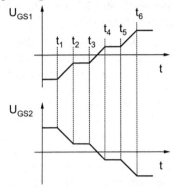

Bild 10.10: Gate-Source-Spannungsverläufe für die Brückentransistoren T_1 und T_2.

Die prinzipiellen Vorgänge beim Ein- und Ausschalten von einem MOSFET wurden in Kapitel 9 anhand des Ersatzschaltbildes für MOSFETs bereits dargestellt. Hier wird nun exemplarisch der Schaltvorgang beleuchtet, wo T_2 ausgeschaltet und T_1 eingeschaltet wird. Dabei nehmen wir einen Treiber mit Stromquellencharakteristik an. Für diesen Fall sind die Kurvenverläufe Geradenabschnitte, so wie in Bild 10.10 dargestellt. Hat der Treiber eine von einer Stromquelle abweichende Ausgangskennlinie, erhalten wir Exponentialfunktionen. An der Aussage der nachfolgenden Ausführungen ändert sich dadurch aber nichts, weshalb wir der Einfachheit wegen bei den Geraden bleiben.

Der Vorgang beginnt bei t_1, wo sich die Gate-Source-Spannungen beider Transistoren ändern, ohne dass der Schaltvorgang beginnt. Von t_2 bis t_3 wird die Millerkapazität von T_2 umgeladen. T_2 geht vom leitenden in den sperrenden Zustand über. Von t_3 bis t_4 ändert sich die Drain-Source-Spannung von T_2 nicht mehr, er sperrt bereits. T_1 sperrt noch. Er fängt erst bei t_4 an zu leiten und seine Drain-Source-Spannung ändert sich bis t_5, dann ist er vollständig leitend.

Von t_3 bis t_4 sind *beide* Transistoren *gesperrt*! Es werden in dieser Zeit die Eingangskapazitäten beider Transistoren umgeladen, ohne dass dabei ein Schaltvorgang stattfindet. Da die Eingangskapazitäten nie Null sind, wird auch die Zeit von t_3 bis t_4 niemals Null sein und damit ist sicher gestellt, dass es in keinem Fall zur Überlappung der Stromführung von beiden Transistoren kommt. Somit schützt sich die Schaltung auf Grund physikalischer Gegebenheiten selbst. Was wir ursprünglich als lästige Einschränkung empfunden haben, die Miller-Kapazität nämlich, die unseren Schaltvorgang verlangsamt hat, hilft uns hier, die Überlappung der Brückentransistoren sicher zu vermeiden. Aus dem parasitären Laster des MOSFETs ist eine Lebensversicherung geworden!

Die einzige Voraussetzung, die es zu beachten gilt, ist die Kopplung der Sekundärwicklungen zueinander. Eine nicht ideale Kopplung verändert die Zeit zwischen t_3 und t_4. Kritisch wird es aber erst, wenn diese Zeit zu Null wird, und das kann bei einem normalen Trafo praktisch nicht vorkommen. Mehrere Realisierungen dieses Ansteuerprinzips haben die Robustheit des Verfahrens bewiesen. Die Schaltung kann nur weiter empfohlen werden!

10.2.3 Primäransteuerung des Impulsübertragers

Bisher sind wir auf die in Bild 10.7 und Bild 10.9 eingezeichneten Treiber auf der Primärseite des Impulsübertragers noch nicht näher eingegangen. Deshalb sollen hier noch einige Schaltungen mit den notwendigen Daten aufgeführt werden.

Besonders einfach gestaltet sich die Ansteuerung, wenn Leitungstreiber-IC's verwendet werden, so z.B. aus der HC-MOS-Familie oder aus der 4000er-Reihe. Ihr Ausgangsstrom ist allerdings begrenzt. Einen höheren Strom liefern Gatter- oder Bus-Treiber-ICs aus der Fast-Advanced-CMOS (FACT) Familie. Sie sind am Markt genauso verfügbar und stellen oft eine günstige Lösung dar. Alle drei Familien (HC-MOS, 4000er-Reihe, FACT) können problemlos am Ausgang parallelgeschaltet werden, um mehr Treiberstrom zu erhalten. So kann man bei einem Octal-Bus-Treiber acht Ausgänge parallel schalten.

Darüber hinaus gibt es spezielle Treiber-ICs. Sie bieten eine schnelle und einfache Lösung, sind aber oftmals zu teuer. Eine andere, sehr billige Möglichkeit zur Stromverstärkung ist Folgende:

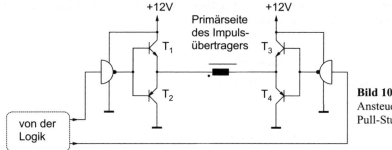

Bild 10.11: Primärseitige Ansteuerung mit Push-Pull-Stufe.

Der Ausgangsstrom der Inverter wird durch die Stromverstärkung der zusätzlichen Transistoren erhöht. Eine genaue Beschreibung ist in Kapitel 10.1.2 erfolgt.

Bei der Schaltung in Bild 10.11 braucht man pro Trafoanschluss zwei Transistoren, da sowohl nach +U_B als auch nach Masse gezogen werden muss. Falls dies nicht gewünscht ist, kann man die Funktion auch mit zwei Primärwicklungen erreichen.

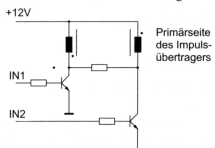

Bild 10.12: Primäransteuerung mit Bipolartransistoren.

Die beiden Primärwicklungen sind gegensinnig gewickelt. Zwischen den beiden Kollektoren ist eventuell noch ein Widerstand erforderlich, der den zwar kleinen aber doch vorhandenen Magnetisierungsstrom des Trafos weiterfließen lässt, wenn beide Transistoren gesperrt sind. Statt der bipolaren Transistoren können auch kleine MOSFETs eingesetzt werden, wie z.B. der BSS100 oder ein ähnlicher Typ.

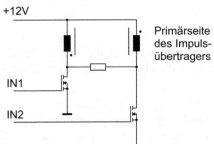

+12V

Primärseite
des Impuls-
übertragers

IN1

Bild 10.13:   Primäransteuerung
mit MOSFETs.

IN2

Die Ansteuerung gestaltet sich dann besonders einfach, weil die Kleinsignal-MOSFETs nur eine kleine Eingangskapazität und keinen Gatestrom haben.

10.2.4 Dimensionierung des Impulsübertragers

Der Impulsübertrager lässt sich vergleichsweise sehr einfach dimensionieren. Um die kurzen Impulse zu übertragen, reicht fast jeder Kern aus. Die Größe des Kerns wird eher durch die Forderung nach ausreichend langen Isolationsstrecken bestimmt.

Vorgehensweise:

1) Festlegung des Übersetzungsverhältnisses ü.

2) Wahl des Kerns (kleiner E-Kern, RM4, auch als SMD).

3) Festlegung des Magnetisierungsstromes I_{mag}.

4) Berechnung der Induktivität auf der Primärseite. Aus $U_L = L \cdot \dfrac{dI}{dt}$ folgt:

$$L = \frac{U_{prim} \cdot t_{ein}}{I_{mag}} \tag{10.2.1}$$

5) Berechnung der primärseitigen Windungszahl N_{prim} aus $N_{prim} = \sqrt{\dfrac{L}{A_L}}$

Der A_L-Wert wird dem Datenblatt des Kernherstellers entnommen.

6) Berechnung der sekundärseitigen Windungszahl $N_{sek} = ü \cdot N_{prim}$.

7) Berechnung des Drahtdurchmessers aus dem zur Verfügung stehenden Wickelraum (aus dem Datenblatt des Spulenkörpers zu entnehmen).

Normalerweise reicht ein dünner Kupferdraht von ca. 0,1mm Durchmesser aus und es muss keine Litze verwendet werden. Eine gute Kopplung der einzelnen Windungen erreicht man mit vollen Wicklungslagen.

Beispiel zur Dimensionierung:

Es wird eine Schaltung nach Bild 10.6 eingesetzt. Das Übersetzungsverhältnis wird so gewählt, dass der typische Spannungsabfall der Dioden berücksichtigt wird. Wir wählen $\ddot{u} = \dfrac{13,2}{12} = 1,1$. Als Kern nehmen wir einen E8,8-Kern mit den Daten:

Kernquerschnitt $A_e = 5\text{mm}^2$, Induktivitätswert: $A_L = 400\text{nH}$, Wicklungsquerschnitt $A_N = 2,7\text{mm}^2$,

Magnetische Weglänge $l_e = 15,5\text{mm}$.

Elektrische Daten: $U_{prim} = 12\text{V}$, $t_{ein} = 2\mu s$, $I_{mag} = 10\text{mA}$. Zu Beginn von t_{ein} ist $I_{mag} = 0$. Er soll während $t_{ein} = 2\mu s$ auf $I_{mag} = 10\text{mA}$ ansteigen. Mit Gl. (10.2.1) folgt:

$$\Rightarrow L = \frac{12V \cdot 2\mu s}{10mA} = 2,4mH \Rightarrow N_{prim} = \sqrt{\frac{L}{A_L}} = 78 \quad \Rightarrow N_{sek} = 86$$

Mit Kupferlackdraht von 0,12mm Durchmesser (0,1mm Cu + Lackisolation) benötigt die Primärwicklung 0,78 mm^2 und die Sekundärwicklung 0,86mm^2. Der Wicklungsquerschnitt von 2,7mm^2 reicht also gut aus.

Zur Sicherheit überprüfen wir die Aussteuerung des magnetischen Kreises. Wir berechnen die magnetische Feldstärke $H = \dfrac{N_{prim} \cdot I_{mag}}{l_e} = \dfrac{78 \cdot 10mA}{15,5mm} = 50\,\dfrac{A}{m}$

Für das Kernmaterial N67 wären $100\,\dfrac{A}{m}$ möglich. Wir steuern den magnetischen Kreis also nur bis zur halben Sättigungsgrenze aus.

10.2.5 Potentialfreie Ansteuerung eines Polwenders

In Bild 10.14 ist die sekundärseitige Schaltung eines Polwenders angegeben. Er wird bei Wechselrichtern verwendet, die ausgangsseitig direkt am 230V-Netz arbeiten. Neben der jeweils potentialfreien Ansteuerung der vier Brückentransistoren T21 bis T23 wird eine zuverlässige Funktion der Schaltung gefordert. Eine kurzfristige Fehlfunktion würde zur sofortigen Zerstörung der Schaltung führen, da aus dem niederohmigen Netz nahezu beliebig große Ströme fließen können. Die Realisierung in diskreter Transistortechnik erlaubt hier mehr Freiheit, als bei Verwendung von fertigen ICs. Die Schaltung hat alle EMV-Prüfungen für netzgekoppelte Wechselrichter bestanden.

Der primärseitige Schaltungsteil ist in Bild 10.15 angegeben. An dem Eingang PWMin steht ein netzsynchrones 50Hz Rechtecksignal an. Die Ausgänge Prim1 und Prim2 sind direkt mit dem Impulsübertrager verbunden. Der Polwender wird im Nulldurchgang der Netzspannung umgeschaltet. Während einer Netzhalbwelle werden Refresh-Impulse mit einer Frequenz im 10kHz-Bereich erzeugt. Die Impulsbreite beträgt etwa 1µs. Beim Umschalten des Polwenders müssen alle vier Eingangskapazitäten umgeladen werden. Das würde bei der kurzen Impulsdauer zu große Ströme erfordern. Deshalb wird die Impulsbreite über D37 oder D38 für das Umschalten vergrößert. Die Takterzeugung erfolgt mit IC4C und seiner Beschaltung. Er liefert ein stark asymmetrisches Signal mit kurzer Einschaltdauer und langer Pause.

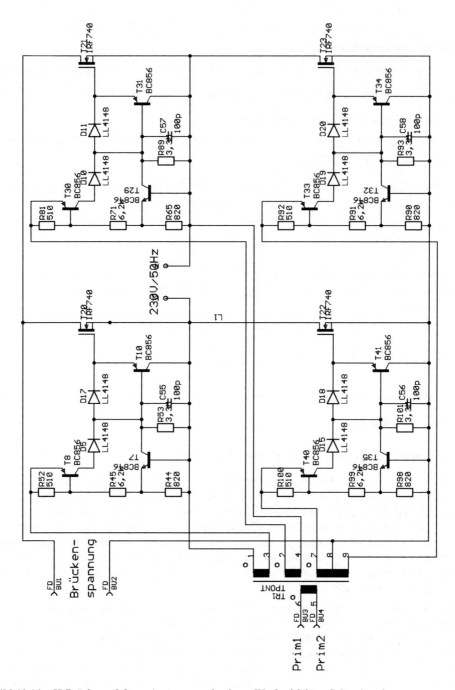

Bild 10.14: H-Brücke und deren Ansteuerung in einem Wechselrichter. Sekundärseite.

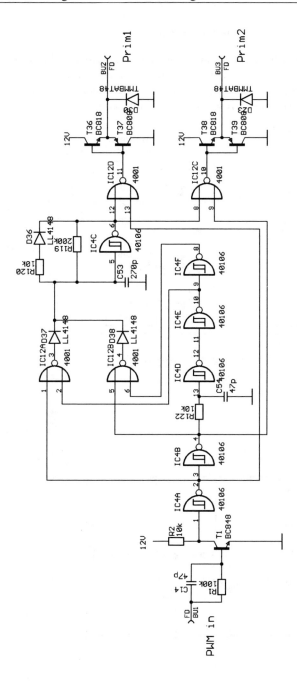

Bild 10.15: Primärseitige Ansteuerung.

10.2.6   Ansteuerung mit verzögertem Einschalten

Bei Wandlern mit Umschwingverhalten (siehe hierzu auch Kap. 8) wird eine kurze Ausschaltzeit gefordert. Der Einschaltvorgang hingegen darf langsamer erfolgen und muss zeitlich verzögert sein, damit die Schaltung für das Umschwingen Zeit hat. Eine Schaltung, die diese Eigenschaften hat und gleichzeitig eine Potentialtrennung bewirkt wird nachfolgend vorgestellt.

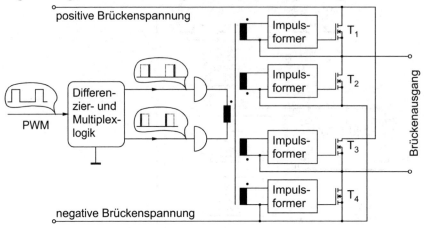

Bild 10.16: Blockschaltbild der Ansteuerschaltung mit verzögertem Einschalten.

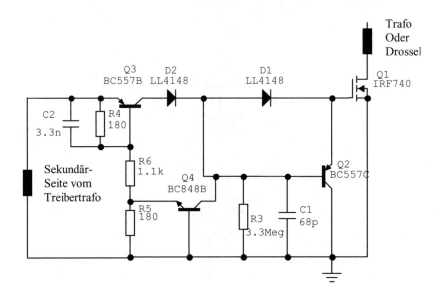

Bild 10.17:   Schaltung des Impulsformers.

Die Schaltung dient zur Ansteuerung von Q_1 .Der Impulsübertrager wird mit dem gleichen Prinzip betrieben wie in Kapitel 10.2.2. Am Impulsübertrager liegen wieder Impulse wie in Bild 10.8 an. Somit kennt die Sekundärseite des Impulsübertragers drei Zustände: +12V, 0V, -12V.

Wenn –12V anliegen, wird Q_4 über den Pfad R_4, R_6 und R_5 leitend, wobei der Emitter von Q_4 ins Negative gezogen wird. Über den Kollektor von Q_4 wird die Basis von Q_2 „heruntergezogen", wodurch auch der Emitter mitgezogen wird. Hierbei wirkt die Stromverstärkung von Q_2, so dass die Eingangskapazität von Q_1 sehr schnell entladen wird. Damit wird Q_1 schnell ausgeschaltet.

Liegen +12V an der Sekundärseite von dem Impulsübertrager an, wird Q_3 leitend. Dabei tritt eine gewünschte Verzögerung durch das RC-Glied R_4-C_2 auf. Über D_1 und D_2 wird Q_4 eingeschaltet.

Weitere Eigenschaften der Schaltung in Bild 10.17:

Wenn die Ansteuerspannung (+12V/-12V) absinkt, was z.B. beim Ein- und Ausschalten des Gerätes vorkommt, nimmt der Leistungstransistor $Q1$ zuverlässig den Aus-Zustand an. Diese Eigenschaft ist eine absolute Voraussetzung für den Einsatz in Wechselrichtern, wo der Brückenausgang direkt am 230V-Netz angeschlossen ist. Hätte sie diese Eigenschaft nicht, würde sie beim ersten Einschalten durchlegieren!

Wird die Treiberschaltung in einer Vollbrücke verwendet, so schaltet sie beispielsweise die diagonalen Transistoren gleichzeitig und abwechslungsweise mit den anderen Diagonaltransistoren. Wenn also die einen eingeschaltet werden, werden die anderen ausgeschaltet und umgekehrt. Sollen nun alle 4 Brückentransistoren ausgeschaltet werden, so kann man dies erreichen, wenn man den Impulstrafo mit höherer Frequenz ansteuert, also dauernd hintereinander ein- und ausschaltet. Da die Schaltung sofort aus-, aber verzögert einschaltet, muss die Frequenz so groß sein, dass der nächste Ausschaltimpuls folgt, bevor der letzte Einschaltimpuls wirksam geworden ist. Die erhöhte Frequenz braucht nur kurzzeitig anzuliegen. Danach kann die Primäransteuerung abgeschaltet werden.

10.2.7 Primäransteuerung

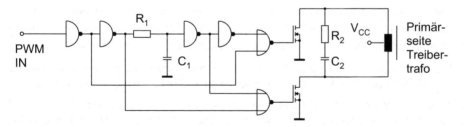

Bild 10.18: Primäransteuerung (Differenzierer und Multiplexer).

Die Schaltung erzeugt aus dem eingangsseitigen PWM-Signal die beiden Treiberausgänge. Ihre Funktion entspricht den angedeuteten Spannungsverläufen in Bild 10.16. Die Impulsbreite wird mit R_1, C_1 eingestellt. Die Invertierer müssen zur Regeneration der Impulsflanke Schmitttrigger-Verhalten haben (40106, `HC14). Dies ist für das Eingangssignal wichtig und für die Spannung an C_1.

10.3 Treiberschaltungen für DC-Motoren

10.3.1 High-Side-Schalter mit Ladungspumpe

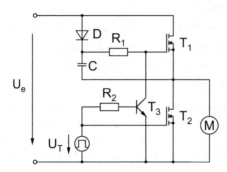

Bild 10.19: High-Side-Schalter
mit Ladungspumpe.

Am Beispiel der Halbbrücke zur Ansteuerung eines DC-Motors zeigt Bild 10.19 eine einfache Treiberschaltung. Die Treiberspannung U_T steuert den "Low-Side"-Schalter direkt und den "High-Side"-Schalter über einen Invertierer an. Der Invertierer besteht aus R_2, T_3. Die Stromversorgung für die Ansteuerung von T_1 wird über die Ladungspumpe bestehend aus D und C realisiert. Für C reicht oft ein 100nF-Kondensator aus, da er nur die Gate-Ladung zum Einschalten von T_1 erbringen muss.

Die Schaltung eignet sich besonders für Niederspannungsanwendungen, wie sie vor allem im Kraftfahrzeug vorkommen. Für diese Anwendung lässt sich die Schaltung auch so dimensionieren, dass es zu keinem Brückenquerstrom kommt: Mit dem einfachen Vorwiderstand R_2 schaltet T_3 schnell ein und langsam aus. Zusätzlich wird T_1 über R_1 langsamer eingeschaltet, als über die niederohmige Ansteuerung durch T_3 ausgeschaltet. Damit wird T_2 sowohl schnell eingeschaltet, als auch schnell ausgeschaltet und T_1 wird schnell ausgeschaltet, aber langsam eingeschaltet. Über die Dimensionierung von R_1 und R_2 wird so das Schaltverhalten der Halbbrücke eingestellt.

Eventuell kann es sein, dass die Diode D durch einen zusätzlichen Serienwiderstand geschützt werden muss, da beim Schalten des Leistungskreises unzulässig hohe Ströme auftreten können.

Insgesamt ist es aber eine gut funktionierende und langsame Schaltung, was oft aus EMV-Gesichtspunkten gewünscht wird. Dadurch, dass wir T_1 über einen reinen Vorwiderstand einschalten, ist der Einschaltvorgang als sehr langsam einzustufen. Was aus EMV-Sicht sehr erwünscht ist, kann beim häufigeren Schalten zu hohe Schaltverluste zur Folge haben. Deshalb wird häufig eine Schaltung gebraucht, die etwas schneller als die in Bild 10.19 schaltet. Wir können das erreichen, wenn wir für die Ansteuerung von T_1 eine Push-Pull-Stufe ergänzen.

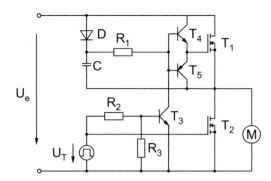

Bild 10.20: Schnelle Ansteuerung von T_1.

Durch die Ergänzung mit T_4 und T_5 wird auch T_1 niederohmig angesteuert, was zu kürzeren Schaltzeiten führt.

Der Widerstand R_3 sorgt für eine niederohmigere Ansteuerung von T_3. Beim Ausschalten von T_3 werden so dessen Basis-Ladungsträger schneller ausgeräumt und damit T_3 schneller ausgeschaltet.

Als Zusammenfassung ist im folgenden Bild ein Beispiel von einer praktischen Realisierung angegeben. Es handelt sich um eine Vollbrücke zur Ansteuerung von Wechselstrommotoren (Synchron-Motoren). Die H-Brücke wird so getaktet, dass der Motor am Anschluss $P_1/2$ die höher frequent getaktete Spannung erhält, während der Anschluss $P_1/1$ nur im Nulldurchgang schaltet.

Die Motorinduktivität mittelt über die getaktete Spannung, so dass der Motorstrom sinusförmig wird.

Es wird sowohl die Höhe der Spannung, als auch deren Frequenz leistungsabhängig verändert. Beide Parameter werden vom Controller geliefert. In Kapitel 11 dazu weitere Ausführungen gemacht. Der Controller liefert an Pin 3 bis Pin 6 die 5V-Logiksignal. Die Inverterstufen (z.B. T_9, T_{11}) schalten schnell ein und langsam aus. Damit kommt es nie zu Überlappungen der Einschaltzeiten der Brückentransistoren. Es entsteht im Gegenteil bei jedem Schaltvorgang eine Pause, in der beide Brückentransistoren einer Halbbrücke gleichzeitig sperren. In dieser Zeit fließt aber der Motorstrom weiter und würde sich den Weg über eine Body-Diode suchen, die eine nicht zu vernachlässige Sperrverzugszeit hat. Um dies zu vermeiden sind in der linken Halbbrücke die Schottky-Dioden $D3$ und $D4$ eingebaut. Sie übernehmen den Motorstrom, ohne dass die Body-Dioden voll leitend werden. Schottky-Dioden haben eine sehr kleine Sperrverzugszeit und geben deshalb den Strom beim Einschalten des gegenüber liegenden Transistors wieder schnell ab.

Die rechte Halbbrücke wird nur in den Nulldurchgängen der Wechselspannung geschaltet. Die linke Halbbrücke hingegen übernimmt in beiden Halbwellen die PWM-Taktung. Deshalb sind die Dioden nur in der linken Halbbrücke nötig und auch das EMV-Filter L_1/C_{12} wird nur für die schnell taktende Halbbrücke gebraucht.

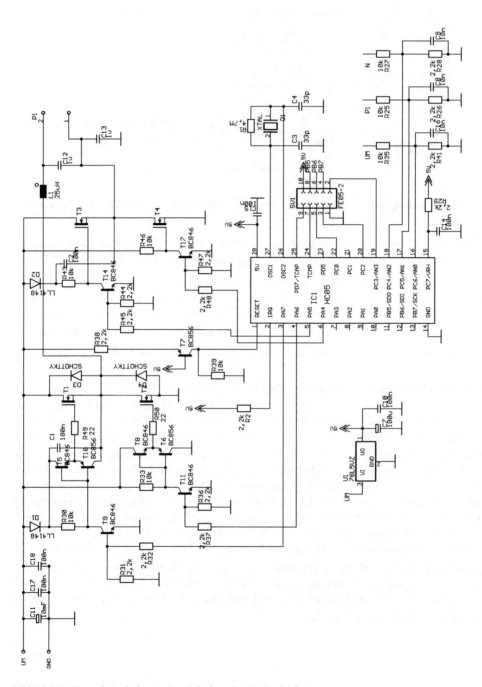

Bild 10.21:   Komplettschaltung eines Niedervolt-Wechselrichters.

10.3.2 Versorgung für den High-Side-Schalter

Wenn wir den High-Side-Schalter mit einer Ladungspumpe versorgen, müssen wir eine minimale Taktfrequenz fordern, damit der Kondensator C in Bild 10.20 nachgeladen wird. Verlangt die Anwendung jedoch einen statischen Ein-Zustand vom High-Side-Schalter, muss eine potentialgetrennte Gleichstromversorgung erfolgen. Die Versorgung muss gegen die Spannungssprünge des Schaltvorganges immun sein. Dafür eignet sich eigentlich nur eine transformatorische Lösung. Erleichternd wirkt sich der geringe Strombedarf für die Versorgung aus. Wird nicht mit allzu großer Wandlerfrequenz gearbeitet, reichen oft schon wenige mA Gleichstrom aus, um den High-Side-Schalter inklusive Treiber zu versorgen. Eine einfache Lösung ist folgende Schaltung:

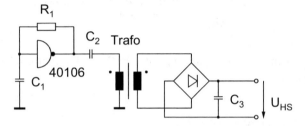

Bild 10.22:   Spannungsversorgung für den High-Side-Schalter.

Der Invertierer hat Schmitttrigger-Verhalten. Er arbeitet als Rechteckgenerator. Die Frequenz wird durch R_1 und C_1 bestimmt.

Über C_2 wird der Trafo mit einer reinen (rechteckförmigen) Wechselspannung versorgt. C_2 dient nur als Koppelkondensator. Sein Wert ist unkritisch und kann z.B. 100nF betragen.

Auf der Sekundärseite wird das Rechtecksignal mit Standard-Kleinsignal-Dioden gleichgerichtet. C_3 dient als Pufferkondensator und kann z.B. 100nF haben.

Mit der Schaltung sind wir in der Wahl der Arbeitsfrequenz in sehr weiten Grenzen frei. Wir können uns leicht an den verwendeten Trafo anpassen. Dieser kann mit einem kleinen Kern als SMD-Ausführung realisiert werden. Bei der Festlegung des Übersetzungsverhältnisses gilt es zu berücksichtigen, dass durch die Entkopplung mit C_2 primärseitig nur die halbe Spannung ansteht. Ein typisches Übersetzungsverhältnis bei einer primärseitigen Versorgungspannung mit 12V wäre also 1 : 2. Bei Verwendung von zwei gegenphasig arbeitenden Gattern wäre das typische Übersetzungsverhältnis 1 : 1.

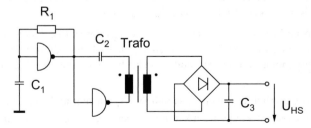

Bild 10.23:   Spannungsversorgung für den High-Side-Schalter mit zwei Treibern.

10.4 DC-Motoren

10.4.1 Ersatzschaltbild eines DC-Motors

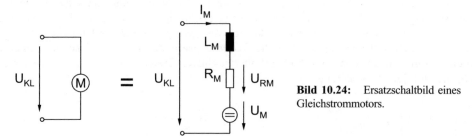

Bild 10.24:   Ersatzschaltbild eines
Gleichstrommotors.

Dabei ist die innere Spannung U_M (auch Generatorspannung oder EMK..elektromotorische
Kraft genannt) proportional zur Drehzahl.

$$U_M \sim \omega \tag{10.4.1}$$

Das vom Motor abgegebene Moment M_M ist proportional zu I_M:

$$M_M \sim I_M \tag{10.4.2}$$

In den folgenden Bildern sollen einige Zusammenhänge die Funktion des DC-Motors erläutern.

10.4.2 Belastungskurven

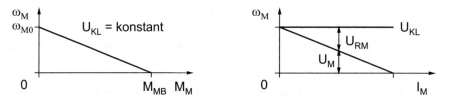

Bild 10.25: Belastungskurven eines DC-Motors (idealisiert).

Liegt am Motor eine konstante Klemmenspannung an, so sinkt die Drehzahl beim Erhöhen des
Moments ab. Dieser Zusammenhang ist im linken Teilbild von Bild 10.25 gezeigt.

Da nach Gl. (10.4.2) der aufgenommene Strom proportional zum Belastungsmoment ist, kann die
Abszisse auch mit dem Motorstrom beschriftet werden, was nichts anderes heißt, als dass der
Motorstrom bei konstanter Klemmenspannung mit abnehmender Drehzahl (Belastungserhöhung)
steigt.

Dies liegt daran, dass bei höherem I_M ein erhöhter Spannungsabfall an R_M entsteht und somit bei
konstanter Klemmenspannung die Generatorspannung absinken muss. Der Zusammenhang ist im
rechten Teilbild von Bild 10.25 dargestellt.

10.4.3 Drehzahlvorsteuerung

Die eben erwähnten Zusammenhänge lassen jetzt eine naheliegende Idee zur Drehzahlkonstanthaltung aufkommen: Wenn man die Klemmenspannung U_{KL} in der Weise erhöht, wie der Spannungsabfall an R_M größer wird, bleibt für U_M eine konstante Spannung übrig, und zwar konstant über dem Drehmoment, also der Belastung.

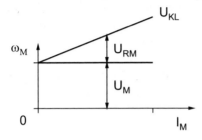

Bild 10.26:   Drehzahlvorsteuerung durch Erhöhung der Klemmenspannung.

Wie in Bild 10.26 idealisiert dargestellt, bleibt U_M und damit die Drehzahl des Motors exakt konstant über dem Drehmoment.

Wie kann man nun U_{KL} so geschickt erhöhen, dass U_M tatsächlich konstant bleibt?

Zwei Dinge sind dazu nötig:

1) Eine Elektronik, die U_{KL} überhaupt verändern kann. Einen Schaltregler also.

2) Eine Veränderungsvorschrift, die der Elektronik mitteilt, welche Spannung sie gerade einstellen soll.

Betrachten wir nochmals die Gleichung (10.4.2): Der Motorstrom ist direkt proportional dem Drehmoment des Motors, d.h. wenn wir den Motorstrom messen, haben wir eine Aussage über die Belastung des Motors und wir brauchen - um Bild 10.26 zu erfüllen - nur noch die Klemmenspannung U_{KL} in Abhängigkeit vom Motorstrom I_M proportional zu steuern.

Die Realisierung des Verfahrens liefert ein verblüffend gutes Ergebnis: Wenn der Motor belastet wird, wenn wir also beispielsweise den leerlaufenden Motor plötzlich abbremsen, läuft er mit konstanter Drehzahl weiter. „Er tut so, als merke er die Belastung nicht!"

Nach der ersten Euphorie kommt jedoch bald die Ernüchterung: Das Verfahren funktioniert genau so gut, wie die Proportionalitätskonstante zwischen I_M und U_{KL} stimmt. Und diese ist vom Motor abhängig. Wir haben in einer Serie Exemplarstreuungen der Motoren, wir haben eine Temperaturabhängigkeit und es gibt eine Alterung der Motoren durch z.B. Abrieb der Kohlebürsten.

Trifft man die Proportionalitätskonstante nicht genau, so bleibt entweder eine Unterkompensation übrig, wodurch der Motor die Drehzahl bei Belastung leicht verringert oder er wird überkompensiert, was dazu führt, dass er bei Belastung schneller dreht. Ist die Überkompensation stark, kommt es zur Mitkopplung. Die Motordrehzahl schwankt extrem stark (Stotterbetrieb). Der entscheidender Vorteil des Verfahrens ist die Drehzahlkonstanthaltung mit einfachen Mitteln. So ist kein Sensor für die Drehzahlerfassung nötig, was die Lösung einfach und billig macht.

11 Regelung der Wandler

11.1 PWM-Erzeugung

Bei allen Schaltreglern wird die Ausgangsspannung über die Variation des Tastverhältnisses v_T eingestellt. Dazu ist ein Pulsbreitenmodulator notwendig. Er arbeitet häufig mit konstanter Frequenz, also mit konstanter Periodendauer T und variablem v_T. Je nach Betriebsweise des Wandlers kann er aber auch mit veränderlicher Frequenz betrieben werden.

Zur Generierung des pulsweitenmodulierten Signals – kurz PWM-Signal – wird ein sägezahn- oder dreieckförmiges Signal mit einer Steuerspannung verglichen. Das Prinzip ist in Bild 11.1 dargestellt:

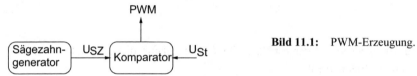

Bild 11.1:   PWM-Erzeugung.

Durch Veränderung von U_{St} wird das Tastverhältnis variiert. Wird in der Analogtechnik gearbeitet, so stellen U_{St}, U_{SZ} und PWM Spannungsverläufe dar. Diesen Fall zeigt

Bild **11.2**.

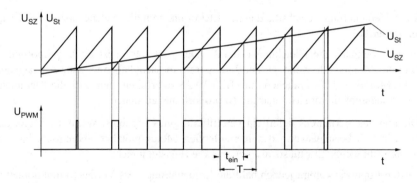

Bild 11.2:   PWM-Erzeugung mit einem sägezahnförmigen Spannungsverlauf.

Wird in der Digitaltechnik gearbeitet, so kann der Sägezahngenerator als Zähler realisiert werden und der Komparator ist ein digitaler Komparator. U_{St} liegt ebenfalls als digitales Signal vor oder wird mittels AD-Wandlung aus einem Analogsignal erzeugt. U_{SZ} und U_{St} sind dann n-stellige Größen, d.h. die Digitalzahl hat n Bit.

11.2 Regelung der Ausgangsspannung

Die PWM-Erzeugung ist für sich alleine ein reines Stellglied, das aus einer Steuerspannung das digitale PWM-Signal erzeugt. Das PWM-Signal steuert über eine Treiberschaltung (in Kapitel 10 beschrieben) den oder die Leistungsschalter an. Soll nun die Ausgangsspannung des Schaltreglers auf einen bestimmten Wert geregelt werden, so muss ein Regler für die Steuerspannung U_{St} eingesetzt werden.

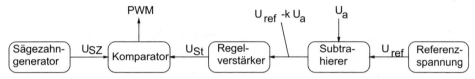

Bild 11.3:   Regelung mit PWM-Erzeugung.

Zunächst wird die Ausgangsspannung U_a mit einer Referenzspannung U_{ref} verglichen. Dies geschieht mit dem Subtrahierer. Sein Ausgang U_{ref}- $k{\cdot}U_a$ stellt die Regelabweichung dar. Sie wird dem Regler oder Reglerverstärker zugeführt. Sein Ausgang ist die Steuerspannung U_{St}, die über den PWM-Generator die Leistungs-Hardware ansteuert.

Der Regelverstärker ist häufig ein PI-Regler, der analog oder digital realisiert werden kann. Unter der Abkürzung **PI** verbirgt sich **P**roportional-**I**ntegral-Regler.

Der I-Anteil sorgt dafür, dass statisch keine Regelabweichung zwischen dem Soll- und dem Istwert übrig bleibt. Ein reiner I-Regler kann aber meistens nicht eingesetzt werden, da er über den gesamten Frequenzbereich eine Phasendrehung von 90° macht, wodurch das Stabilitätskriterium nicht eingehalten werden kann. Deshalb wird der I-Regler um einen P-Anteil erweitert.

Für die Dimensionierung des Reglers gelten die üblichen Stabilitätsbetrachtungen der Regelungstechnik, weshalb an dieser Stelle auf die einschlägige Literatur verwiesen sei. (Literaturliste: Rubrik „Regelungstechnik"). Ein analoger PI-Regler wird in 11.3 vorgestellt.

Hinweis: Die Reglerdimensionierung kann im Einzelfall aufwendig werden. Es muss die Regelstrecke vermessen werden, der Regler analytisch oder durch Simulation bestimmt werden und schließlich muss das Ergebnis ausführlich getestet werden.

Gerade das Vermessen der Regelstrecke kann sehr aufwendig werden, weil man dabei massiv in die Leistungshardware eingreifen muss. Bei Standardschaltreglern muss der gesamte Lastbereich untersucht werden. Bei speziellen Anwendungen läuft man bei den Messungen immer Gefahr, dass die Leistungs-Hardware zerstört wird.

Die Messung selbst ist mit dem Oszilloskop (Betrags- und Phasenmessung) mühsam und ungenau. Meist bedarf es mehrerer Durchläufe, den Regler wirklich zu optimieren.

Dabei werden an den Regler nicht unerhebliche Anforderungen an die Genauigkeit gestellt. Will man den Regler wirklich optimieren, müssen die Widerstände und Kondensatoren, die die Reglereigenschaften bestimmen, im Prozentbereich dimensioniert werden!

11.3 Analoger PI-Regler

11.3.1 PI-Regler mit OP-Schaltung

Hier soll ein Beispiel für einen analogen Regler mit OP vorgestellt werden und zwar ein PI-Regler, da dieser häufig gebraucht wird.

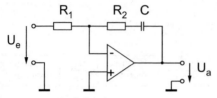

Bild 11.4: Analoger PI-Regler

Die Übertragungsfunktion lautet:

$$\frac{U_a}{U_e} = \frac{R_2 + \dfrac{1}{j\omega C}}{R_1} = \frac{R_2}{R_1} + \frac{1}{j\omega R_1 C}$$

(11.3.1)

Gl. (11.3.1) grafisch dargestellt:

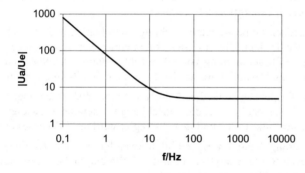

Bild 11.5: Betragsverlauf des PI-Reglers. Berechnet

mit $\dfrac{R_2}{R_1} = 5$

und $T = R_1 \cdot C = 2ms$

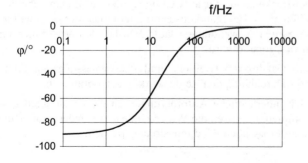

Bild 11.6: Phasenverlauf des PI-Reglers.

Für große Frequenzen ist der zweite Term in Gl. (11.3.1) gilt näherungsweise: $\dfrac{U_a}{U_e} \approx \dfrac{R_2}{R_1}$ Die

Schaltung verhält sich als proportionaler Verstärker. Dies ist der waagerechte Teil der Betragskurve.

Für kleine Frequenz gilt näherungsweise: $\dfrac{U_a}{U_e} \approx \dfrac{1}{j\omega R_1 C}$ Die Schaltung arbeitet bei kleinen

Frequenzen als Integrierer. Im Betragsverlauf ist dies die mit abnehmender Frequenz ansteigende Asymptote.

Für Stabilitätsbetachtungen muss noch die Regelstrecke – bei uns der Leistungsteil des Wandlers, inklusive PWM-Generator – berücksichtigt werden. Dazu messen wir dessen Betrags- und Phasenverlauf aus und stellen beide Kurven so dar wie in den Bildern Bild 11.5 und Bild 11.6. Jetzt muss die Summe beider Phasen kleiner 180° sein für die Fälle, wo die Gesamtverstärkung größer als eins ist. Dies ist ein theoretischer Wert. In der Praxis darf die gesamte Phasendrehung bei der Verstärkung eins höchsten 120° betragen, damit die Ausgangsspannung des Wandlers keine zu großen Überschwinger bei einem Lastsprung ausweist. Gegebenenfalls muss der Regler entsprechend umdimensioniert werden, also der P-Anteile kleiner (kleinere Reglerverstärkung) und/oder eine größere Zeitkonstante $T = R_1 \cdot C$.

Zu beachten sind auch immer vorhandene Nichtlinearitäten der Leistungshardware wie die Aussteuerungsgrenze oder der lückende Betrieb. Des weiteren müssen die EMV-Filter am Ausgang berücksichtigt werden. Sie führen zu weiteren Phasendrehungen und müssen bei der Optimierung des Reglers eingebaut sein.

11.3.2 Passiver PI-Regler

Bei integrierten Schaltreglern wird auch folgende passive Schaltung verwendet, deren diskrete Bauelemente an den IC gebaut werden:

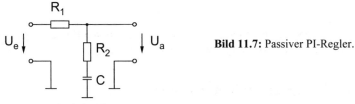

Bild 11.7: Passiver PI-Regler.

Die Übertragungsfunktion lautet:

$$\frac{U_2}{U_1} = \frac{R_2 + \dfrac{1}{j\omega C}}{R_1 + R_2 + \dfrac{1}{j\omega C}} = \frac{1 + j\omega R_2 C}{1 + j\omega (R_1 + R_2) C} \qquad (11.3.2)$$

Wir sehen: Für kleine und große ω wird die Verstärkung reell und für mittlere Frequenzen erhalten wir eine gewisse, negative Phase. Im mittleren Frequenzbereich besitzt die Schaltung einen schwachen I-Anteil.

Die Verstärkung eins im unteren Frequenzbereich wird durch eine im IC vorhandene Grundverstärkung auf deutlich höhere Werte angehoben, sodass nur noch eine vernachlässigbare

Regelabweichung bleibt. Zu hohen Frequenzen hin kann durch die Wahl von R_2 zu R_1 trotzdem eine niedrige Verstärkung erreicht werden.

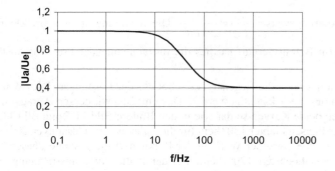

Bild 11.8: Betragsverlauf des passiven PI-Reglers. Berechnet mit $R_2 = 1,5 \cdot R_1$ und $T = R_2 \cdot C = 2ms$.

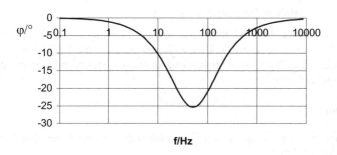

Bild 11.9: Phasenverlauf des passiven PI-Reglers.

Der Vorteil der passiven Schaltung liegt darin, dass über den gesamten Frequenzbereich überhaupt eine kleinere Phasendrehung vorkommt, wodurch der Schaltregler stabiler arbeitet.

11.4 Einsatz von integrierten Schaltkreisen

Für sehr viele Anwendungsfälle gibt es integrierte Ansteuerschaltungen, die sowohl die PWM-Erzeugung als auch den Regler beinhalten. Für kleinere Wandler ist sogar der Leistungsschalter als MOSFET bereits mit integriert.

Aus der Vielzahl von integrierten Lösungen sei ein Wandler herausgegriffen, der die Eigenstromversorgung für einen Kleinwechselrichter liefert.

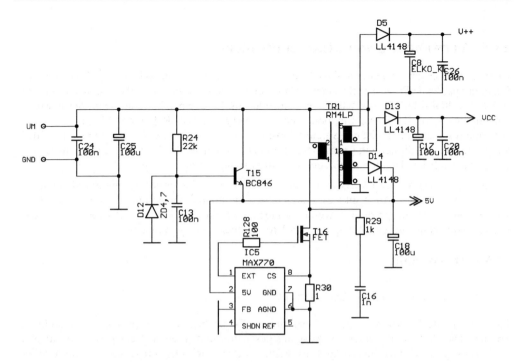

Bild 11.10:   Wandler mit drei Ausgangsspannungen.

Der Wandler arbeitet als Sperrwandler. Aus der Eingangsspannung U_M werden 3 Ausgangs-spannungen erzeugt:

- 5V massebezogen
- VCC (12V) massebezogen
- V++ (12V) potenzialfrei (an UM angebunden).

Der Stromverbrauch bei allen drei Ausgangsspannungen liegt im unteren 10mA-Bereich.

Der Baustein regelt den 5V-Ausgang. Die anderen Ausgänge laufen ungeregelt mit. Ihre Aus-gangsspannung ist leicht lastabhängig. Die erreichte Genauigkeit liegt bei ca. ±0,5V. Da sie die Treiberschaltungen versorgen, die ihrerseits MOSFETs ansteuern, spielt die Toleranz keine Rolle, denn ob ein MOSFET mit 12V oder 12,5V Gate-Source-Spannung betrieben wird, macht praktisch keinen Unterschied.

Die Schaltung bestehend aus R_{24}, D_{12}, C_{13} und T_{15} sorgt für den Anlauf der Schaltung und ist danach wirkungslos. Der MAX770 versorgt sich, wenn er einmal angelaufen ist, über die 5V-Versorgung mit und regelt so auch auf konstante 5V.

Über R_{30} wird der Strom überwacht. R_{29} und C_{16} dienen zur Störungsverringerung. Sie ver-schleifen die Schaltflanken etwas.

11.5 Verwendung von Mikrocontrollern

Mikrocontroller gibt es heute praktisch in jeder Preis- und Leistungsklasse. So lässt sich auch leicht der passende Prozessor für einen Schaltregler finden. Für einen 100W-Wechselrichter für den Fotovoltaik-Markt haben wir einen Controller mit Flash-Speicher eingesetzt, der in Stückzahlen 1$ kostet. Er übernimmt praktisch alle Aufgaben wie Regelung, PWM-Erzeugung, Netzüberwachung etc. Es ist ein Single-Chip-Prozessor. Alle nötigen Funktionen sind auf dem Chip integriert. Lediglich ein Quarz oder Keramik-Schwinger für die Taktfrequenz muss noch dazugebaut werden. Damit erhält man eine sehr kostengünstige Lösung.

Er hat – wie viele andere Prozessoren – einen AD-Wandler integriert, der die Schnittstelle zur analogen Welt bildet. Auch gibt es ausreichende bis üppige Timer-Funktionen, die auch als PWM-Generatoren programmiert werden können. Lediglich ein DA-Wandler muss bei Bedarf extern dazugebaut werden. In Kapitel 11.5.1 folgen hierzu einige Vorschläge.

11.5.1 DA-Wandler

11.5.1.1 DA-Wandler mit R-2R-Netzwerk

Die prinzipielle Funktion ist in /3/ beschrieben. Es sei hier nur die praktische Ausführung ergänzt: Die Ports sind immer als Ausgang geschaltet und ihrem Bit entsprechend auf Null oder Eins geschaltet. Dadurch gibt es keine Leckströme. Der Prozessor ist ein CMOS-Prozessor, dessen Port-Ausgänge als Widerstände nach +5V oder Masse betrachtet werden können. Dimensioniert man die Widerstände des R-2R-Netzwerkes entsprechend hochohmig (100k/200k), erreicht man mindestens 8 Bit Genauigkeit, was den Einfluss des Ausgangswiderstandes der Port-Ausgänge angeht. Die Fehler durch die Widerstandstoleranzen kommen natürlich noch hinzu. Sind die Widerstände auf 1% genau, kann mit einer Toleranz der Ausgangsspannung von ca. 1%, +Toleranz der 5V-Versorgung gerechnet werden.

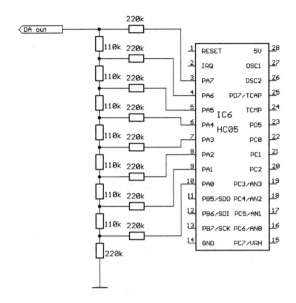

Bild 11.11: DA-Wandler mit Prozessor-Port und *R*-2*R*-Netzwerk.

11.5.1.2 DA-Wandler mittels PWM-Signal

Ein PWM-Signal lässt sich mit recht wenig Aufwand programmieren, wenn man den internen Timer verwendet. Man kann die PWM-Ausgabe per Polling durchführen, wenn die PWM-Frequenz entsprechend niedrig sein darf. Dann wird der uP durch diese Aufgabe praktisch nicht belastet. Am Port-Ausgang folgt ein RC-Tiefpass, der über die PWM mittelt. Insgesamt erhält man so eine sehr einfache, aber auch sehr langsame DA-Wandlung.

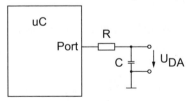

Bild 11.12: DA-Wandlung über PWM-Ausgabe.

11.5.1.3 DA-Wandlung mittels Integrierer

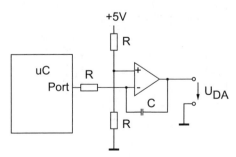

Bild 11.13: DA-Wandler mit CMOS-Prozessor und Integrierer.

Im Ruhezustand ist der Port im Tri-State-Zustand geschaltet. Dann bleibt die Ausgangsspannung des als Integrierer beschalteten OP's nahezu konstant. Lediglich der Leckstrom des Ports und der Eingangsstrom des OP's lassen die Ausgangsspannung langsam wegdriften. Soll die Spannung U_{DA} verändert werden, wird der Port kurzzeitig als Ausgang geschaltet und der anliegende Pegel lässt den Integrierer auf- oder abwärts laufen. Dabei ist der Spannungshub exakt proportional zu der Zeit, für die der Port niederohmig war.

Der Port liefert den Strom $I_P = \dfrac{2,5V}{R}$. Wird er für die Zeit t_P niederohmig geschaltet, so ergibt

das eine Ausgangsspannungsänderung $\Delta U_{DA} = \dfrac{I_P}{C} \cdot t_P$.

Soll der Regler als digitaler Regler im uC realisiert werden, so kann dies genauso erfolgen wie bei einem „normalen" DA-Wandler. Lediglich bei der Ausgabe des Stellwertes muss das nachfolgende I-Glied berücksichtigt werden. Dazu wird nicht der aktuelle Wert als Absolutwert ausgegeben, sondern es wird die Differenz zum letzten berechneten Wert gebildet und diese Differenz auf den Integrator gegeben. Das Verfahren funktioniert problemlos, wenn man noch beachtet, dass bedingt durch die Differenzbildung und bedingt durch die Leckströme vom Port und vom OP der Reglerausgang beliebig große Zahlenwerte annehmen würde und damit auf jeden Fall in einen Arithmetik-Overflow laufen würde. Um dies zu vermeiden, muss der Absolutwert des Reglerausgangs ab und zu korrigiert werden. Der alte Wert und der I-Anteil müssen in gleichen Maße korrigiert werden, dann merkt die Differenzbildung nichts davon und der Überlauf kann zuverlässig vermieden werden.

Wenn der hier beschrieben DA-Wandler Teil einer Reglerstrecke ist, funktioniert das Ganze nachgewiesenermaßen hervorragend. Wird der DA-Wandler als reiner Steuerausgang betrieben, muss die Ausgangsspannung U_{DA} auf eincn (hoffentlich) noch freien AD-Eingang zurückgeführt werden, um so den aktuellen Wert zu erfassen.

11.5.1.4 Geschalteter Widerstand als DA-Wandler

Einen zwar ungenaueren aber dafür sehr einfachen DA-Wandler zeigt folgender Schaltplan:

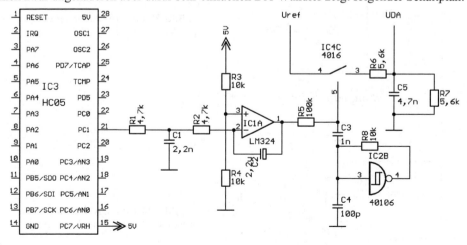

Bild 11.14:   DA-Wandlung mit geschaltetem Widerstand.

Der Prozessor und die Operationsverstärkerschaltung stellen den AD-Wandler aus Kapitel 11.5.1.3 dar. Er liefert am OP-Ausgang (IC1A, Pin 1) bereits eine analoge Größe, die eine langsam veränderbare Spannung, praktisch eine Gleichspannung ist. Die Spannung U_{ref} ist eine Wechselspannung, die mehr oder weniger abgeschwächt an U_{DA} erscheinen soll. Man könnte auch sagen, U_{DA} soll das Produkt von U_{ref} und OP-Ausgangsspannung ergeben. Die Schaltung mit IC2 muss folglich multiplizieren. Dies funktioniert folgendermaßen: Der 40106 ist ein Inverter mit Schmitttrigger-Eingang. Die Rückkopplung mit R_8 auf den mit C_4 beschalteten Eingang ergibt einen Oszillator. Der Spannungsverlauf an C_4 ist nahezu dreieckförmig. Er wird über C_3 dem Analogschalter zugeführt und gleichzeitig wird die Gleichspannung von der OP-Stufe über R_5 überlagert. Der Schalter sieht also an seinem Schalteingang einen dreieckförmigen Spannungsverlauf, dessen Gleichanteil vom Prozessor vorgegeben wird. IC4 hat eine Eingangsschwelle, wo er entscheidet, ob er den Schalter schließt oder offen lässt. Wenn nun die Dreieckspannung in der Höhe verändert wird, verändert der Analogschalter das Verhältnis von Ein- und Aus-Zeit und schaltet damit U_{ref} im zeitlichen Mittel mehr oder weniger stark auf R_6, der zusammen mit C_5 als Tiefpassfilter arbeitet.

Der 40106 arbeitet mit recht hoher Frequenz (ca. 1MHz). Damit reicht ein einfacher RC-Tiefpass aus, um die Spannung U_{DA} hinreichend zu glätten.

Die Schaltung wurde erfolgreich in einem Kleinwechselrichter eingesetzt. U_{ref} ist dabei die gleichgerichtete Netzspannung. Der DA-Wandler ist in der Reglerschleife eingebunden, so dass eventuelle Nichtlinearitäten ausgeregelt werden.

11.5.2   Programmierter PWM-Generator

Das PWM-Signal lässt sich natürlich auch mit dem Prozessor programmieren, wenn man den Timer als Zeitbasis mitverwendet. Dies erscheint auf den ersten Blick unnötig kompliziert, da es ja auch Prozessoren mit eingebauten PWM-Generatoren gibt. Betrachtet man jedoch die Kosten, so wird schnell klar, dass eine programmierte PWM im speziellen Fall durchaus sinnvoll sein kann. Dass der Prozessor noch weitere Funktionen, wie z.B. Spannungsüberwachung, Regelung usw. übernehmen kann, macht die Lösung besonders attraktiv.

Im vorliegenden Fall sollte eine Teichpumpe solar betrieben werden. Die Pumpe hat einen Synchron-Motor, der normalerweise an der herunter transformierten Netzspannung mit 50Hz betrieben wird. Da der Synchron-Motor (Spaltmotor) eine hervorragende Lebensdauer hat, sollte an dem Motor nichts verändert werden. Somit musste der Solarstrom als Wechselstrom zur Verfügung gestellt werden.

Dazu wurde direkt am Solarmodul ein Kleinwechselrichter verbaut, der aus 15V-Gleichspannung 12V-Wechselspannung erzeugt und zwar mit variabler Frequenz. Wenn die Sonne stark scheint und viel Energie zur Verfügung steht, soll die Pumpe im Nennbetrieb arbeiten. Ist es bewölkt, soll die Pumpe gemäß ihrem Energieangebot schwächer arbeiten. Das bedeutet aber, dass die Drehzahl gesenkt werden muss. Beim Synchron-Motor sind Frequenz der Versorgungsspannung und Drehzahl exakt synchron (daher der Name). Deshalb muss bei reduzierter Leistung die Frequenz der Wechselspannung entsprechend reduziert werden. Der Wechselrichter arbeitet also mit variabler Spannung und variabler Frequenz.

Die Anforderungen von der Leistungselektronik lassen sich mit einer Vollbrücke realisieren. Sie wird mit einem PWM-Signal angesteuert, das sowohl im Tastverhältnis, als auch in der Frequenz variabel ist. Eine Sinushalbwelle wurde mit lediglich 20 Stützstellen angenähert und die Zahl der PWM-Perioden ebenfalls auf 20 pro Halbwelle festgelegt. Mit einer maximalen

Frequenz von 50Hz ergibt sich damit für die kürzeste PWM-Periodendauer 500µs. Folgende Daten liegen vor bzw. müssen erfüllt werden:

Prozessor:	- 8Bit-CMOS-Prozessor
	- interne Taktfrequenz: 2MHz
	- Timerfrequenz: 500kHz

PWM:	- Frequenz max. 2kHz
	- Tastverhältnis: 0 bis 100%
	- Randbedingung: Zu kurze Impulse müssen unterdrückt werden, d.h. die PWM springt z.B. von 90% auf 100%, da 91% eine zu kurze „Aus"-Zeit bedeuten würde.

Zusätzliche Aufgaben des Prozessors:	- Messen der Modulspannung
	- Regelung auf konstanten Wert
	- Festlegung von Frequenz und Spannung aus einem Kennlinienfeld
	- Bedienung einer Schnittstelle

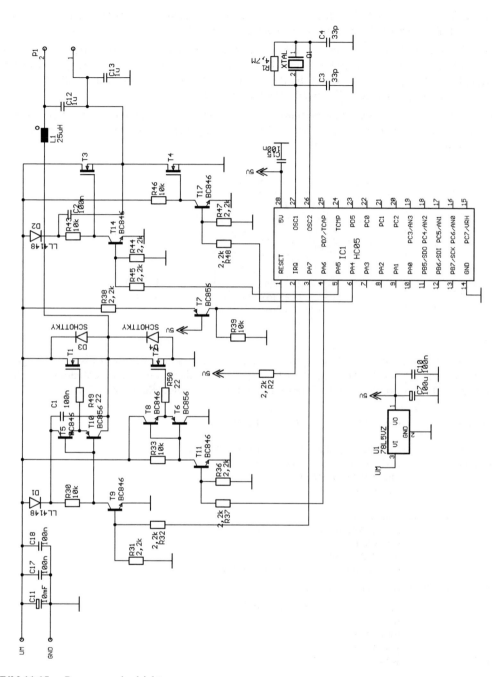

Bild 11.15:   Pumpenwechselrichter.

Aus Bild 11.15 ist ersichtlich, dass die Brückenansteuerung, also die PWM-Ausgabe an PortA erfolgt. Dabei wird die Brücke diagonal angesteuert.

Die eigentliche PWM-Erzeugung wurde komplett auf die Interrupt-Ebene verlegt. Alle anderen Aufgaben laufen auf der Haupt- und Unterprogramm-Ebene ab. Zur Übergabe der Daten (Impulszeiten, Pegel an PortA und die Zeit zum nächsten Interrupt) werden in „PWMBuf" 8 Worte zwischengespeichert, die jeweils drei Byte breit sind.

Das Timer-Compare-Interruptprogramm holt sich bei jedem Interrupt ein Wort à drei Byte ab, setzt mit einem Byte PortA auf die neuen Pegel und programmiert den neuen Interrupt mit den zwei weiteren Bytes (16-Bit-Timer).

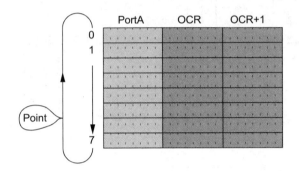

Bild 11.16:   Organisation von PWMBuf.

Der Zeiger Point wird vom Interruptprogramm verwaltet und läuft von 0 bis 7 und beginnt dann automatisch wieder bei Null. Das Hauptprogramm darf Point nicht verändern, lediglich abfragen. Damit gestaltet sich das Interruptprogramm wunschgemäß kurz:

```
TimerInt        lda   TSR          ; Teil des Löschvorgangs

* PWM-Ausgabe (Ansteuerung aller vier Brückentransistoren)
Compare         ldx   Point        ; $00 < Point < $07
                lda   PWMBuf+!16,x
                sta   PortA

* Neuen Interrupt eintragen
                lda   PWMBuf,x
                sta   OCR
                lda   PWMBuf+8,x
                sta   OCR+1        ; Register entriegelt.
* Zeiger erhöhen oder von 7 auf 0 setzen.
                txa                ; in X steht Point
                inca
                and   #$07
                sta   Point
T_End           RTI

                END
```

Das Hauptprogramm muss die Werte in der Tabelle PWMBuf berechnen und aktualisieren.

Dazu muss das Hauptprogramm mit dem Interruptprogramm synchronisiert werden. Die Information, welchen Wert das Interruptprogramm als nächsten verarbeitet, steht in Point. Das Hauptprogramm hat einen eigenen Zeiger: PointH, den es Point mit geringem Abstand nachführt.

```
        lda    Point       ; Pointer im Interruptprogramm
        cmp    PointH      ; Pointer im Hauptprogramm
        bcc    PWM10       ; Point muss um DeltaPoint-1
        add    #8          ; größer als PointH sein, da
PWM10   sub    PointH      ; normalerweise 2 Int.'s ab-
        cmp    #DeltaPoint ; gelegt werden
        bcc    PWM20
        rts                ; Zeigerabstand zu klein
```

Ist der Zeigerabstand genügend groß, werden zwei Zeilen in PWMBuf eingetragen. In var und var+1 steht die Zeit t_{ein}, die vom Reglerprogramm berechnet wurde. Des weiteren steht die Periodendauer in Periode und Periode+1 als Eingangsgröße zur Verfügung.

Zunächst müssen zu kurze Impulse unterdrückt werden:

```
* Zeit zu klein für einen Interrupt?
* tein:
PWM20   lda    var+1
        sub    #Tmin
        lda    var
        sbc    #0
        bcs    notein       ; no tein
* taus
        lda    Periode+1     ; Taus = Periode - Tein
        sub    var+1
        sta    var+3
        lda    Periode
        sbc    var
        sta    var+2

        lda    var+3
        sub    #Tmin
        lda    var+2
        sbc    #0
        bcs    notaus
```

Dann müssen die Werte in die Tabelle eingetragen werden:

```
* Normales Abspeichern:
normal  bsr    incPoint      ; Eintrag des neuen Interrupts
        lda    var+1
        add    TimVor+1
        sta    PWMBuf+8,x    ; neuer Interrupt:
        lda    var           ; Übergang Tein --> Taus
        adc    TimVor
        sta    PWMBuf,x
        lda    Tein
```

```
            sta        PWMBuf+!16,x

Tvoll       bsr        incPoint          ; Übergang Taus --> Tein
            lda        periode+1
            add        TimVor+1
            sta        TimVor+1
            sta        PWMBuf+8,x
            lda        Periode
            adc        TimVor
            sta        TimVor
            sta        PWMBuf,x
            lda        Taus
            sta        PWMBUf+!16,x
            bra        PWM100
* Tein unterdrücken (rückwirkend)
notein      bra        Tvoll             ; Übergang Tein --> Taus wird unterdrückt
notaus      bsr        incPoint          ; volle Periode mit Taus
            lda        periode+1
            add        TimVor+1
            sta        TimVor+1
            sta        PWMBuf+8,x
            lda        Periode
            adc        TimVor
            sta        TimVor
            sta        PWMBuf,x
            lda        Tein
            sta        PWMBUf+!16,x
PWM100      ...   ....                    ; weiter
```

11.6 Programmierung eines PI-Reglers

Bei jeder Regelungsaufgabe liegt grundsätzlich folgende Situation vor:

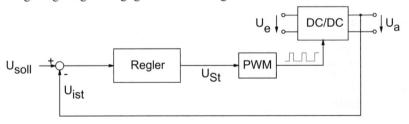

Bild 11.17: Regelung der Ausgangsspannung eines DC/DC-Wandlers.

Die Ausgangsspannung wird gemessen, eventuell herunter geteilt und als U_{ist} vom Sollwert U_{soll} subtrahiert. Die Differenz $U_{soll} - U_{ist}$ wird dem Regler zugeführt, der daraus die Steuerspannung U_{St} erzeugt. Der Block „PWM" generiert daraus das PWM-Signal, das den DC/DC-Wandler steuert.

Der Reglerausgang (U_{St}) hat auch dann einen Wert ungleich Null, wenn die Ausgangsspannung ihren Sollwert erreicht hat. Deshalb beinhaltet der Regler üblicherweise einen Integralanteil, kurz I-Regler genannt. Meist ist die Stabilität des Regelsystems leichter zu erreichen, wenn zusätzlich ein Proportionalanteil (P-Regler) auf den Reglerausgang gegeben wird. Der Regler ist dann ein PI-Regler. In der Analogtechnik kann er mit einem Operationsverstärker aufgebaut werden (siehe Tietze/Schenk [1] oder Kapitel 11.3). In der Digitaltechnik kann er folgendermaßen realisiert werden:

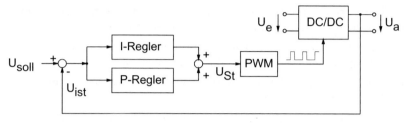

Bild 11.18: PI-Regler.

Die Abweichung vom Sollwert wird beiden Reglern gleichermaßen zugeführt und die Reglerausgänge werden addiert.

Im Unterschied zum analogen Regler, der kontinuierlich arbeitet, hat unser digitaler Regler nur zu bestimmten, normalerweise äquidistanten Zeitpunkten ein Rechenergebnis zur Verfügung. Beim P-Regler ist es ganz einfach: Er bildet:

$$P_{Regler} = P_{Faktor} \cdot \left(U_{soll} - U_{ist} \right)$$

Der I-Regler addiert noch den letzten ausgegebenen I-Anteil (I_{Alt}) dazu. Er bildet:

$$I_{Regler} = I_{Faktor} \cdot \left(U_{soll} - U_{ist} \right) + I_{Alt}$$

Für den nächsten Rechendurchlauf wird I_{Regler} nach I_{Alt} abgespeichert.

Die Faktoren P_{Faktor} und I_{Faktor} bestimmen das komplette Reglerverhalten. Es empfiehlt sich, diese Faktoren bei der Inbetriebnahme des Reglers im RAM abzulegen und über eine Schnittstelle online veränderbar zu machen. Dann kann man die Reglereinstellung leicht vornehmen und optimieren.

Wie hier gezeigt wurde, kann der Regler durch die Arithmetik-Operationen Subtraktion, Addition und Multiplikation realisiert werden. Subtraktion und Addition stellen bei keinem Prozessor ein Problem dar, zumal der analoge Eingang U_{ist} über einen AD-Wandler eingelesen wird, für den meist 8-Bit-Auflösung ausreichen. Die Multiplikation hingegen ist nicht bei allen Prozessoren als Befehl vorhanden. Wir sollten deshalb schon bei der Prozessor-Auswahl darauf achten.

Im Gegensatz zu einem analogen Regler, der bei Übersteuerung an eine Sättigungsgrenze stößt, verhält sich der digitale Regler abhängig von der internen Zahlendarstellung. So kann es leicht passieren, dass in einem Extremfall (Einschaltvorgang, Störung, Lastsprung) der Zahlenbereich weiter durchlaufen wird, als im Normalfall und es dann zu einem Zahlenüberlauf kommt. Dieser Fall muss durch entsprechende Sonderabfragen im Programm vermieden werden.

11.6.1   Tipps rund um den Prozessor

Aus der praktischen Erfahrung heraus sollen hier noch ein paar Hinweise stichwortartig gegeben werden, die, wenn man sie weiß, selbstverständlich sind. Wenn man sie aber nicht kennt, können sie sehr viel Zeit und Nerven kosten.

- Sämtliche Funktionen überprüfen. Jede schnell mal eingebaute Software muss im Sinne der Qualität genauso intensiv getestet werden, wie eine Hardware-Funktion.

- Prüfprogramme sind empfehlenswert und manchmal unumgänglich. Der Zeitaufwand für die Erstellung rechtfertigt sich mit der Prüftiefe, die wir damit erhalten.

- Programmaufbau: Interrupt-Programme so kurz wie möglich gestalten, auch wenn andere Programme dadurch länger werden.

- Vorsicht bei C-Compilern! Am besten nicht für Interrupt-Programme verwenden! Nicht für jeden Prozessor-Typ wird ein neuer C-Compiler geschrieben. Deshalb verwendet der Compiler für manche Befehle sehr aufwendige Assembler-Routinen, die zu langen Laufzeiten führen.

- Tastatureingaben und Ähnliches immer entprellen, auch wenn es im Labor auch mal ohne Entprellung funktioniert.

- Größen nicht schneller messen, als ihrem physikalischen Charakter angemessen ist. Eine Temperatur im ms-Bereich zu messen macht keinen Sinn, weil sie sich so schnell sowieso nicht ändert. Wenn eine langsamere Messung nicht möglich oder sinnvoll ist, dann sollte über mehrere Messungen gemittelt werden.

- Die Mittelung mehrerer Messwerte erhöht die Auflösung und oft auch die relative Genauigkeit. So kann durch Mehrfachabtastung und Mittelung die Auflösung von einem AD-Wandler gesteigert werden und so vielleicht auf ein billigeres Bauteil zurückgegriffen werden. Die absolute Genauigkeit wird durch Mittelung natürlich nicht verändert.

- Welche Überspannungen, welche Spikes kommen an den Rechner-Ports vor? Wie groß können sie im Extremfall sein? Brauche ich eine zusätzliche Schutzschaltung oder zusätzliche Treiber?

- Bei EPROM-Versionen: Fenster zukleben! Der Chip ist lichtempfindlich.

- Wie störsicher ist der Controller? Es muss die Empfindlichkeit der Takterzeugung, des Reset-Einganges und von nicht benutzten Ports getestet werden!

Weitere Hinweise finden sich auch im Teil EMV ab Kapitel 14 in diesem Buch.

12 Magnetische Bauteile

12.1 Grundlagen des magnetischen Kreises

12.1.1 Die Luftspule

Zur Erinnerung einiger Grundlagen betrachten wir eine Ringspule auf einem nicht magnetischen Material gewickelt (Tennisring), so dass sie magnetisch eine Luftspule ist. Sie habe die Windungszahl N, die mittlere Feldlinienlänge l und die Torus-Querschnittsfläche A.

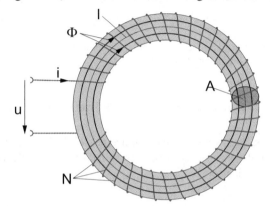

Bild 12.1: Ringspule.

Zum Verständnis eines magnetischen Kreises empfiehlt es sich immer, sich zunächst den Verlauf der magnetischen Feldlinien zu überlegen. Sie verhalten sich wie Gummifäden, die sich gegenseitig abstoßen. Durch den speziellen Aufbau der Spule in Bild 12.1 verlaufen die magnetische Feldlinien nahezu vollständig innerhalb der Windungen und bilden konzentrische Kreise. In Bild 12.1 sind nur zwei Feldlinien eingezeichnet. Wir sehen: Jede Windung wird von allen Feldlinien durchsetzt. Beim magnetischen Kreis gibt es zwei Grundgesetze, die auf Bild 12.1 bezogen wie folgt lauten:

Das Induktionsgesetz:

$$u = N \cdot \frac{d\Phi}{dt} \qquad (12.1.1)$$

ϕ ist der magnetische Fluss und muss hier verstanden werden als die Summe aller Feldlinien. Das Durchflutungsgesetz:

$$H = \frac{N \cdot i}{l} \qquad (12.1.2)$$

H ist die magnetische Feldstärke und hängt mit ϕ folgendermaßen zusammen:

$$\Phi = B \cdot A = \mu \cdot H \cdot A \qquad (12.1.3)$$

Wir können Gl. (12.1.3) und Gl. (12.1.2) in Gl. (12.1.1) einsetzen und erhalten:

$$u = N \cdot \frac{d\Phi}{dt} = N \cdot \mu \cdot A \cdot \frac{dH}{dt} = N^2 \cdot \mu \cdot \frac{A}{l} \cdot \frac{di}{dt} \qquad (12.1.4)$$

Allgemein interessiert aus elektrischer Sicht oft nur der Zusammenhang zwischen u und i. Deshalb wurde die Induktivität L einer Spule definiert:

Aus Gl. (12.1.4) folgt:

$$u = L \cdot \frac{di}{dt} \qquad (12.1.5)$$

mit

$$L = N^2 \cdot \mu \cdot \frac{A}{l} \qquad (12.1.6)$$

Im Schaltplan, wo nur die elektrische Seite interessiert, wird somit der gesamte magnetische Kreis durch ein Bauelement L dargestellt:

Bild 12.2: Elektrische Darstellung des magnetischen Kreises durch eine Induktivität.

Während Gl. (12.1.5) allgemein, also für jede Spule gilt, muss Gl. (12.1.6) an den jeweils vorhandenen magnetischen Kreis angepasst werden.

Wichtig ist an dieser Stelle die Erkenntnis, dass wir zwischen dem magnetischen Feld, charakterisiert durch die magnetische Feldstärke H, der Flussdichte B oder durch dem Fluss ϕ in Bezug auf den Strom i eine Proportionalität haben. Es gilt also:

$$H \sim i \text{ oder } B \sim i \text{ oder } \phi \sim i. \qquad (12.1.7)$$

Die Spannung u hingegen ist proportional zu der Stromänderung oder zu der Flussänderung. Es gilt:

$$u \sim \frac{di}{dt} \text{ oder } u \sim \frac{dB}{dt} \text{ oder } u \sim \frac{d\Phi}{dt} \qquad (12.1.8)$$

Legen wir beispielsweise an eine Luftspule eine Gleichspannung an, so steigt der Strom durch die Spule linear an. Würden wir die Gleichspannung an der Spule längere Zeit anliegen lassen, so würde der Strom immer weiter ansteigen, bis er durch den ohmschem Widerstand der Wicklung begrenzt wird. Schalten wir die Gleichspannung nach einer gewissen Zeit auf Null Volt, dann wird die Stromänderung Null, d.h. der Strom fließt konstant weiter. Das nachfolgende Bild zeigt diesem Zusammenhang, wobei nach Gl. (12.1.7) anstelle von i auch H, B oder Φ in das Diagramm eingetragen werden können.

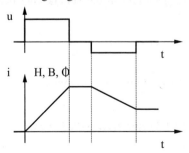

Bild 12.3: Strom- und Spannungsverlauf an einer Spule.

12.1.2   Der magnetische Kreis mit Ferrit

Die im vorhergegangenen Kapitel vorgestellte Luftspule erreicht für Anwendungen in der Leistungselektronik einen zu niedrigen Induktivitätswert. Deshalb werden magnetische Bauteile mit einem magnetisch leitfähigen Kern ausgeführt. Für die Frequenzen mit denen heutige Schaltregler arbeiten, kommen praktisch nur Ferrit-Kerne in Frage. Das Ferrit-Material besteht aus einer Mischung verschiedener Metalloxide mit sehr feiner Körnung. Das Pulver wird im Sintervorgang zu handelsüblichen Kernformen verpresst.

Das Kernmaterial hat den Vorteil, dass wir leistungsfähigere magnetische Bauteile bauen können. Es hat leider auch einige gravierende Nachteile. So stört uns am meisten die Nichtlinearität, die wir bei der Dimensionierung von magnetischen Bauteilen besonders beachten müssen. Die Problematik soll in diesem Teilkapitel behandelt werden. Wir beschränken uns dabei auf die für die Leistungselektronik relevanten Phänomene.

12.1.2.1 Die Magnetisierungskurve

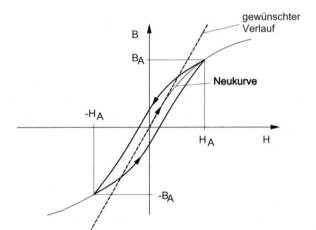

Bild 12.4:   Magnetisierungskurve.

Für die Beschreibung von weichmagnetischen Kreisen werden die Materialeigenschaften des verwendeten ferromagnetischen Stoffes durch die Magnetisierungskurve (oder Hysteresekurve) beschrieben. Die Beschreibung mit einer Kurve wird nötig, weil jetzt die Beziehung $B = \mu \cdot H$ nicht mehr gilt.

Um die geometrischen Daten des Kerns zu eliminieren, wird in der Magnetisierungskurve im allgemeinen die magnetische Flussdichte über der magnetischen Feldstärke aufgetragen. Somit beschreibt die Magnetisierungskurve ausschließlich die Materialdaten des Ferrits.

H wird erzeugt, indem durch die Spule ein entsprechender Strom geschickt wird ($H \sim I$). Wird das Kernmaterial zum ersten Mal magnetisiert, durchläuft die Kennlinie mit zunehmendem Strom die sogenannte Neukurve. Im Arbeitspunkt H_A/B_A hat die Aussteuerung ihr Maximum erreicht. Wird der Strom wieder reduziert, verläuft die Kennlinie auf dem linken, dick gezeichneten Ast abwärts bis zum negativen Arbeitspunkt $-H_A/-B_A$. Wird der Strom wieder erhöht, verläuft sie von dort auf dem rechten Ast aufwärts.

Hin- und Rückweg sind also verschieden. Man spricht von einer Hysterese-Kurve oder –Schleife. Gleichzeitig sind beide Kurventeile gekrümmt. Es besteht also kein linearer Zusammenhang zwischen H und B. In Bild 12.4 ist der eigentlich gewünschte Verlauf als gestrichelte Gerade eingezeichnet. Nur für sehr kleine Aussteuerungen, wie sie etwa in der Nachrichtentechnik vorkommen, verläuft die Kennlinie näherungsweise als Gerade und ohne Hysterese. Für große Aussteuerungen nimmt B immer weniger zu, wenn wir H erhöhen. Würden wir H immer weiter erhöhen, indem wir einen riesigen Strom durch die Wicklung schicken, können wir einen Maximalwert von B nicht überschreiten. Dieser Grenzwert ist die Sättigungsinduktion B_{sat}. Der Kern kommt in die Sättigung. In der Leistungselektronik muss eine Annäherung an B_{sat} unter allen Umständen vermieden werden!

Eine weitere Eigenschaft ist die „Gedächtnisfunktion" des Materials:

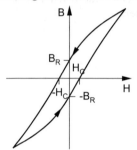

Bild 12.5: Remanenzinduktion und Koerzitivfeldstärke.

Nach großer Aussteuerung bleibt die Remanenzinduktion B_R erhalten, auch wenn der Strom ganz abgeschaltet wird. Sie ist für beide Richtungen betragsmäßig gleich groß. Die Remanenzinduktion ist für uns ein Nachteil, weil wir mit der Aussteuerung nicht bei $B = 0$ beginnen können, sondern bereits bei B_R anfangen. Dadurch wird der nutzbare Aussteuerbereich reduziert. Für die magnetischen Speicher wie Floppy-Disk, Festplatte oder Video-Kassette ist sie von Vorteil. Dort wird gerade dieser Effekt genutzt.

Wie Bild 12.5 weiter zeigt, müssen wir ein H anlegen, damit $B = 0$ wird. Die dazu notwendige Feldstärke heißt Koerzitivfeldstärke H_C.

Die Krümmung der Magnetisierungskurve kann abgeschwächt werden, wenn man einen Luftspalt in den magnetischen Kreis einfügt. Die Magnetisierungskurve verändert sich dann folgendermaßen:

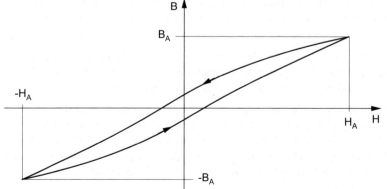

Bild 12.6: Magnetisierungskurve für Kreis mit Luftspalt.

12.1.2.2 Die Permeabilität

Obwohl die Beziehung $B(H)$ eine gekrümmte Kurve ist und folglich nicht mehr die einfache Beziehung $B = \mu \cdot H$ gilt, wünscht man sich für die tägliche Arbeit dennoch eine einfache Gleichung. In der Praxis wird dann trotzdem mit der Beziehung $B = \mu \cdot H$ gearbeitet und die relative Permeabilität μ wird für jeden Arbeitspunkt neu angegeben. Dadurch gibt es verschiedene Definitionen für die relative Permeabilität. Die *Anfangspermeabilität* ist definiert als

$$\mu_i = \frac{B}{\mu_0 \cdot H}\bigg|_{H \to 0} \tag{12.1.9}$$

Es ist also die Steigung der Kurve im Anfangsbereich. Für eine Drossel mit großer Aussteuerung (großer Amplitude) wird die *Amplitudenpermeabilität* definiert als

$$\mu_a = \frac{\hat{B}}{\mu_0 \cdot \hat{H}} \tag{12.1.10}$$

$\hat{B}$ und $\hat{H}$ sind die Absolutwerte (nicht die Steigung). Die Amplitudenpermeabilität ist stark von der Aussteuerung abhängig. Wenn man einen Kern durch einen Gleichstrom $I_=$ vormagnetisiert, dem ein schwaches Wechselfeld $H_\sim$ überlagert wird, entsteht eine kleine Magnetisierungsschleife um den Arbeitspunkt herum, die auf der eigentlichen Magnetisierungskurve liegt. Bei abnehmender Wechselfeldamplitude wird die Schleife zur Geraden. Die Steilheit dieser Geraden wird als *reversible Permeabilität* bezeichnet.

$$\mu_{rev} = \frac{dB}{\mu_0 \cdot dH}\bigg|_{H_=} \tag{12.1.11}$$

Die reversible Permeabilität μ_{rev} ist von der Gleichstromvormagnetisierung abhängig. Den größten Wert erreicht μ_{rev} im allgemeinen bei der Gleichfeldstärke $H_= = 0$.

Bei Ringkernen ohne Luftspalt ist sie mit der Anfangspermeabilität μ_i identisch.

12.1.2.3 Kernverluste

Die Kernverluste entstehen als Wirbelstromverluste und als Ummagnetisierungsverluste. Die Wirbelstromverluste werden dadurch gering gehalten, dass der Kernhersteller den Ferrit aus feinem Staub sintert. Die einzelnen Staubkörner sind für sich zwar elektrisch leitend, gegeneinander aber einigermaßen gut isoliert. Bezüglich dieser Eigenschaft unterscheiden sich die verschiedenen Kernmaterialien, die auf dem Markt angeboten werden. Für den Entwickler in der Leistungselektronik bedeutet dies, dass er Wirbelstromverluste durch die Auswahl des „richtigen" Kernmaterials gering halten kann. Siehe hierzu Tabelle 12.1. Die Ummagnetisierungsverluste können mit der Magnetisierungskurve in Bild 12.4 erläutert werden: Die im Magnetfeld gespeicherte Energie ist:

$$E = \frac{1}{2} B \cdot H \tag{12.1.12}$$

E stellt in Bild 12.4 eine Fläche dar. Beim vollständigen Durchlaufen der Hystereseschleife entsteht ein Energieverlust, der durch die umschlossene Fläche bestimmt ist. Diese Energie geht bei jedem Durchlaufen der vollen Hystereseschleife verloren. Je häufiger die Schleife durchlaufen wird, desto größer wird die Verlustleistung. Daraus ergibt sich, dass die Ummagnetisierungsverluste in erster Näherung proportional zur Frequenz sind und kaum von der Kurvenform des Stromes abhängen. Die Kernverluste werden von den Kernherstellern frequenz- und aussteuerungsabhängig angegeben. Sie werden pro Satz (kompletter Kern) oder als spezifische Kernverluste angegeben. Spezifische Kernverluste sind auf das Kernvolumen bezogen. Um die absoluten Verluste zu erhalten müssen sie noch mit dem Kernvolumen multipliziert werden.

12.1.2.4 Ferritmaterialien

		PWM							Resonanz	
		100kHz					500kHz		300kHz - 1MHz	
		N27	N41	N61	N62	N72	N67	N87	N49	N59
μ_i		2000	2800	3000	1900	2500	2100	2100	1400	850
B_{sat} 25°C 100°C	mT 1200- A/m	480 400	470 380	490 390	500 410	480 370	480 380	480 380	430 340	460 370
T_C	°C	>220	>220	>220	>240	>210	>220	>210	>200	>240
ρ	Ωm	3	2	2	4	12	8	8	25	26
Dichte	g/cm³	4,75	4,80	4,85	4,80	4,80	4,80	4,80	4,60	4,75
$P_I/$	mW/cm³									
25kHz/0,2T	100°C	155	180	165	80	80	80			
100kHz/0,2T		920	1400	1100	500	540	500	385		
500kHz/50mT									145	110
1MHz/50mT									680	510

Tabelle 12.1: Materialkenndaten von Ferritmaterialien für Leistungsübertrager in Schaltnetzteilen.

Für die Auswahl des Kernmaterials kann auch folgende Übersicht dienen:

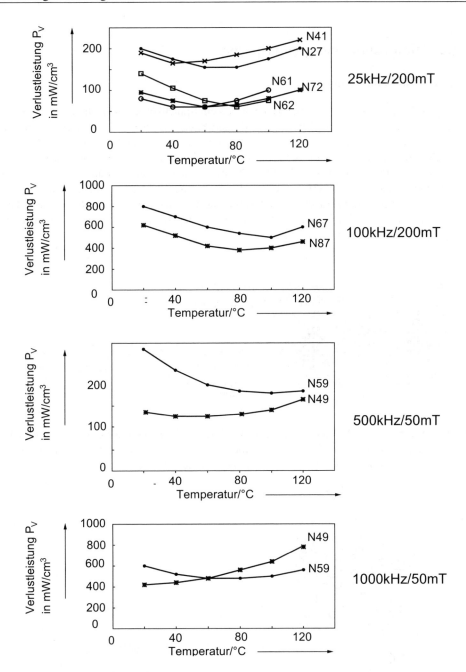

Bild 12.7: Kernverluste. Quelle: /35/.

12.2 Dimensionierung von Spulen

12.2.1 Vorbemerkung

Die Spule besteht aus einer Drahtwicklung auf einem Spulenkörper aus Isoliermaterial und enthält meist einen Kern aus Ferrit. Bild 12.8 zeigt eine Spule, deren Kern aus zwei schalenförmigen Hälften besteht, die durch eine federnde Spange oder durch Schrauben (nicht gezeichnet) zusammengehalten werden. Wird ein Luftspalt gebraucht, so wird dieser im Mittelschenkel eingefügt, damit die Streufeldlinien nicht so leicht nach außen dringen können. Längs der Achse kann ein Ferritzylinder eingeschraubt werden, der für den magnetischen Fluss einen Parallelweg bildet (sog. magnetischer Nebenfluss). Er dient zur Einstellung der wirksamen Luftspaltlänge und damit als Induktivitätsabgleich. Solche Abgleiche werden in der Nachrichtentechnik gebraucht. In der Leistungselektronik haben sie keine Bedeutung.

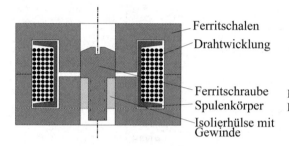

Bild 12.8: Spule mit Schalenkern aus Ferrit und einstellbarem Luftspalt.

Bild 12.8 zeigt einen Aufbau ähnlich einem Infineon RM-Kern und stellt nur ein willkürliches Beispiel dar. Es gibt einige weitere Kerne, die für die Leistungselektronik wichtig sind: PM-, ETD-, EFD-, E-Kerne. Die billigsten Kerne sind die E-Kerne.

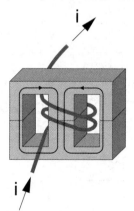

Bild 12.9: Beispiel für einen E-Kern.

Für die Realisierung der Spule ist der maximal vorkommende Strom von großer Bedeutung. Wie aus der Magnetisierungskennlinie Bild 12.4 ersichtlich, führt ein – auch nur kurzfristig - zu großer Strom zur magnetischen Sättigung und damit zur dramatischen Änderung der Induktivität der Spule. Auch hängen die Kernverluste überproportional von der Aussteuerung des magnetischen

Kreises ab (Fläche der Hystereseschleife). Die Spule muss also auf ein maximales B dimensioniert werden.

Die ohmschen Verluste im Kupferwiderstand der Wicklung hängen vom Effektivwert des Stromes ab. Die Wicklung muss in den vorhandenen Wickelraum passen und gleichzeitig automatengerecht sein. Um unter diesen Anforderungen eine Spule zu dimensionieren, muss folgendes Anforderungsprofil bekannt sein:

1) Die Induktivität L.
2) Der maximale Strom, bei dem die Spule noch nicht sättigen darf.
3) Die Frequenz, mit der die Spule betrieben wird.
4) Die Verlustleistung, die sie erzeugen darf.
5) Der Effektivstrom durch die Spule.
6) Die Umgebungstemperatur (für das Bauteil) und die zulässige Eigenerwärmung.

Die üblichen Anforderungen wie Kosten, Volumen, Bauhöhe, automatengerechte Ausführung, Schockfestigkeit etc. müssen natürlich auch noch erfüllt werden.

12.2.2   Aussteuerung des magnetischen Kreises

Aus $u = N \cdot \dfrac{d\Phi}{dt}$ und $u = L \cdot \dfrac{di}{dt}$ folgt: $N = L \cdot \dfrac{di}{d\Phi} = \dfrac{L}{A} \cdot \dfrac{di}{dB}$, das bedeutet: wenn der Strom von 0 auf $\hat{\imath}$ ansteigt, dann steigt B von 0 auf B_{max} an. Es gilt also

$$N = \frac{L}{A} \cdot \frac{\hat{\imath}}{B_{\max}} \qquad\qquad (12.2.1)$$

A ist die Querschnittsfläche des Kerns, B_{max} ist die maximale Flussdichte des Kernmaterials (z.B. 300mT, siehe auch Tabelle 12.1).

Mit Gl. (12.2.1) haben wir eine sehr einfache Vorschrift für die Festlegung der Windungszahl N gefunden, für die der magnetische Kreis ein vorgegebenes B_{max} nicht überschreitet. Die Festlegung von B_{max} wird nur bei einer niedrigen Arbeitsfrequenz des Wandlers von der Sättigungsgrenze bestimmt. Bei höheren Frequenzen legen wir B_{max} so fest, dass nach Bild 12.7 die Kernverluste erträglich bleiben.

12.2.3   Bestimmung des A_L-Wertes

Die Kernhersteller geben für jeden Kern und jeden Luftspalt den sogenannten A_L-Wert an. Es gilt:

$$L = N^2 \cdot A_L \qquad\qquad (12.2.2)$$

Wir können damit den erforderlichen A_L-Wert berechnen. Nachdem wir den Kernquerschnitt A und die Windungszahl N festgelegt haben, wird der A_L-Wert über den Luftspalt eingestellt.

Beispiel:

Eine Spule mit L = 26mH soll für einen Strom mit der Amplitude $\hat{\imath}_L$ = 12mA ausgelegt werden. Für den vorgesehenen Kern (B_{max} = 100mT, A = 4,4mm^2) gelten folgende Herstellerangaben:

l_L in mm	2	1,1	0,6
A_L in nH	40	63	100
$\dfrac{\mu_e}{\mu_0}$	19,2	30	48

Tabelle 12.2:   Kerndaten.

Wir wollen die erforderliche Windungszahl berechnen.

Aus Gl. (12.2.1) folgt: $N_{min} = \dfrac{\hat{i} \cdot L}{A \cdot B_{max}} = 709$

Bei der Windungszahl $N = 709$ darf der A_L-Wert maximal $A_L = \dfrac{L}{N_{min}^2} = 51{,}7\text{nH}$ sein.

Wir wählen $A_L = 40\text{nH}$, weil wir mit einem A_L-Wert von 60nH bereits das zulässige B_{max} überschreiten würden. Mit $A_L = 40\text{nH}$ folgt für die endgültige Windungszahl: $N = \sqrt{\dfrac{L}{A_L}} = 806$.

Die maximale Flussdichte B wird damit: $B_{max} = \dfrac{\hat{i} \cdot L}{N \cdot A} = 88mT$.

12.2.4   Ersatzschaltbild der realen Spule

Die Verluste in einer Spule entstehen in jeder einzelnen Windung. So hat jede Windung einen kleinen ohmschen Widerstand und jede Windung erzeugt einen kleinen Teil der Kernverluste. Ein exaktes Ersatzschaltbild hätte damit n Induktivitäten und n Wirkwiderstände zu beinhalten. Da alle Windungen in Serie geschaltet sind, lassen sie sich zu einem Wirkwiderstand und einer Induktivität zusammenfassen. Die Verluste sind in Bild 12.10 in R_V zusammengefasst.

Entsprechendes gilt für die Teilkapazitäten zwischen den einzelnen Windungen und den Kapazitäten zwischen den Wicklungslagen. Sie werden in einer Parallelkapazität C_W zusammengefasst. Damit ergibt sich folgendes Ersatzschaltbild:

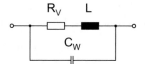

Bild 12.10:   Ersatzschaltung einer Spule.

Hinweis: R_V beinhaltet nach dem eben Gesagten den Gleichstromwiderstand der Spule. In der Praxis rechnen und messen wir alle weiteren Verluste wie Kernverluste oder zusätzliche Verluste durch Stromverdrängungseffekte hinzu. Damit enthält R_V alle Verluste der Spule. Diese Vorgehensweise ist auch nach der Theorie zulässig, wenn wir akzeptieren, dass R_V frequenz- und aussteuerungsabhängig wird. Die Frequenzabhängigkeit lässt sich an einer RLC-Messbrücke deutlich nachvollziehen, wenn wir die Messfrequenz variieren. Sinnvollerweise vermessen wir dann das Bauteil genau bei der Frequenz, bei der es nachher auch arbeitet. Bei der Abhängigkeit von der Aussteuerung haben wir hingegen so unsere Probleme: Wenn wir eine Spule vermessen, die nachher mit 10A betrieben wird, so müssten wir, um ein zutreffendes Messergebnis zu bekommen, auch mit 10A messen. Und da stoßen wir an die Grenzen von „zahlbaren" RLC-Messbrücken. Ihre Stromfähigkeit liegt meist nur im Bereich von 100mA. So können die tatsächlich auftretenden Verluste nur im endgültigen Betrieb ermittelt werden. Dazu misst man üblicherweise die Erwärmung des Bauteils und rechnet über den Wärmewiderstand die Verluste aus.

12.2.5 Ortskurve der Spule

Die Ortskurve beruht auf dem Ersatzschaltbild Bild 12.10 und wurde hier rein theoretisch mit fiktiven Werten berechnet, die ein brauchbares Bild liefern. Sie wurde bis zu sehr hohen Frequenzen berechnet und zeigt, dass eine Spule für sehr hohe Frequenzen zu einem Kondensator wird. Zumindest für EMV-Überlegungen muss dies berücksichtigt werden, wenn wir den Koppelpfad für hohe Frequenzanteile analysieren müssen.

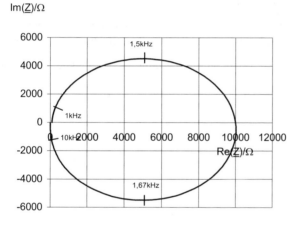

Bild 12.11: Die Ortskurve des komplexen Scheinwiderstandes $\underline{Z}$ einer Spule; simuliert mit $R_V = 100\,\Omega$, $L = 100\text{mH}$, $C_W = 100\text{nF}$.

12.2.6 Kupferverluste in der Wicklung

Mit der Windungszahl N und dem zur Verfügung stehenden Wickelraum können wir die Drahtstärke festlegen. Mit der Drahtlänge l und dem Drahtquerschnitt A berechnen wir den ohmschen Widerstand R_{CU} der Wicklung. Ein Leiter hat den Widerstand $R_{Cu} = \rho \cdot \dfrac{l}{A}$. Mit dem Effektivwert des Spulenstromes erhalten wir die ohmschen Verluste zu $P_{CU} = I_{eff}^2 \cdot R_{Cu}$.

Zur Bestimmung von I_{eff} wird in Kapitel 13 ein Rechenbeispiel angegeben. Er kann aber auch durch die Simulation der Schaltung ermittelt werden oder er wird einfach gemessen. Dazu wird der Strom mit der Stromzange erfasst und einem Digital-Scope zugeführt, das aus dem Stromverlauf den Effektivwert direkt berechnet. Sollte ein solches Oszilloskop nicht zur Verfügung stehen, so kann man den Effektivwert auch „von Hand" berechnen, indem man einige Stützstellen vom Bildschirm abliest und quadratisch addiert. Ein Beispiel dazu findet sich in Kapitel 2.

12.2.7   Verlustwinkel und Güte

Jede Spule weist neben der angestrebten energiespeichernden Wirkung der Induktivität Verluste auf, die durch den Drahtwiderstand und durch das Kernmaterial verursacht werden. Zur Charakterisierung einer realen Spule wurde die Güte Q definiert. Sie wird vorwiegend in der Nachrichtentechnik verwendet, spielt aber insbesondere bei Resonanzwandlern auch in der Leistungselektronik eine Rolle.

$$Q = \frac{\omega L}{R} \qquad\qquad (12.2.3)$$

Die Güte ist also frequenzabhängig. Der Kehrwert der Güte ist der Verlustfaktor d:

$$d = \frac{1}{Q} \qquad\qquad (12.2.4)$$

Er wird auch mit Dissipation-Factor bezeichnet.

In der Regel wird eine Spule weit unterhalb ihrer Resonanzfrequenz betrieben; hier ist der Einfluss der Verschiebungsströme vernachlässigbar. Der Phasenverschiebungswinkel, der gleich dem Winkel des Widerstandes $\underline{Z}$ ist, weicht nur geringfügig von $\frac{\pi}{2}$ ab. Die Abweichung wird durch den Verlustwinkel δ beschrieben:

$$\delta = \frac{\pi}{2} - /\varphi/ \qquad\qquad (12.2.5)$$

Mit Bild 12.12 wird

$$Q = \frac{X}{R} = \frac{1}{\tan\delta} \qquad\qquad (12.2.6)$$

Da der Verlustwinkel δ i.A. klein ist, gilt für den Verlustfaktor und die Güte:

$$d = \frac{1}{Q} = \tan\delta \approx \sin\delta \approx \delta \qquad\qquad (12.2.7)$$

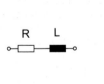

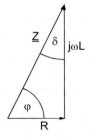

Bild 12.12:   Verlustwinkel einer Spule.

12.3 Der Transformator

12.3.1 Allgemeine Beziehungen für sinusförmige Verläufe

Eingangs- und Ausgangswicklung des Transformators (Primär- und Sekundärwicklung) befinden sich meist auf einem Ferritkern. Der Kern sorgt dafür, dass möglichst der ganze in einer Wicklung erzeugte Fluss auch durch die andere Wicklung hindurchgeführt wird. Die Streuung ist somit gering.

Der Kern bewirkt zusätzlich, dass für den Aufbau des für die Energieübertragung notwendigen Flusses ein möglichst geringer Magnetisierungsstrom erforderlich wird.

Das Schaltbild des Transformators ist in Bild 12.13 dargestellt.

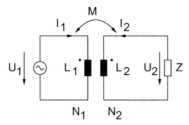

Bild 12.13: Schema eines Transformators.

Beim Transformator muss der Wicklungssinn der beiden Wicklungen gekennzeichnet werden. Dies geschieht zweckmäßigerweise durch einen Punkt an einem Wicklungsende. Dadurch wird festgelegt, dass beim Durchlaufen der Wicklungen von dem Punkt aus der gemeinsame Kern in gleichem Sinne umkreist wird. In Bild 12.13 umkreisen die Zählrichtungen der Ströme in den beiden Wicklungen den Kern gleichsinnig.

Zunächst seien die Verluste in den Wicklungen und im Eisenkern sowie die Streuung vernachlässigt. Die Windungszahlen der Primär- und Sekundärwicklung seien N_1 und N_2. Auf der Primärseite erzeuge eine Quelle die Wechselspannung $\underline{U}_1$ mit dem Effektivwert U_1. Bei Leerlauf der Ausgangsklemmen stellt sich nach dem Induktionsgesetz in jedem Zeitpunkt ein solcher magnetischer Fluss ein, dass die Selbstinduktionsspannung gerade gleich der Eingangsspannung u_1 ist.

$$U_1 = N_1 \cdot \frac{d\Phi_1}{dt} \tag{12.3.1}$$

Bei sinusförmiger Spannung U_1 gilt zum Beispiel:

$$U_1 = \hat{U}_1 \cdot \cos\omega t \tag{12.3.2}$$

Die Gleichungen (12.3.1) und (12.3.2) bestimmen dieselbe Spannung U_1. Es muss also gelten:

$$N_1 \cdot \frac{d\Phi_1}{dt} = \hat{U}_1 \cdot \cos\omega t \tag{12.3.3}$$

$$\Rightarrow \Phi_1 = \frac{\hat{U}_1}{N_1 \cdot \omega} \cdot \sin\omega t \tag{12.3.4}$$

mit

$$\hat{\Phi}_1 = \frac{\hat{U}_1}{N_1 \cdot \omega} = \frac{\sqrt{2} \cdot U_1}{N_1 \cdot 2 \cdot \pi \cdot f} = \frac{U_1}{N_1 \cdot 4,44 \cdot f} \qquad (12.3.5)$$

Diese Gleichung ist aus der Literatur bekannt. Sie wird hier angeführt, weil sie die Besonderheit enthält, dass der magnetische Fluss als Scheitelwert eingegeben wird, während die Spannung U_1 als Effektivwert angegeben ist. Dies hat seine Ursache darin, dass der magnetische Kreis auf den Maximalwert ausgelegt werden muss (Magnetisierungskurve), während die Spannung oft als Effektivwert bekannt ist (Netzspannung).

Bei sinusförmigem Verlauf der Primärspannung verläuft der Fluss auch sinusförmig. In Bild 12.14 eilt der Fluss $\underline{\Phi}_1$ der Spannung $\underline{U}_1$ um genau 90° nach. Der dazugehörige Leerlaufstrom I_0 verläuft wegen der Magnetisierungskennlinie nicht ganz sinusförmig, liegt aber in Phase mit Φ_1 und eilt daher der Spannung $\underline{U}_1$ ebenfalls um 90° nach.

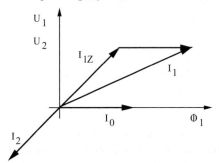

Bild 12.14: Zeigerdiagramm des verlust- und streuungsfreien Transformators.

Wegen der vernachlässigten Streuung ist der Fluss Φ_1 auch vollständig mit der Ausgangswicklung verkettet und erzeugt dort die Spannung

$$U_2 = N_2 \cdot \frac{d\Phi_1}{dt} \qquad (12.3.6)$$

mit dem Effektivwert

$$U_2 = 4,44 \cdot N_2 \cdot f \cdot \hat{\Phi}_1 \qquad (12.3.7)$$

Infolge der durch die Punkte gezeichneten Festlegung über den Wicklungssinn der Wicklungen liegt $\underline{U}_2$ in Phase mit $\underline{U}_1$, so dass aus Gl. (12.3.2) und Gl. (12.3.6) unter Einführung der Wicklungsübersetzung $\ddot{u} = \dfrac{N_1}{N_2}$ für die komplexen Spannungen gilt:

$$\underline{U}_2 = \frac{1}{\ddot{u}} \cdot \underline{U}_1 \qquad (12.3.8)$$

Wird nun der Ausgang mit dem komplexen Widerstand $\underline{Z}_2$ belastet, so entsteht der Sekundärstrom

$$\underline{I}_2 = -\frac{\underline{U}_2}{\underline{Z}_2} \qquad (12.3.9)$$

Das Minuszeichen ist durch die in Bild 12.14 festgelegte Bezugsrichtung entstanden. $\underline{I}_2$ erscheint deshalb um 180° gegenüber der bei Verbraucherwiderständen üblichen Darstellung gedreht.

Der Strom $\underline{I}_2$ durchfließt die Ausgangswicklung und erzeugt eine Durchflutung $N_2 \cdot \underline{I}_2$ des magnetischen Kreises. Da das Spannungsgleichgewicht auf der Eingangsseite erhalten bleiben muss, behält auch der Fluss Φ_1 die gleiche Größe bei. Seine Durchflutung wird durch $\underline{I}_0$ gedeckt; daher muss auf der Eingangsseite zusätzlich ein Strom entstehen, der die sekundärseitige Durchflutung gerade kompensiert. Wir nennen diesen Strom den primären Zusatzstrom $\underline{I}_{1Z}$; er hat die entgegengesetzte Richtung wie $\underline{I}_2$, und sein Effektivwert ergibt sich aus $N_1 \cdot \underline{I}_{1Z} = N_2 \cdot \underline{I}_2$. Wegen des gleichen Flusses bleibt auch die Sekundärspannung $\underline{U}_2$ die gleiche. Mit den Gleichungen (12.3.8) und (12.3.9) folgt:

$$\underline{I}_{1Z} = -\frac{N_2}{N_1} \cdot \underline{I}_2 = \frac{U_1}{\ddot{u}^2 \cdot \underline{Z}_2} \tag{12.3.10}$$

Der primäre Zusatzstrom kann demnach dargestellt werden als Strom in einem Widerstand $\ddot{u}^2 \cdot \underline{Z}_2$, an dem die Primärspannung liegt. Der gesamte Primärstrom wird $\underline{I}_1 = \underline{I}_{1Z} + \underline{I}_0$. Daraus ergibt sich das Ersatzschaltbild:

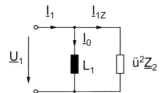

Bild 12.15: Transformation des Sekundärwiderstandes.

Der Magnetisierungsstrom I_0 wird durch geeignete Bemessung des Eisenkerns immer klein gegen den Betriebsstrom gehalten. Der ideale Transformator entsteht, wenn I_0 gegen I_{1Z} vernachlässigbar klein ist. Daher gelten für den idealen Transformator die Gleichungen

$$\underline{U}_2 = \frac{1}{\ddot{u}} \cdot \underline{U}_1, \quad \underline{I}_2 = -\ddot{u} \cdot \underline{I}_1 \tag{12.3.11}$$

Der Eingangswiderstand des idealen Übertragers ist gleich dem mit dem Quadrat der Übersetzung multiplizierten Lastwiderstand.

Diese Eigenschaft wird in der Nachrichtentechnik zur Leistungsanpassung benützt, indem die Übersetzung so gewählt wird, dass der übersetzte Widerstand gleich dem Innenwiderstand der Quelle auf der Primärseite ist.

12.3.2 Das Streuersatzschaltbild des Trafos

Hier wird der Einfluss der nicht vollkommenen magnetischen Kopplung zwischen den Wicklungen untersucht. Alle anderen Eigenschaften seien ideal.

Wie aus Bild 12.16 ersichtlich ist, gilt: $\Phi_1 = \Phi_{\sigma 1} + \Phi_{12}$ und $\Phi_2 = \Phi_{\sigma 2} + \Phi_{12}$.

Nur der Fluss Φ_{12} durchsetzt Primär- und Sekundärwicklung gleichermaßen.

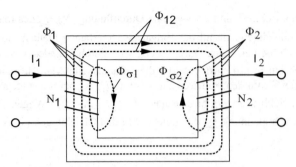

Bild 12.16:   Magnetischer Fluss in einem Trafo.

Die Streuflüsse durchsetzten jeweils nur die zugehörige Wicklung. Allgemein wird die Induktivität zu $L = N \cdot \dfrac{\Phi}{I}$ definiert. Auf Bild 12.16 angewendet erhalten wir für die primärseitige Induktivität:

$$L_1 = N_1 \cdot \frac{\Phi_1}{I_1} \tag{12.3.12}$$

und für die sekundärseitige Induktivität:

$$L_2 = N_2 \cdot \frac{\Phi_2}{I_2} \tag{12.3.13}$$

Die Primär- und die Sekundärwicklung sind bei einem realen Transformator nicht vollständig sondern nur teilweise verkoppelt. Die Verkopplung wird mit der Gegeninduktivität M gekennzeichnet. Sie gibt an, wie jeweils der Strom in der anderen Wicklung auf die betrachtete Wicklung zurück wirkt. Ihre Definition – auf Bild 12.16 angewendet – lautet:

$$M_1 = N_1 \cdot \frac{\Phi_{12}}{I_2} \tag{12.3.14}$$

und

$$M_2 = N_2 \cdot \frac{\Phi_{12}}{I_1} \tag{12.3.15}$$

Darin ist Φ_{12} der Fluss, der beide Wicklungen durchsetzt.

Aus Gl. (12.3.14) folgt: $\Phi_{12} = M_1 \cdot \dfrac{I_2}{N_1}$

und aus Gl. (12.3.15) folgt: $\Phi_{12} = M_2 \cdot \dfrac{I_1}{N_2}$

Bei idealer Kopplung wäre $\Phi_1 = \Phi_2 = \Phi_{12} = \Phi$ und es würde gelten:

$$L_1 = N_1 \cdot \frac{\Phi}{I_1} \quad \text{und} \quad L_2 = N_2 \cdot \frac{\Phi}{I_2} \quad \text{und} \quad M = N_1 \cdot \frac{\Phi}{I_2} \quad \text{und} \quad M = N_2 \cdot \frac{\Phi}{I_1}.$$

Die Multiplikation der beiden letzten Gleichungen liefert:

$$M^2 = N_1 \cdot N_2 \cdot \frac{\Phi^2}{I_1 \cdot I_2} = L_1 \cdot L_2 \qquad\qquad (12.3.16)$$

Gl. (12.3.16) gilt nur bei vollständiger Kopplung. Bei realen Transformatoren hingegen ist immer Streuung vorhanden. M ist kleiner als $\sqrt{L_1 \cdot L_2}$. Die Abweichung wird mit dem Streufaktor

$$\sigma = 1 - \frac{M^2}{L_1 \cdot L_2} \qquad\qquad (12.3.17)$$

oder dem Kopplungsfaktor

$$k = \frac{M}{\sqrt{L_1 \cdot L_2}} \qquad\qquad (12.3.18)$$

angegeben.

$$\Rightarrow \sigma = 1 - k^2 \qquad \text{oder} \qquad k = \sqrt{1-\sigma} \qquad \text{und aus Gl. (12.3.16) wird } M^2 = L_{h1} \cdot L_{h2}, \text{ wenn}$$

L_{h1} der Anteil von L_1 ist, der mit dem Fluss Φ_{12} verkoppelt ist.

Aus Gl. (12.3.17) wird damit

$$\sigma = 1 - \frac{M^2}{L_1 \cdot L_2} = 1 - \frac{L_{h1}L_{h2}}{L_1 \cdot L_2} = 1 - \frac{(L_1 - L_{\sigma 1}) \cdot (L_2 - L_{\sigma 2})}{L_1 \cdot L_2} \approx \frac{L_{\sigma 1} \cdot L_2 + L_{\sigma 2} \cdot L_1}{L_1 \cdot L_2}$$

wenn man berücksichtigt, dass $L_{\sigma 1} \cdot L_{\sigma 2}$ sehr klein und damit vernachlässigbar ist.

$$\Rightarrow \sigma = \frac{L_{\sigma 1}}{L_1} + \frac{L_{\sigma 2}}{L_2}$$

Bezieht man die Induktivitäten auf die gleiche Trafoseite, dann wird $L_1 = L_2 = L$ und $L_{\sigma 1} = L_{\sigma 2} = L_\sigma$ und $\sigma = \dfrac{2 \cdot L_\sigma}{L}$. Damit lässt sich folgendes Ersatzschaltbild für den Transformator angeben:

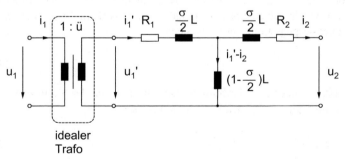

Bild 12.17: Vollständiges Ersatzschaltbild des Trafos.

Es wird ein idealer Trafo vorgeschaltet, der die Übersetzung und die Potentialtrennung übernimmt. Alle Schaltelemente von der Primärseite werden auf die Sekundärseite transformiert. Sie sind durch ein Hochkomma gekennzeichnet.

Die Verluste in den Wicklungen entstehen durch Stromfluss im Kupferwiderstand. So entsteht in der Primärwicklung Wärme dadurch, dass I_1 durch die Wicklung fließt und ausschließlich I_1. In der Sekundärwicklung erzeugt dagegen nur I_2 Wärme, da dort nur I_2 fließt. Die für die Kupferverluste maßgeblichen Widerstände $\ddot{u}^2 \cdot R_1$ und R_2 sind deshalb in Bild 12.17 ebenfalls herausgezogen.

Daneben gibt es aber auch die Ummagnetisierungsverluste im Kernmaterial selbst. Diese Verluste kann man durch einen ohmschen Widerstand parallel zur Hauptinduktivität berücksichtigen (in Bild 12.17 nicht eingezeichnet).

12.3.3 Dimensionierung des Trafos

12.3.3.1 Der Magnetisierungsstrom

Bei allen getakteten Stromversorgungen muss schon aus EMV-Gründen ein Eingangskondensator vorhanden sein, der die Eingangsspannung glättet. Er wirkt so, dass die Eingangsspannung mindestens während einer Periode als konstant betrachtet werden kann. Die konstante Eingangsspannung erlaubt uns eine einfache Berechnung des Magnetisierungsstromes.

In Bild 12.18 ist der Magnetisierungsstrom i_M der Primärstrom, der bei leerlaufender Sekundärseite fließt.

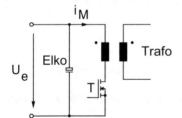

Bild 12.18:   Primärkreis des Transformators.

Solange der Transistor T leitet, steht die konstante Eingangsspannung an der Primärseite des Trafos an. Mit dem stark vereinfachten Ersatzschaltbild des Trafos (Bild 12.15) können wir die Beziehung für den Magnetisierungsstrom sofort angeben:

$$U_e = L \cdot \frac{di_M}{dt} \tag{12.3.19}$$

Bei konstanter Eingangsspannung U_e ist der Stromanstieg linear. Wenn der Strom zu Beginn von t_{ein} Null war, erreicht er am Ende von t_{ein} den Wert $\hat{I}_M$ und es gilt:

$$U_e = L \cdot \frac{\hat{I}_M}{t_{ein}} \Rightarrow \hat{I}_M = \frac{U_e}{L} \cdot t_{ein} = \frac{U_e \cdot v_T \cdot T}{L} \tag{12.3.20}$$

mit $v_T = \dfrac{t_{ein}}{T}$

I_M bezeichnet den Magnetisierungsstrom. Er fließt während t_{ein} nur auf der Primärseite. Den maximalen Magnetisierungstrom (und für den müssen wir den magnetischen Kreis auslegen) erhalten wir, wenn das Produkt $\left(U_e \cdot v_T\right)$ maximal wird. Dabei ist zu beachten, dass hier das Einsetzen der statischen Werte nicht ausreicht, sondern der dynamische Fall zu berücksichtigen ist. Bei einem Lastsprung kann es zu einem höheren v_T als im Normalbetrieb kommen und es wäre fatal, wenn der Transformator auch nur kurzzeitig in die Sättigung käme und den Schalttransistor zerstören würde. Hier gilt es, für den Einzelfall die Worst-case Bedingung zu finden.

Der Magnetisierungsstrom ist je nach Auslegung des Trafos meist deutlich kleiner als der Laststrom. Zur Bestimmung des Magnetisierungsstromes haben wir das stark vereinfachte Ersatzschaltbild des Trafos gewählt. Kehren wir jetzt zum Streuersatzschaltbild Bild 12.17 zurück. Wir erkennen, dass die Beziehung (12.3.20) weiterhin Gültigkeit hat, wenn der primärseitige Wicklungswiderstand vernachlässigbar klein ist. Die Streuinduktivität spielt für die Betrachtung des Magnetisierungsstromes keine Rolle, da die Summe aus Hauptinduktivität $(1 - \frac{\sigma}{2})L$ und Streuinduktivität $\frac{\sigma}{2}L$ unabhängig vom Streufaktor immer L ergibt. Die Verhältnisse ändern sich erst, wenn der Strom sehr groß wird. Dann gibt es einen nicht mehr zu vernachlässigenden Spannungsabfall am primärseitigen Kupferwiderstand. Dieser Fall tritt in der praktischen Leistungselektronik eigentlich nie auf, da er einen sehr schlechten Wirkungsgrad des Wandlers voraussetzt und den wollen wir sowieso nicht haben.

12.3.3.2 Das Kernvolumen

Die erste Aufgabe bei der Dimensionierung eines Transformators ist sicher die Auswahl des Kerns. Aus magnetischer Sicht kann eine Mindestgröße angegeben werden: Dazu formen wir die Grundlagenbeziehung für die Energiedichte eines magnetische Kreises $w = \frac{1}{2} \cdot H \cdot B$ um:

$$W = \frac{1}{2} \cdot H \cdot B \cdot V_e \qquad (12.3.21)$$

Darin ist V_e das Kernvolumen. Andererseits gilt für die gespeicherte Energie in einer Spule:

$$W = \frac{1}{2} \cdot L \cdot \hat{I}_M^2 \qquad (12.3.22)$$

Durch Gleichsetzen von Gl. (12.3.21) und Gl. (12.3.22) erhalten wir:

$$V_e = \frac{L \cdot \hat{I}_M^2}{B \cdot H} = \mu_0 \cdot \mu_a \cdot \frac{L \cdot \hat{I}_M^2}{B^2} \qquad (12.3.23)$$

μ_a ist die Amplitudenpermeabilität. Sie muss aus dem Datenblatt des Kernmaterials entnommen werden. Gleichung (12.3.23) gibt die Mindestkerngröße aus den magnetischen Forderungen an. Sie besagt noch nicht dass der so bestimmte Kern tatsächlich ausreicht. Dazu müssen die Wicklungen dimensioniert und die Verluste berechnet werden, und erst wenn alle Anforderungen erfüllt sind, ist der Kern dimensioniert. Dabei kann durchaus ein größerer Kern als nach (12.3.23) herauskommen.

12.4 Dimensionierung von Wicklungen

12.4.1 Die Primärwicklung

Das Induktionsgesetz lautet: $U_{ind} = N \cdot \dfrac{d\Phi}{dt}$

Bezogen auf die Primärseite des Trafos heißt dies:

$$U_e = N_1 \cdot A_e \cdot \frac{\Delta B}{t_{ein}} \quad \Rightarrow \quad N_1 = \frac{U_e \cdot v_T \cdot T}{A_e \cdot \Delta B} \tag{12.4.1}$$

U_e ist die Eingangsspannung und es muss der Maximalwert eingesetzt werden.

A_e ist der Querschnitt des magnetischen Kreises. Es muss der Minimalwert eingesetzt werden, damit auch an dieser Stelle das Ferritmaterial nicht in die Sättigung kommt. ΔB ist die Änderung der Flussdichte. Sie muss in Abhängigkeit vom Wandlertyp und Kernmaterial eingesetzt werden. Für t_{ein} wurde $v_T \cdot T$ eingesetzt. Somit ist die Primärwindungszahl N_1 festgelegt.

Das Übersetzungsverhältnis $\ddot{u}$ erhält man, wenn man die gewünschte Ausgangsspannung plus aller Spannungsabfälle (Verluste, Flussspannung von Dioden etc.) zur Eingangsspannung ins Verhältnis setzt. Die sekundärseitige Windungszahl ist damit $N_2 = \ddot{u} \cdot N_1$.

Der Wert der Primärinduktivität kann mit folgender Gleichung bestimmt werden:

$$L_1 = N_1^2 \cdot A_L \tag{12.4.2}$$

Der A_L-Wert wird aus dem Datenblatt des Kerns entnommen.

Die mit Gl. (12.4.1) festgelegte Primärwindungszahl muss auf dem zur Verfügung stehenden Wickelraum untergebracht werden. Dabei darf die Primärwicklung nur den anteiligen Wickelraum beanspruchen. Bei einer Primär- und einer Sekundärwicklung erhält man eine optimierte Lösung, wenn der gesamte Wickelraum zur Hälfte für die Primärwicklung genutzt wird und die andere Hälfte für die Sekundärwicklung verwendet wird.

Um nun die geforderte Windungszahl im Wickelraum unterzubringen, muss die Draht- oder Litzenstärke festgelegt werden. Bei Litze gestaltet sich dieser Schritt nicht ganz einfach, da Litze keinen starren Durchmesser hat und der Windungsabstand nicht exakt definiert ist. Hier muss eine Probewicklung zur Überprüfung der berechneten Wicklung durchgeführt werden.

Bei Kupferlackdrähten kann die Drahtstärke einfach berechnet werden. Dazu diene folgende Vorgehensweise: Bei einem Kupferlackdraht wird der Durchmesser des Kupferdrahtes angegeben; Beispiel: $D_{Cu} = 0,12$mm. Dazu kommt noch die doppelte Lackdicke; typischerweise 20µm. Insgesamt hat der Kupferlackdraht damit den Durchmesser $D = 0,14$mm. Der Wicklungsaufbau erfolgt nun so, dass exakt Draht neben Draht und Lage über Lage gewickelt wird. Ein Übereinanderfallen des Drahtes mit einer vorgehenden Lage muss vermieden werden, da dies zusätzlichen Wickelraum beanspruchen würde, der – bei richtig dimensionierter Wicklung – nicht zur Verfügung steht. Genau betrachtet sieht die Wicklung dann folgendermaßen aus:

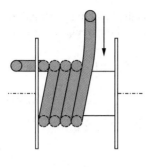

Bild 12.19: Wicklungsvorgang, erste Lage zu zwei Dritteln gewickelt.

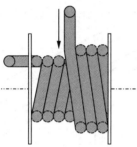

Bild 12.20: Wicklungsvorgang, zweite Lage zur Hälfte gewickelt.

Die Scherung kehrt sich bei der zweiten Lage in der Richtung gerade um. Dadurch kann der Draht der zweiten Lage nicht in die Nuten zwischen den Windungen der ersten Lage hineinfallen. Die Höhe einer Wicklungslage ist deshalb genau gleich dem Drahtdurchmesser, in unserem Beispiel also 0,14mm. Die Breite ist, wie wir aus den Bildern Bild 12.19 und Bild 12.20 leicht erkennen, Drahtdurchmesser mal Windungszahl einer Wicklungslage. Mit dieser Erkenntnis lässt sich die Wicklung sehr genau dimensionieren.

12.4.2 Skin-Effekt

Bei höheren Arbeitsfrequenzen und größeren Drahtstärken tritt der Skin-Effekt auf. Der Strom wird dabei an die Oberfläche des Leiters verdrängt und füllt dann nur noch eine kleinere Querschnittsfläche des Leiters aus, als wir nach dem vorangegangenen Kapitel erwarten würden. Dadurch dass der Strom eine kleinere Querschnittsfläche benutzt, steigt der ohmsche Widerstand des Leiters an. Der Skin-Effekt hängt von der Frequenz und dem Drahtdurchmesser ab. Wann und wie stark der Skin-Effekt auftritt, zeigen Bild 12.21 und Bild 12.22

Achtung: Bei nichtsinusförmigen Stromverläufen verursachen die Oberwellen durch den Skin-Effekt ebenfalls erhöhte Verluste.

Die Erfahrung zeigt, dass die Verluste durch Oberwellen (z.B. bei dreieckförmigem Stromverlauf oder bei hochfrequenten Überschwingern durch den Schaltvorgang) die Verluste durch die Grundwelle bei weitem übersteigen können. Hier muss genau gearbeitet werden! Die Amplituden der Harmonischen können mit einer Fourier-Reihe ermittelt werden. Der Widerstand des Leiters kann aus Bild 12.21 oder aus Bild 12.22 entnommen werden und mit $P = I^2 \cdot R$ können die einzelnen Beiträge zur Verlustleistung errechnet werden.

Abhilfe gegen den Skin-Effekt verschafft die Verwendung von Litze oder Kupferfolie. Litze seidenumsponnen oder ohne Umspinnung wird wie Kupferdraht gewickelt. Allerdings werden die Litzenbündel beim Wickelvorgang etwas breit und flach gedrückt. Die einfache Berechnung der Wicklung wie beim Kupferlackdraht ist nicht mehr möglich. Am Einfachsten führt man Probewicklungen mit verschiedenen Litzen durch, bis die Wicklung optimal in den vorgesehenen Wickelraum passt. Der einzige Nachteil ist, dass dazu geeignete Litzen im Labor vorhanden sein müssen.

Lieferanten von Litze z.B.: Pack-Feindrähte, Heermann GmbH, Barmerfeld 14, D-58119 Hagen.

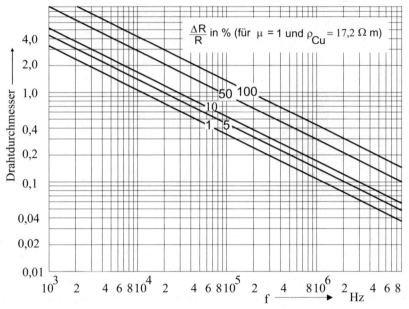

Bild 12.21: Skineffekt.

Wer einen engen Kontakt zu einer Wickelei hat, bekommt normalerweise auch vor der Bestellung von Mustern Unterstützung in allen Fragen zum Wicklungsaufbau. So kommt es in der Leistungselektronik häufig vor, dass die Litze so dick ist, dass sie zum Anschluss auf mehrere Stifte am Spulenkörper aufgeteilt werden muss. Diese Information ist natürlich schon während der Schaltungsentwicklung wichtig, damit überhaupt genügend Stifte vorgesehen werden können.

Eine weitere Darstellung der Widerstandserhöhung durch den Skineffekt zeigt Bild 12.22. Wir können an Hand der Darstellung sofort erkennen, ob und wie stark der Skin-Effekt beim verwendeten Draht oder der verwendeten Litze eine Rolle spielt, ohne dabei irgendwelche Formeln zu wälzen.

Es sei nochmals betont, dass wenn der Wandler beispielsweise mit 100kHz arbeitet und ein Drahtdurchmesser von 0,3mm verwendet wurde, dass dann der Skineffekt für die Grundfrequenz gerade noch unberücksichtigt bleiben kann. Für alle Harmonischen aber macht er sich bemerkbar und kann zumindest ab der dritten Oberwelle nicht mehr vernachlässigt werden.

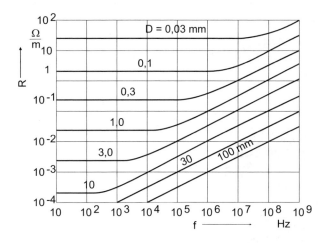

Bild 12.22: Skineffekt.

12.4.3 Folienwicklung

Folienwicklungen kommen dann zum Einsatz, wenn wegen des Skineffekts ein dünner Leiter verwendet werden muss oder wenn – etwa bei einer höheren Arbeitsfrequenz – nur wenige Windungen pro Wicklung gefordert sind. Um den Streufluss klein zu halten, muss jede Wicklungslage voll sein. Wenn jetzt beispielsweise eine Windungszahl von 3 optimal ist, dann kann die Wicklung nicht mit Draht oder Litze ausgeführt werden. Sie kann aber recht elegant mit Folie gewickelt werden.

Kupferfolie ist mit einseitig laminierter Isolationsfolie erhältlich, so dass die Wicklung ohne oder nur mit punktueller zusätzlicher Isolierung ausgeführt werden kann. Die Isolationsfolie steht in der Breite um 0,5mm oder 1mm über die Kupferfolie hinaus. Damit wird ein Windungsschluss zuverlässig verhindert.

Die Dicke der Cu-Folie beträgt 50um, 100um, 150um usw. Die Isolationfolie ist 25µm dick und die Klebeschicht zwischen Kupfer- und Isolationsfolie ist ebenfalls 25µm dick.

Folie für Wicklungen kann in jeder gewünschten Breite bezogen werden. Lieferant von Folie: Altoflex in Willstätt.

In der Wickelei wird die Folie vor dem Wickelvorgang vorbereitet:

1) Die Folienstreifen werden abgelängt.

2) Die Enden werden gefaltet, um die spätere Kontaktierung an den Anschlussstiften zu ermöglichen.

3) Der eigentliche Wickelvorgang erfolgt (Handarbeit).

4) Eventuell müssen im Bereich der gefalteten Folienenden noch zusätzliche Isolationsfolien aufgebracht werden.

5) Der fertige Wickel wird an den Anschlussstiften kontaktiert. Von da an unterscheidet sich die Fertigung nicht mehr von konventionellen Wicklungen.

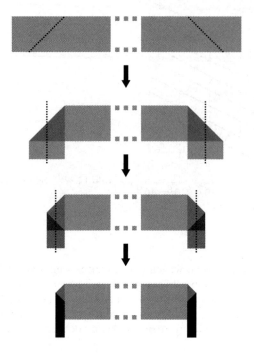

Bild 12.23: Folienwicklung.

12.4.4 Der Wicklungsaufbau

Es gibt nun verschieden Möglichkeiten, die Wicklungen aufzubauen. Durch günstige Anordnung können die Streuinduktivitäten klein gehalten werden. Zu beachten ist dann, zwischen welchen Wicklungen eine kleine Streuinduktivität gebraucht wird. Z.B. beim Eintaktflusswandler braucht man zwischen Primärwicklung und Entmagnetisierungswicklung eine kleine Streuinduktivität. Zwischen Primär- und Sekundärwicklung braucht sie nicht so klein zu sein. Beim Sperrwandler muss die Kopplung zwischen Primär- und Sekundärwicklung gut sein. Wichtig für das Erreichen eines guten Kopplungsfaktors sind volle Wicklungslagen, weil bei einer angefangenen Lage mehr Feldlinien einen Weg außerhalb des Kerns finden und damit einen größeren Streufluss verursachen.

Folien-, Litzen- und Drahtwicklungen können gemischt vorkommen. Zu beachten ist allerdings, dass dünner Draht auf dicken Draht ganz schlecht zu wickeln ist, da der dünne Draht in die Nuten des dicken Drahtes undefiniert hineinrutscht und so – auch im Wickelautomat – ein „Gewurstel" entsteht. Man sollte also immer die Wicklung mit dem dünnen Draht vor der Wicklung mit dem dicken Draht aufbringen. Das Problem kann auch durch eine Folienzwischenlage gelöst werden, wenn die Folie eine hinreichende Stabilität hat, dass sie sich nicht in die Form der dicken Drähte verzieht. Neben dem einfachen Wicklungsaufbau, wo eine Primärwicklung auf eine Sekundärwicklung aufgebracht wird oder umgekehrt, gibt es kompliziertere Trafos, von denen hier ein paar Beispiele genannt seien:

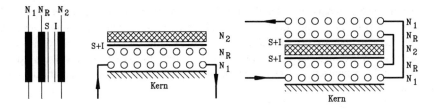

Bild 12.24: Wicklungsaufbau einfach und verschachtelt.

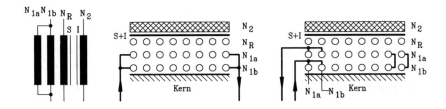

Bild 12.25: Parallelschaltung zweier Wicklungen.

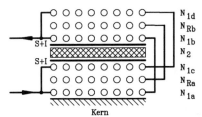

Bild 12.26: Parallel und serielle Wicklungen.

Darin bedeuten: N_1 Primärwicklung, N_2 Sekundärwicklung, N_R Entmagnetisierungswicklung, S Schirm, I Isolation.

Für viele Anwendungen wird der Trafo zur Potenzialtrennung eingesetzt. Wird die Potenzialtrennung zum Berührschutz verwendet, wie das beispielsweise in vielen 230V-Anwendungen der Fall ist, dann müssen die entsprechenden VDE-Vorschriften für den Wicklungsaufbau beachtet werden. Für unvergossene Transformatoren werden Mindestluftstrecken gefordert. Sie sind beim Wicklungsaufbau zu berücksichtigen.

12.4.5 Luftstrecken und Überschlagsfestigkeit

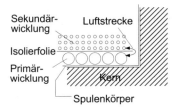

Bild 12.27: Mindestluftstrecke.

Wenn zwischen der Sekundär- und der Primärwicklung die Potenzialtrennung erfolgen soll, so muss dort - wie in Bild 12.27 angedeutet - die Luftstrecke entsprechend lang sein. Die Isolation zum Kern hin erfolgt über den Spulenkörper, der ausreichend dickwandig sein muss. Darüber hinaus müssen die Wicklungsanschlüsse mit genügend Abstand zum Kern verlegt werden oder isoliert werden und mechanisch so fixiert sein, dass der Abstand auch bei Schüttelbeanspruchung erhalten bleibt.

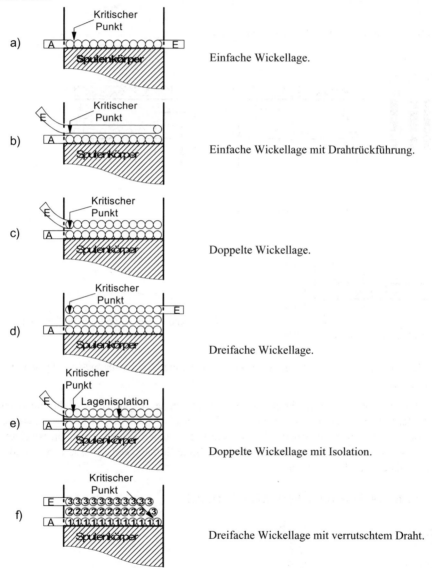

a)   Einfache Wickellage.

b)   Einfache Wickellage mit Drahtrückführung.

c)   Doppelte Wickellage.

d)   Dreifache Wickellage.

e)   Doppelte Wickellage mit Isolation.

f)   Dreifache Wickellage mit verrutschtem Draht.

Bild 12.28: Kritische Punkte für Durchschläge.

12.5 Stromspitzen bei Transformatoren

12.5.1 Auswirkung der Magnetisierungskurve

Bild 12.29: Trafo mit leerlaufender Sekundärseite an Wechselspannung.

Eine Induktivität (einer Spule oder eines Transformators) ist an eine Wechselspannung u angeschlossen und es fließt der Strom i. Zur Vereinfachung betrachten wir den sekundärseitigen Leerlauf. Dies ist legitim, weil bei einer sekundärseitigen Last der zusätzliche Strom einfach dem Magnetisierungsstrom überlagert wird.

Neben der bekannten Phasenlage zwischen Strom und Spannung ergibt sich bei ferromagnetischem Kernmaterial und großer Aussteuerung des magnetischen Kreises eine Stromüberhöhung bei großen Strömen. Der Effekt setzt zuerst im Bereich des Stromscheitelwertes ein, so wie es auch in Bild 12.30 angedeutet ist. Dies liegt an der Magnetisierungskurve und am Induktionsgesetz, das für eine angelegte Spannung eine Flussänderung verlangt.

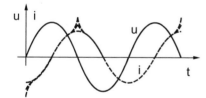

Bild 12.30: Spannungs- und Stromverlauf an einer Induktivität mit ferromagnetischem Kern.

Aus $U = N \cdot \dfrac{d\Phi}{dt}$ wird:

$$U = N \cdot A \cdot \dot{B} \qquad\qquad (12.5.1)$$

N ist die Windungszahl und A ist die Querschnittsfläche des magnetischen Kreises. In Abhängigkeit der angelegten sinusförmigen Spannung und der Frequenz (entscheidend ist die Spannungs-Zeit-Fläche) wird die Magnetisierungskurve des Kernmaterials durchlaufen:

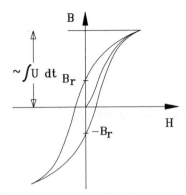

Bild 12.31: Magnetisierungskurve für symmetrischen Betrieb.

Wenn nun eine Spannung an die Induktivität gelegt wird, erzwingt sie nach dem Induktionsgesetz Gl. (12.5.1) eine Änderung der Flussdichte B. Ist die Spannung zu groß oder liegt sie zu lange an, dann muss die magnetische Feldstärke H überproportional ansteigen. H ist aber proportional dem Strom I und somit steigt zwangsläufig der Strom ebenfalls überproportional an. Es kommt zur Sättigung. In Bild 12.30 ist dieser Fall angedeutet, wobei der dargestellte Stromanstieg noch sehr harmlos gezeichnet ist. In der Realität kommen sehr hohe Stromspitzen vor.

Bei richtig dimensioniertem Trafo und normalem Betrieb erwarten wir natürlich keine Stromspitzen durch Sättigung. Sie treten bei teilweisem Ausfall von Netzhalbwellen auf oder auch beim Einschalten.

12.5.2 Normalbetrieb

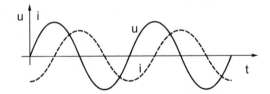

Bild 12.32: Spannung- und Stromverlauf im Normalbetrieb.

12.5.3 Ausfall von Netzhalbwellen

Auf dem 230V-Netz kommt es auf Grund von Schaltvorgängen und dynamischen Überlasten zum Ausfall von ganzen Netzperioden, von Halbwellen oder auch Teilen davon. Für den Ausfall einer halben Netzhalbwelle sieht der Trafo-Strom i so aus:

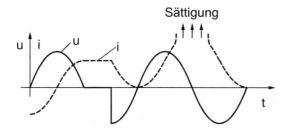

Bild 12.33: Ausfall einer halben Netzhalbwelle.

Der Trafo reagiert mit einem großen Sättigungsstrom am Ende der darauffolgenden Halbwelle. Der Sättigungsstrom beträgt ein Vielfaches vom normalen Betriebsstrom.

Bei kleineren Transformatoren nimmt man den hohen Strom in Kauf und baut in Geräte mit Netztransformator träge Sicherungen mit einem überhöhten Wert ein. Bei größeren Transformatoren darf man nicht einfach eine zu starke Absicherung verwenden. Es bleibt dann meist nur eine Überdimensionierung des Trafos übrig.

Der schlimmste Fall liegt vor, wenn der Transformator gerade im Nulldurchgang der Netzspannung eingeschaltet wird.

12.5.4 Einschalten eines Netztrafos im Nulldurchgang der Spannung

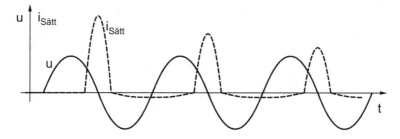

Bild 12.34: Trafo wird im Nulldurchgang der Spannung eingeschaltet.

Der Sättigungsstrom wird dann von Periode zu Periode kleiner bis er wieder im Trafostrom untergeht.

Zahlenwerte: Bei einem optimierten 1,6 kVA-Transformator (230V), der mit 1kW belastet war, wurde ein Stromspitzenwert von 200A gemessen.

Der Einschaltvorgang kann im Gegensatz zu Netzanormalitäten gesteuert werden, da er im voraus bekannt ist. Es gibt Steuerverfahren, die den Trafo gezielt auf den Einschaltvorgang vorbereiten. So hat das IAF in Freiburg ein Verfahren zum gezielten Remanenzsetzen entwickelt und zum Patent angemeldet.

Der Transformator wird vor dem Einschalten mit Stromimpulsen entgegengesetzter Richtung magnetisiert. Er erreicht beispielsweise $-B_r$, wenn zu Beginn der positive Halbwelle eingeschaltet werden soll. (Siehe Bild 12.31).

12.6 Der Stromwandler

12.6.1 Anwendungsbereich

Der Stromwandler kann überall dort eingesetzt werden, wo ein reiner Wechselstrom gemessen werden soll. Er ist ein Trafo mit großem Übersetzungsverhältnis, dessen magnetischer Kreis nur schwach ausgesteuert wird. Er wird in vielen Bereichen der Elektrotechnik verwendet. Ein Beispiel ist der Einsatz in der Energietechnik, wo große Ströme einfach und störungsfrei gemessen werden müssen. Er wandelt den großen Strangstrom einer Maschine in einen kleineren Strom um, der von der Auswerteelektronik gut verarbeitet werden kann. Dabei ist die Potentialtrennung des Stromwandlers von zusätzlichem Vorteil.

12.6.2 Die Schaltung

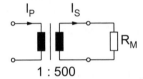

Bild 12.35: Schaltung des Stromwandlers.

Die Primärwicklung besteht oft nur aus einer oder sogar nur aus einer halben Windung. Die Sekundärwicklung hat viele Windungen. Im vorliegenden Beispiel würde ein Primärstrom $I_P =$ 250A den Sekundärstrom $I_S = 0{,}5$A liefern. Voraussetzung dafür ist ein nicht zu großer Messwiderstand R_M. Er liegt typischerweise im kΩ–Bereich. Die Größe des Weicheisen- oder Ferritkerns (je nach Frequenzbereich) wird meist durch den Durchmesser des Primärdrahtes bestimmt, so dass die Ader inklusive Isolation noch in den Wickelraum passt. Natürlich muss die Aussteuerung des magnetischen Kreises überprüft werden. Dazu verwendet man am einfachsten die Sekundärspannung als Spannungsabfall an R_M und die Trafogleichung Gl. (12.3.5):

$$\hat{B} = \frac{\sqrt{2} \cdot I_S \cdot R_M}{N_{Sek} \cdot 2 \cdot \pi \cdot f \cdot A_e} \tag{12.6.1}$$

12.6.3 Ein Ausführungsbeispiel

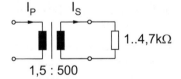

Bild 12.36: Einfacher Stromwandler für kleine Ströme.

Kern:	E13 stehend	
Primärwindungszahl:	$N_{prim} = 1{,}5$	4 Drähte parallel
Sekundärwindungszahl:	$N_{sek} = 500$	Cu, $\varnothing = 0{,}1$mm

Bei einem Widerstand von 1kΩ ergeben sich 3V bei einem Primärstrom von 1A.

12.6.4 Stromwandler mit Gleichrichter

Wird für die Weiterverarbeitung des Stromsignals eine Gleichspannung gebraucht, kann ein Brückengleichrichter eingefügt werden, ohne dass merkliche Fehler entstehen:

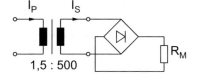

Bild 12.37: Stromwandler mit Gleichspannungsausgang.

Die Flussspannung der Dioden hat in dieser Schaltung keinen Einfluss, da der Ausgang des Stromwandlers eine Stromquelle ist.

Weil der Stromwandler sowieso Primär- und Sekundärpotential trennt, kann hier ein Ende von R_M an Masse angeschlossen werden. So kann beispielsweise direkt ein in einem uC integrierter AD-Wandler bedient werden.

12.6.5 Stromwandler in Schaltschränken

In der Anlagentechnik muss häufig eine Strommessung von großen Strömen durchgeführt werden. Dabei sollen mehrere Anzeige- und Auswertegeräte angeschlossen werden. Der Stromwandler kann diese Aufgabe erfüllen und hat sich dafür bestens bewährt.

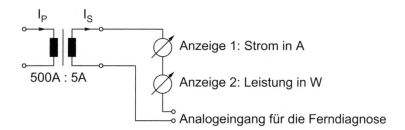

Bild 12.38: Stromwandler versorgt mehrere Baugruppen.

Wie bereits oben erwähnt, hat der Ausgang des Stromwandlers eine Stromquellencharakteristik. Dadurch können mehrere Ausgänge angeschlossen werden, die durchaus unterschiedliche Eingangsimpedanzen aufweisen dürfen. Natürlich darf im Strommesskreis nur einmal die Masse definiert werden. Das könnte im vorliegenden Fall der untere Anschluss des Analogeingangs für die Ferndiagnose sein.

13 Kondensatoren für die Leistungselektronik

Bei den klassischen Wandlern werden eingangs- und ausgangsseitig Elkos als Blockkondensatoren verwendet. Sie führen den kompletten Wechselstromanteil des Wandlers und sind dementsprechend belastet. Bei Resonanzwandlern kommen Umschwingkondensatoren hinzu. Sie haben eine kleinere Kapazität, führen aber vergleichsweise noch höhere Ströme. Es kommen Keramik- und vor allem Folienkondensatoren zum Einsatz.

Kondensatoren sind - wie Spulen oder Leistungstransistoren - Bauelemente der Leistungselektronik und müssen genauso sorgfältig ausgesucht und dimensioniert werden. Deshalb wird in diesem Kapitel auf die grundsätzlichen Beziehungen bei den Kondensatoren und auf ihre Werkstoffeigenschaften eingegangen.

13.1 Grundsätzliches

Für einen realen Kondensator gilt allgemein das Ersatzschaltbild:

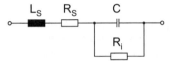

Bild 13.1: Ersatzschaltbild eines Kondensators.

In L_S werden alle induktiven Anteile zusammengefasst, wie etwa die Induktivität der Anschlussdrähte oder induktive Komponenten, die durch den Folienwickel entstehen.

R_i und R_S können zu einem Widerstand zusammengefasst werden, wobei es gleichwertig ist, ob wir das in einem Parallel- oder Serienwiderstand tun. In der Leistungselektronik hängt die Erwärmung eines Kondensators von der Strombelastung ab. Deshalb bevorzugt der Leistungselektroniker die Serienschaltung.

In L_S wird keine Verlustwärme erzeugt. Damit kann das Ersatzschaltbild zur Bestimmung der thermischen Verluste eines Kondensators vereinfacht werden:

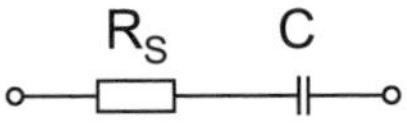

$$\begin{array}{cc} R_S & C \end{array}$$

Bild 13.2: Vereinfachtes Ersatzschaltbild eines realen Kondensators.

Der verbleibende Serienwiderstand R_S in Bild 13.2 wird auch mit ESR (Ersatz-Serien-Widerstand) bezeichnet. Ist der Effektivstrom durch den Kondensator bekannt, so können wir die gesamte Wärmeleistung im Kondensator berechnen:

$$P = I_{eff}^2 \cdot R_S \tag{13.1.1}$$

Der ESR hängt neben anderen Größen auch von der Kapazität des Kondensators ab. Zur Vereinfachung spezifizieren die Kondensatorhersteller den Verlustfaktor $\tan\delta$, der vom Kapazitätswert unabhängig ist. Er hängt nur noch von den verwendeten Materialien (Folie oder Elektrolyt), von der Temperatur und von der Frequenz ab. Aus dem $\tan\delta$ berechnet sich der ESR nach der Beziehung:

$$R_S = \frac{\tan\delta}{\omega \cdot C} \tag{13.1.2}$$

13.2 Elektrolytkondensatoren

13.2.1 Verlustfaktor von Elektrolytkondensatoren

Der Verlustfaktor von Aluminium-Elektrolyt-Kondensatoren hat folgenden typischen Verlauf:

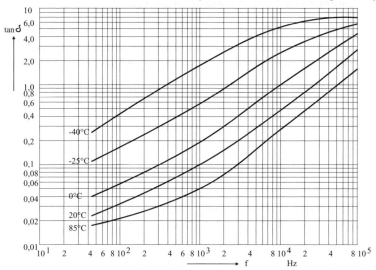

Bild 13.3: Verlustfaktor von Niedervolt-Elkos. Quelle: Siemens.

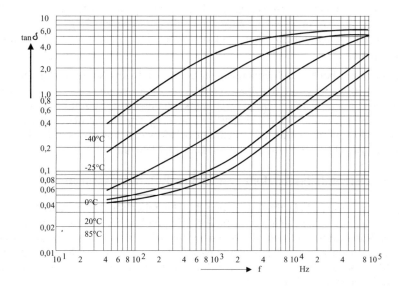

Bild 13.4: Verlustfaktor von Hochvolt-Elkos. Quelle: Siemens.

Von Niedervolt-Elkos spricht man bei einer Spannungsfestigkeit bis ca. 63V. Sie erreichen eine prinzipielle hohe Zuverlässigkeit, da bei ihnen der Selbstheilungseffekt auftritt. Sollte es an einer Stelle in der Oxid-Schicht des Aluminiums zum Durchschlag kommen, dann beschädigt der Durchschlag das Material so, dass es anschließend isoliert. Der Elko ist also weiterhin gebrauchsfähig. Bei Elkos mit höherer Spannung tritt der Effekt nicht mehr auf.

13.2.2 Resonanzfrequenz von Elektrolytkondensatoren

Das Ersatzschaltbild in Bild 13.1 enthält die Induktivität L_S, die zum eigentlichen Kondensator in Serie geschaltet ist. Sie bildet zusammen mit dem eigentlichen Kondensator C einen Serienschwingkreis. Bei höheren Frequenzen tritt Resonanz auf, was im nachfolgenden Bild dargestellt ist.

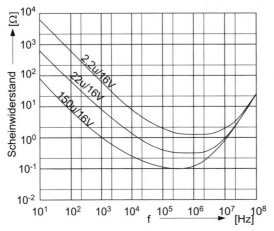

Bild 13.5: Scheinwiderstand von Elektrolyt-Kondensatoren: Prinzipdarstellung.

In den Minima des Scheinwiderstands liegt die Resonanzfrequenz der Kondensatoren. Unterhalb der Resonanzfrequenz sind sie kapazitiv. Oberhalb der Resonanzfrequenz sind sie induktiv. Das heißt bei hohen Frequenz überwiegt der Scheinwiderstand von L_S gegenüber dem Scheinwiderstand von C.

Wenn der Kondensator bei hohen Frequenzen zur Induktivität wird, so ist er deshalb aber nicht unbrauchbar. Wie Bild 13.5 zeigt, hat diese Induktivität zunächst einen sehr niedrigen Scheinwiderstand, der erst bei sehr hohen Frequenzen merklich anwächst. Setzen wir also einen Elko als Blockkondensator ein und beaufschlagen ihn mit Frequenzen, die über die Resonanzfrequenz hinausgehen, so wirkt dennoch ein niedriger Scheinwiderstand und die Blockwirkung ist noch da und nach Bild 13.5 abschätzbar und mit Bild 13.1 berechenbar.

13.2.3 Wechselstrombelastbarkeit von Elektrolytkondensatoren

Die zulässige Wechselstrombelastbarkeit geben die Hersteller für die verschiedenen Kapazitäts- und Spannungswerte in Tabellen an. Um den richtigen Kondensator auszuwählen braucht man nur den Effektivstrom, mit dem der Kondensator belastet wird. Der Effektivstrom kann berechnet, gemessen oder durch die Schaltungssimulation ermittelt werden. Für die Berechnung sei nachfolgend ein Beispiel angeführt. Für einen einfachen Abwärtswandler soll der Effektivwert I_C berechnet werden:

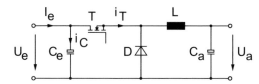

Bild 13.6: Teilschaltung des Beispielwandlers.

Er hat folgende Stromverläufe:

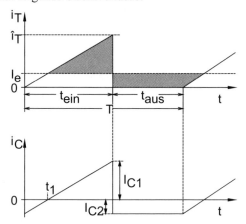

Bild 13.7: Stromverläufe des Beispielwandlers.

Für die Eingangsseite (U_e, I_e) wird für die Berechnung Stromquellencharakter angenommen, was bei der hohen Arbeitsfrequenz der Schaltregler auch in der Realität gut zutrifft.

Die grauen Flächen im oberen Teilbild von Bild 13.7 stellen Strom-Zeit-Flächen dar. Jede Fläche entspricht somit einer Ladung, die dem Kondensator zugeführt wird (oberhalb von I_e) oder die vom Kondensator abgeführt wird (unterer Teil). Im stationären Zustand (Ströme ändern sich nicht mehr von Periode zu Periode) muss die dem Kondensator zugeführte Ladung gleich der abgeführten Ladung sein. Dadurch sind beide Flächen gleich groß.

Mit diesem Zusammenhang lässt sich das untere Teilbild von Bild 13.7 zeichnen.

Aus Bild 13.7 lassen sich folgende Beziehungen entnehmen:

$$I_e = \frac{\hat{\imath}_T}{2} \cdot \frac{t_{ein}}{T} = \frac{\hat{\imath}_T}{2} \cdot v_T \qquad \text{mit } v_T = \frac{t_{ein}}{T}$$

$$\Rightarrow \hat{\imath}_T = \frac{2 \cdot I_e}{v_T} \tag{13.2.1}$$

$$I_{C1} = \hat{\imath}_T - I_e = 2 \cdot \frac{I_e}{v_T} - I_e = I_e \cdot (\frac{2}{v_T} - 1) \tag{13.2.2}$$

$$I_{C2} = I_e \tag{13.2.3}$$

Zur Berechnung von t_1 verwenden wir den Strahlensatz:

$$\frac{t_1}{I_{C2}} = \frac{t_{ein} - t_1}{I_{C1}} \Rightarrow t_1 = \frac{t_{ein}}{1 + \dfrac{I_{C1}}{I_{C2}}}$$

Gl. (13.2.2) und Gl. (13.2.3) eingesetzt:

$$t_1 = \frac{t_{ein}}{1+(\frac{2}{v_T}-1)} = v_T^2 \cdot \frac{T}{2} \tag{13.2.4}$$

Unser Ziel ist die Berechnung des Effektivstromes I_C. Allgemein gilt für den Effektivwert eines Stromes:

$$I = \sqrt{\frac{1}{T} \cdot \int_0^T i^2 dt} \tag{13.2.5}$$

Zur einfacheren Berechnung ermitteln wir zunächst $I^2 T$ und zerlegen das Integral in die Bereiche 0 bis t_1, t_1 bis t_{ein} und t_{ein} bis T. Damit folgt:

$$I_C^2 \cdot T = \int_0^{t_1} (\frac{\hat{i}_T}{t_{ein}}t)^2 dt + \int_0^{t_{ein}-t_1} (\frac{\hat{i}_T}{t_{ein}}t)^2 dt + \int_0^{T-t_{ein}} I_{C2}^2 dt$$

Mit Gl. (13.2.1) und Gl. (13.2.3) folgt:

$$I_C^2 \cdot T = (\frac{2 \cdot I_e}{v_T \cdot t_{ein}})^2 \cdot (\int_0^{t_1} t^2 dt + \int_0^{t_{ein}-t_1} t^2 dt) + I_e^2 \int_0^{T-t_{ein}} dt \tag{13.2.6}$$

$$\Rightarrow I_C^2 \cdot T = \frac{4 \cdot I_e^2}{v_T^2 \cdot t_{ein}^2} \cdot (\frac{t_1^3}{3} + \frac{(t_{ein}-t_1)^3}{3}) + I_e^2 \cdot (T - t_{ein})$$

$$\Rightarrow \frac{I_C^2}{I_e^2} = \frac{4}{v_T^4 \cdot T^3} \cdot (\frac{t_{ein}^3 - 3t_1 t_{ein}^2 + 3t_{ein}t_1^2}{3}) + 1 - v_T = \frac{4}{3v_T} - 4\frac{t_1}{v_T^2 \cdot T} + 4\frac{t_1^2}{v_T^3 \cdot T^2} + 1 - v_T$$

Gl. (13.2.4) eingesetzt:

$$\Rightarrow \frac{I_C^2}{I_e^2} = \frac{4}{3v_T} - 4\frac{v_T^2 \frac{T}{2}}{v_T^2 \cdot T} + 4\frac{v_T^4 \frac{T^2}{4}}{v_T^3 \cdot T^2} + 1 - v_T$$

$$\Rightarrow \frac{I_C^2}{I_e^2} = \frac{4}{3v_T} - 2 + v_T + 1 - v_T = \frac{4}{3v_T} - 1 \tag{13.2.7}$$

Oder

$$I_C = I_e \cdot \sqrt{(\frac{4}{3v_T}-1)} \tag{13.2.8}$$

Mit Gleichung (13.2.8) lässt sich der Kondensatorstrom (Effektivwert) in der konkreten Schaltung berechnen. Zur Verdeutlichung sei $\frac{I_C}{I_e}$ über v_T dargestellt:

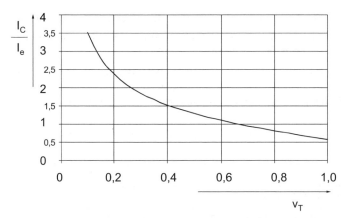

Bild 13.8: Auf den Eingangsstrom bezogener Kondensatorstrom in Abhängigkeit vom Tastverhältnis.

Die hier vorgestellte Berechnung erfolgte am Beispiel des Abwärtswandlers und sollte *eine mögliche* Vorgehensweise verdeutlichen. Für andere Wandler-Typen kann entsprechend vorgegangen werden, wobei die prinzipiellen Stromverläufe - wie hier in Bild 13.7 – bekannt sein müssen.

Die idealisierte Vorgehensweise mag für Leute aus der Praxis unzulässig erscheinen. Es ist jedoch zu beachten, dass alle Zusammenhänge, Spannungs- und Stromverläufe für den Idealfall vollständig bekannt sein müssen, um den Wandler und dessen Arbeitsprinzip zu verstehen. Nachträglich können (und müssen) die realen Eigenschaften immer noch ergänzt werden.

Für das Berechnungsbeispiel in diesem Kapitel ist die Idealisierung vollkommen zulässig. Denn die Ströme sind durch die Induktivität definiert. Der Strom i_L ist die energietragende Größe in L und kann deshalb nicht springen. Die anderen Ströme sind davon abgeleitet. Folglich gilt für sie dasselbe. Überschwinger durch den Schaltvorgang wirken sich in den Stromverläufen praktisch nicht aus und somit macht die idealisierte Berechnung wirklich Sinn.

Unbenommen davon können wir den Wirkungsgrad des Wandlers, der sicherlich unter 100% liegt, durch einen entsprechend höheren Ansatz für den Strom berücksichtigen.

Wollen wir einen Wandler mit einem Wirkungsgrad von 80% realisieren, so müssen wir im obigen Beispiel lediglich den Eingangsstrom I_e um 25% höher ansetzen. Die weiteren Aussagen – etwa Bild 13.8 – gelten dann auch für die reale Schaltung hinreichend gut.

13.3 Folienkondensatoren

Folienkondensatoren haben deutlich geringere Verluste als Elektrolyt-Kondensatoren. Deshalb werden sie bei höheren Frequenzen anstelle von Elkos eingesetzt.

Bei Resonanzwandlern kommt zusätzlich die Belastung mit bipolaren Spannungen bei gleichzeitig großen Strömen vor, wobei auch dort noch ein guter Wirkungsgrad erreicht werden muss.

Für die Berechnungen können wir wieder auf das vereinfachte Ersatzschaltbild Bild 13.2 zurückgreifen, da für die Leistungselektronik die Verluste im Serienwiderstand R_S dominieren. Die Vernachlässigung der Induktivität ist zulässig, da in ihr keine Verlustwärme entsteht, die das Bauteil belasten würde. Die alleinige Berücksichtigung des Serienwiderstandes ist erlaubt, da ein eventuell vorhandener Parallelwiderstand in einen Serienwiderstand umgerechnet werden kann. In dem Serienwiderstand sind alle Verlustmechanismen zusammengefasst.

R_S kann aus dem $\tan\delta$ nach Gl. (13.1.2) berechnet werden. Somit unterscheidet sich die Betrachtungsweise von Elkos und Folienkondensatoren prinzipiell nicht. Deutlich Unterschiede gibt es hingegen in den Werten des Verlustfaktors $\tan\delta$.

Die Folienkondensatoren werden mit fünf unterschiedlichen Kunststofffolien als Dielektrikum hergestellt und für jede Sorte gibt es zwei Aufbauarten: Entweder wird Aluminium als Elektroden auf die Kunststofffolie aufgedampft oder es werden Aluminiumfolien zwischen die Kunststofffolien gewickelt.

Zusätzlich gibt es die PKP und die PKT Ausführungen, wo Kunststofffolie und Papier eingesetzt wird.

Typ	Technologie	$\tan\delta$ bei 1kHz
FKP (KP)	Polypropylen/Aluminiumfolie	$1..3 \cdot 10^{-4}$
MKP	Polypropylen/Aluminium metallisiert	$1..3 \cdot 10^{-4}$
MKC	Polycarbonat/Aluminium metallisiert	$1..3 \cdot 10^{-3}$
MKS	Polyester/Aluminium metallisiert	$6,5 \cdot 10^{-3}$
FKC	Polycarbonat/Metallfolie	$1,5 \cdot 10^{-3}$
FKS	Polyester/Metallfolie	$5,5 \cdot 10^{-3}$
TFM	Polyterephthalsäureester/ Aluminium metallisiert	$5..10 \cdot 10^{-3}$
MKT	Polyester/metallisiert	$5 \cdot 10^{-3}$
KT	Polyesterfolie/Metall	$4 \cdot 10^{-3}$
KS	Polystyrolfolie/Metall (Styroflex)	$2..3 \cdot 10^{-4}$
PKP	Papier und Polypropylenfolie/Metall	$1 \cdot 10^{-3}$
PKT	Papier und Polyesterfolie/Metall	$6 \cdot 10^{-3}$

Tabelle 13.1: Übersicht Folienkondensatoren. Entnommen aus /3/.

Die deutlichen Unterschiede der Verlustfaktoren zeigen, dass der Auswahl des Kondensator-Typs eine besondere Bedeutung zukommt. Dies trifft insbesondere für die Resonanzwandler zu, wo die Schwingkreiskondensatoren bei hoher Frequenz mit einem hohen Strom belastet werden. Bei falscher Dimensionierung werden die Kondensatoren nicht nur heiß und erzeugen erhöhte Verluste, sondern sie können sich auch plötzlich aufblasen und eventuell explodieren. Zu Grunde liegt ein thermischer Mitkopplungseffekt: Wenn der Kondensator heiß wird, vergrößert sich der tanδ. Dadurch erhöht sich die Verlustleistung im Kondensator und er wird noch heißer. Der tanδ vergrößert sich weiter und das immer schneller. Es sind Fälle beobachtet worden, wo der Kondensator im stundenlangen Betrieb eine geringe Erwärmung gezeigt hatte und sich dann plötzlich wie ein Luftballon aufgeblasen hat. Die nachträgliche Überprüfung der vom Hersteller zugelassenen Strombelastung ergab, dass der Kondensator falsch dimensioniert war und eine gewisse Zeit lang die überhöhte Strombelastung ausgehalten hat, aber eben nur eine gewisse Zeit. Hier muss unbedingt auf Grundlage der Herstellerangaben entwickelt werden!

In der Übersichtstabelle Tabelle 13.1 ist der Verlustfaktor nur für eine Frequenz, nämlich für 1kHz angegeben. Für andere Frequenzen gilt:

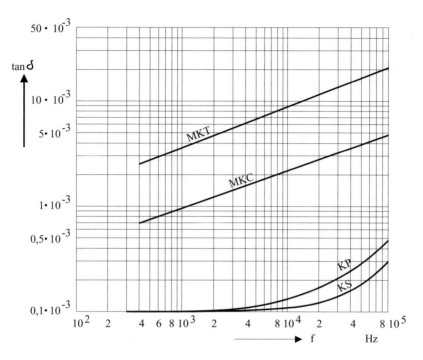

Bild 13.9: Verlustfaktoren in Abhängigkeit von der Frequenz.

14 Die Kopplungsarten

14.1 Allgemeines

In diesem und den nachfolgenden Kapiteln sollen noch einige Ausführungen und Tipps zum Thema EMV gegeben werden. Der Begriff **EMV** ist die Abkürzung für **E**lektro**m**agnetische **V**erträglichkeit. In Englisch steht **EMC** für **E**lectromagnetic **C**ompatibility. Ursprünglich ging es dabei um die ungewollte Verkopplung von elektrischen Geräten über elektrische und magnetische Felder oder über gemeinsam verwendete Leitungen. Heute umfasst der Kürzel weitere Themenkomplexe wie EMV-Vorschriften, -Messverfahren, -Zertifizierung bis hin zu Fragen der Herstellerhaftung. Meist verbindet der Ingenieur oder der Projektverantwortliche mit EMV Erinnerungen wie teure Messgeräte, hoher Aufwand oder Terminverschiebung. Dabei ist die EMV keine Magie. EMV-Probleme lassen sich mit der gleichen Theorie lösen, die wir als Elektro-Ingenieure bereits kennen. Alle Grundlagen gelten auch in der EMV!

Zugegebenermaßen sind die EMV-Phänomene bisweilen unübersichtlich und komplex. Oft ist die größte Schwierigkeit die, erst einmal festzustellen: Wer stört wen und unter welchen Randbedingungen finden die Störungen überhaupt statt. Eine erste Hilfe kann es sein, dass wir uns eine Übersicht über die physikalisch überhaupt möglichen Kopplungspfade Klarheit verschaffen:

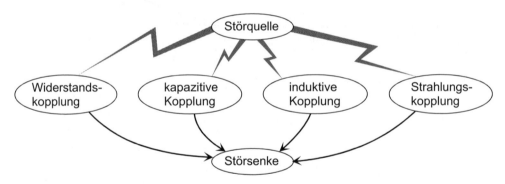

Bild 14.1: Übersicht über die Kopplungsarten.

In Bild 14.1 liegt der einfache Fall vor, dass ein Gerät ein anders stört. Er wurde hier gewählt, um eine klare Klassifizierung in die vier Kopplungsarten zu erreichen. In der Praxis finden wir häufig die Situation vor, dass mehrere Geräte stören und gleichzeitig mehrere Geräte oder Baugruppen gestört werden. Dann wird die EMV-Untersuchung umfangreich und unübersichtlich. Wir müssen dann das komplexe EMV-Problem zuerst auf einzelne Teilprobleme reduzieren.

Erfahrungsgemäß fällt die Zergliederung einer komplexen technischen Aufgabe in kleine Teilaufgaben im allgemeinen schon schwer. Bei EMV-Aufgaben ist es meist noch schwieriger, weswegen hier vorab einige Tipps gegeben werden sollen.

14.1.1 Verkopplungen erkennen

14.1.1.1 Baugruppen einzeln betreiben

Wenn wir ein modernes Kraftfahrzeug betrachten, wo viele elektronische Baugruppen auf engem Raum betrieben werden, sehen wir sofort, dass die Zuordnung „wer stört wen" nicht so einfach möglich ist. Abhilfe schafft hier nur die Vorgehensweise, dass alle elektronischen Vorschaltgeräte abgeschaltet werden bis auf eines, das dann isoliert untersucht werden kann. Die Vorgehensweise erscheint auf den ersten Blick einleuchtend, ist aber in der Praxis gar nicht so einfach. Wenn z.B. die Abstrahlung der Benzineinspritzung gemessen werden soll, dann geht das nur bei laufendem Motor. Damit der Motor läuft, sind aber weitere elektronische Funktionen – wie etwa die Zündung - Voraussetzung. Man ist dann gezwungen, die Einspritzung auf einem Prüfstand außerhalb des Kfz.'s zu betreiben und zu messen, was erheblichen Aufwand verursacht. Dennoch ist dieser Aufwand nötig, um zielorientiert zu einer Lösung zu kommen.

14.1.1.2 Teilschaltungen mit Stimuli-Größen betreiben

Auf der Platine oder in einem Gerät werden alle Funktionen stillgelegt bis auf eine. Sie wird mit Stimulisignalen von außen betrieben, also mit einer externen Stromversorgung, mit Impulsen aus einem Generator usw. Ihre Abstrahlung wird entweder gemessen oder die gestörte Funktion wird parallel betrieben. So können Störungen eindeutig zugeordnet werden.

Das Stillegen von Funktion erfordert bisweilen einen massiven Eingriff auf der Leiterplatte oder im Gerät: Leiterbahnen durchtrennen, Kabel abschneiden etc. Das Gerät ist nach der Untersuchung eventuell unbrauchbar. Aber dieses Opfer ist für eine fundierte Aussage notwendig.

14.1.1.3 Versorgungsspannung oszillographieren

Voraussetzung für das ungestörte Funktionieren mehrerer Schaltungsteile ist eine stabile Versorgungsspannung. Spannungseinbrüche oder Spikes führen bei entsprechender Amplitude mit Sicherheit zu Störungen. Dasselbe gilt für Spannungsabfälle auf der Masseleitung. Beides kann leicht mit einem schnellen Oszilloskop überprüft werden.

14.1.1.4 Versuchsweise Verstärkung der Kopplung

Normalerweise wollen wir natürlich die Störung beseitigen, indem wir die Kopplung verringern. Um jedoch einen vermuteten Kopplungsmechanismus nachzuweisen oder aufzuspüren, können wir die Kopplung versuchsweise vergrößern. Wir verstehen dann die Zusammenhänge besser und können uns gezielt Abhilfemaßnahmen überlegen.

14.1.1.5 Störereignis festhalten

Wenn der Verdacht auf eine Störung besteht, sollten wir die Störung gezielt suchen. Tritt sie auf, müssen alle Randbedingungen möglichst komplett dokumentiert werden. Dann muss versucht werden, die Störung unter den gleichen Randbedingungen zu reproduzieren. Erst wenn dies gelingt, haben wir einen Ansatz für die weiteren Arbeiten. Die Reproduzierbarkeit von Störungen ist nach erfolgter EMV-Maßnahme Voraussetzung dafür, dass wir die Wirkung der Maßnahme eindeutig nachweisen können.

14.1.1.6 Versuche mehrfach wiederholen

Solange wir uns über die Störursache nicht sicher sind, können Beobachtungen und Messungen leicht durch äußere Vorgänge verfälscht werden. Wir sollten deshalb getroffene Maßnahmen mehrfach rückgängig machen. So unterliegen wir nicht so leicht einem Trugschluss.

14.1.1.7 Verhalten der Schaltung im Grenzbereich

Die Schaltung muss im Grenzbereich untersucht werden: Wie verhält sie sich bei Unterspannung? Wie verhält sie sich bei Maximallast? Was passiert beim Einschalten des Gerätes? Werden ICs immer mit ihren Datenblattwerten betrieben oder überschreitet vielleicht ein Spannungs-Spike den zulässigen Eingangsspannungsbereich eines Operationsverstärkers?

Die Überprüfungen sind hier beispielhaft für die Schaltung genannt. Sie betreffen natürlich das gesamte Gerät und schließen die Software mit ein. Häufiger als man denkt und vor allem häufiger als zugegeben wird, war ein vermutetes EMV-Problem lediglich ein Software-Fehler!

14.1.1.8 Software zusammen mit der Original-Hardware testen

Es genügt nicht, die Software-Funktionen losgelöst von der Hardware zu testen. Oft sind auch theoretische Verfahren zur Erkennung von Software-Fehlern ungeeignet, da sie viel zu langwierig sind und die tatsächlichen Probleme nicht zum Vorschein bringen.

Schnellere und bessere Erfolge erhält man meist mit dem intensiven Test des gesamtem Gerätes, also dem Zusammenspiel von Hard- und Software. Dabei fährt man gezielt Grenzsituationen an, um zu erkennen, wo die Funktionsgrenze tatsächlich liegt.

14.1.1.9 Strompfade analysieren

Wo fließen welche Ströme? Welche Wege wählen sie auf der Leiterplatte? Die Überlegungen können und sollten vor jeder Messung gemacht werden.

14.1.1.10 Welche Leiterbahnen sind empfindlich?

Wo verlaufen hochohmige angeschlossene Leiterbahnen? Wo bedeutet eine kleine Einstreuung schon einen merklichen Fehler?

14.2 Die Widerstandskopplung

14.2.1 Prinzip der Widerstandskopplung

Jede elektrische Leiterbahn und jeder elektrische Leiter hat einen Widerstand, der aus einem ohmschen Anteil R und einem induktiven Anteil L besteht. Für einfache Stromkreise spielt dies meistens keine Rolle. Fließen jedoch Ströme von unterschiedlichen Schaltungsteilen über die gleiche Leiterbahn, so erhalten wir die Situation in Bild 14.2.

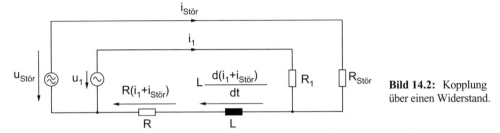

Bild 14.2: Kopplung über einen Widerstand.

Ohne die Verkopplung mit dem Störkreis würden wir an R_1 ziemlich genau die Spannung u_1 messen, weil der relativ kleine Strom i_1 nur einen vernachlässigbaren Spannungsabfall an R und L erzeugt. Durch die Überlagerung mit dem Strom $i_{Stör}$ entsteht jedoch ein zusätzlicher Spannungsabfall $R \cdot i_{Stör} + L \dfrac{di_{Stör}}{dt}$ an R_1, der als Störung wirkt. Bei einem großen Strom $i_{Stör}$ und bei hohen Frequenzen macht sich der Störkreis besonders stark bemerkbar.

Als Beispiel für eine derartige Verkopplung sei die gemeinsame Versorgung von einem Operationsverstärker und einem Prozessor angeführt:

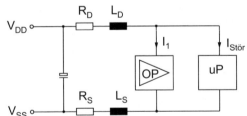

Bild 14.3: Einfaches Beispiel für die Widerstandskopplung.

Der Operationsverstärker und der Prozessor werden gemeinsam versorgt. Der hochfrequente Prozessor-Strom $I_{Stör}$ verursacht in der Masse- und der Pluszuleitung Spannungsabfälle, die auch am OP anliegen. Der Operationsverstärker wird also nicht mit einer reinen Gleichspannung versorgt, was für seine ordentliche Funktion Voraussetzung wäre, sondern er wird mit einer Gleichspannung versorgt, die einen überlagertem Wechselanteil enthält. Für diesen Wechselanteil ist der OP weder gebaut, noch spezifiziert. Er wird gestört. Dabei lässt sich die Auswirkung der Störung auf das OP-Verhalten nicht abschätzen. Die Hoffnung, dass er den Wechselanteil ausregelt, erfüllt sich bei der hohen Arbeitsfrequenz des Prozessors nicht. Vielmehr muss damit gerechnet werden, dass Nichtlinearitäten in der internen OP-Schaltung wirksam werden, die ein Fehlverhalten beliebiger Art verursachen. Beispielsweise kann es sein, dass der OP eine größere Offset-Spannung hat, als bei einer sauberen Geichstromversorgung, sich aber ansonsten völlig normal verhält.

14.2.2 Abhilfemaßnahmen

Aus Bild 14.2 lassen sich prinzipielle Abhilfemaßnahmen ableiten:

- *niederimpedante Leiter verwenden!* Breite und kurze Leiterbahnen haben einen niedrigeren ohmsche Widerstand R und eine kleinere parasitäre Induktivität L. Bei sonst gleichen Verhältnissen verringern sich die durch $I_{Stör}$ erzeugten Spannungsabfälle.

- *Störstrom kleiner machen!* Ein kleinerer $I_{Stör}$ verursacht einen kleineren Spannungsabfall am ohmschen Widerstand und, da ein kleiner $I_{Stör}$ auch ein kleineres $dI_{Stör}/dt$ hat, auch einen kleineren Spannungsabfall an L.

- *Störstrom niederfrequenter machen!* Bei niedrigerer Frequenz wird der Spannungsabfall an L reduziert. Der Spannungsabfall an L ist meist größer, als der Spannungsabfall an R. Deshalb ist diese Maßnahme sehr wichtig und von grundlegender Bedeutung: Eine Schaltung soll aus EMV-Gründen nur so schnell gemacht werde, wie für ihre Funktion unbedingt nötig ist: *So langsam wie möglich, so schnell wie nötig!*

- *Sternförmige Masseführung!* Oder zumindest eine getrennte Masseführung für unterschiedliche Schaltungsgruppen. Also etwa die Masse der analogen Schaltungsteile getrennt von der Masse der Digitalschaltungen verlegen. Oder, was in der Leistungselektronik sehr wichtig ist, dass man für die „dicken" Ströme des Leistungsteiles eine eigene Masse vorsieht. Der Fall ist in Bild 14.4 gezeigt.

Der Störstrom $I_{Stör}$ wird über eine getrennte Leitung geführt. Dadurch entsteht der Spannungsabfall durch $I_{Stör}$ nur noch im Störkreis und nicht mehr im empfindlichen Messkreis.

Die Abhilfemaßnahme in Bild 14.4 hat zu der weitverbreiteten Regel geführt, dass Masseleitungen sternförmig zu verlegen sind. Zu beachten ist aber, dass nicht alle Masseleitungen in der Praxis sternförmig verlegt werden können, da dies zu viele Leitungsführungen ergeben würde. Deshalb muss bei jedem Masseanschluss geprüft werden, welche Störströme er führt. Eine sinnvolle Unterteilung der Masseführung kann dann sein: Analoge und digitale Masse getrennt oder auch analoge, digitale und Power-Masse getrennt. Die unterschiedlichen Massen werden dann am Eingangselko zusammengeführt. Sollte bei ausreichend dimensioniertem Elko immer noch ein zu großer hochfrequenter Spannungsripple auf dem Elko vorhanden sein, muss durch zusätzliche parallelgeschaltete Kondensatoren oder RC-Glieder geblockt werden.

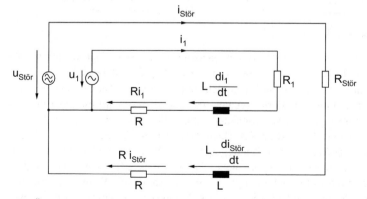

Bild 14.4: Verbesserte Masseführung bei Widerstandskopplung.

Alle Überlegungen gelten natürlich auch für die Plus-Versorgung. Über sie können genauso wie auf der Massezuführung Verkopplungen entstehen.

14.2.3   Beispiele

14.2.3.1 Kurze induktivitätsarme Verbindungsleitung zum Eingangselko

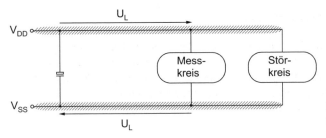

Bild 14.5: Gemeinsame Versorgung von Messkreis und Prozessor.

▨▨▨▨▨▨ Induktivitätsbelag der Leitung

Bild 14.5 zeigt eine typische Verdrahtung zweier Baugruppen vom Eingangselko aus. Gerade bei sternförmiger Masseverdrahtung kommt es häufig vor, dass die Leitungen vom Elko zu lang oder zu dünn ausfallen und dennoch mehr als nur eine Baugruppe damit versorgt wird. Hier im Bild sind zwei Baugruppen gezeichnet: der Störkreis und der Messkreis.

Hierbei darf man sich nicht vorstellen, dass der Messkreis und der Störkreis jeweils z.B. eine Europaplatine füllen, sondern es kann durchaus sein, dass schon ein IC den nächsten stört und dann besteht der Störkreis und der Messkreis zusammen nur aus wenigen Bauteilen.

In Bild 14.5 sind die Induktivitätsbeläge der Leitungen eingezeichnet. An ihnen fällt die Spannung U_L ab. Eine einfache Abhilfe besteht in der Reduktion der Induktivitäten durch kürzere Leitungen. Dazu müssen aber nicht alle Leitungen verkürzt werden, sondern nur die, über die der Störstrom tatsächlich fließt. Im vorliegenden Fall reicht es aus, wenn der Elko verschoben wird. Siehe Bild 14.6.

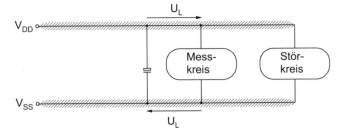

Bild 14.6: Elko verschoben.

▨▨▨▨▨▨ Induktivitätsbelag der Leitung

Die Leitungen oder Leiterbahnen sind in Bild 14.6 die gleichen geblieben, wie in Bild 14.5, haben also den gleichen Induktivitätsbelag. Der Störstrom fließt in beiden Fällen zwischen dem Störkreis und dem Elko. Bedingt durch den verschobenen Elko, ist die Leitung in Bild 14.6 jedoch kürzer und hat damit eine kleinere parasitäre Induktivität.

Die Spannungen U_L sind jetzt entsprechend verkleinert. Durch die Maßnahme wurde der Elko niederohmiger an die Schaltung angebunden. Zum Netz hin erkaufen wir uns das mit einer größeren Serieninduktivität. Da dort sowieso nur Gleichstrom fließt, stört die erhöhte Induktivität nicht.

Neben der Verkürzung von Leitungen (was eben nur manchmal geht), gibt es die Möglichkeiten, die Leiterbahnen zu verbreitern oder den Leitungsquerschnitt zu erhöhen. Beides ergibt einen kleineren Induktivitätsbelag.

14.2.3.2 Analoge und digitale Masse trennen

Dies ist die Konsequenz von Kapitel 14.2.2. Bei analog und digital gemischten Schaltungen ist die Trennung der Masseleitung (und natürlich auch der positiven Spannung) besonders wichtig, da digitale Schaltungen Störungen erzeugen, andererseits aber auch einen höheren Störpegel verkraften als analoge Schaltungen. Oszillographiert man die Versorgungsspannung, so sieht die Stromversorgung von Digitalschaltungen immer schlimmer aus als die von analogen Schaltungen.

14.2.3.3 Getrennte Messmasse

Es empfiehlt sich aber nicht nur die Trennung in Analog und Digital, sondern die grundsätzliche Trennung nach Funktionen. So sind Messschaltungen besonders störempfindlich, da sie genau messen sollen. Ganz schwierig wird es, wenn analoge und digitale Funktionen auf einem Chip sind. Für die Versorgungsanschlüsse werden dann separate Pins spendiert, obwohl jeder Pin Geld kostet und eventuell das Gehäuse vergrößert, was wiederum höhere Kosten und Platzbedarf verursacht. Aber der Mehraufwand ist für eine einwandfreie Funktion unumgänglich. Bild 14.7 zeigt ein Beispiel, wo ein AD-Wandler und ein Rechner am gleichen 5V-Netz betrieben werden.

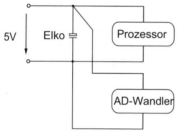

Bild 14.7: ADC und Rechner an der gleichen Versorgungsspannung.

Oft reicht die getrennte Leiterbahnführung nicht aus und es muss mit einem RC-Filter entkoppelt werden:

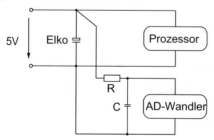

Bild 14.8: Filterung der Betriebsspannung mit einem RC-Filter.

Wenn die störende Frequenz dicht bei der Eingangsbandbreite des AD-Wandlers liegt oder wenn der AD-Wandler eine hohe Auflösung hat, kann es nötig sein, den Widerstand durch eine Induktivität zu ersetzten. Man erhält dann ein Filter zweiter Ordnung, das doppelt so steile Flanken hat, wie das einfache RC-Filter. Die Entkopplung der Stör- und der Nutzfrequenz wird deutlich verbessert.

14.2.3.4 Schalten eines MOSFETs.

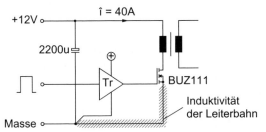

Die Induktivität der Zuleitung im Sourcekreis ist als Schraffur eingezeichnet. Beim schnellen Schalten des Transistors verursacht die Stromänderung an dieser Induktivität einen Spannungsabfall, der immer gegen den Schaltvorgang wirkt. Dadurch wird der Schaltvorgang langsamer, als es der Treiberstrom eigentlich zulässt.

Eine Abhilfemöglichkeit ist eine kurze Ankopplung des Treiberkreises an die Source. Bild 14.10 zeigt die verbesserte Verdrahtung.

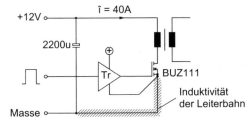

Bild 14.10: Ankopplung des Treibers.

Die in Bild 14.9 und Bild 14.10 gezeigte Induktivität führt meist nicht nur zu einem langsameren Ein- oder Ausschalten des Transistors, sondern zusammen mit den parasitären Kapazitäten zu einer hochfrequenten Schwingung. Sie ist sowohl aus EMV-Gründen, als auch wegen der hohen Verluste unerwünscht und kann nur durch Bedämpfung des Schwingkreises vermieden werden. Dazu schaltet man zwischen Treiberausgang und Gate einen Widerstand in der Größenordnung von 10 bis 100 Ω. Dadurch wird der Schaltvorgang allerdings auch etwas langsamer als erwünscht.

Grundsätzlich sei an dieser Stelle noch einmal angemerkt, dass schnelle Schaltungen immer Probleme mit sich bringen. Man darf die Schaltung nur so schnell machen als unbedingt nötig. Gerade in dem hier gezeigten Beispiel sieht man gut, dass sich die Physik nicht vergewaltigen lässt. Wer unbedingt eine kurze Schaltzeit des Transistors will und dafür eine große Treiberleistung zur Verfügung stellt, der kann dennoch nicht die Schaltzeit beliebig verkürzen, denn irgendwann schwingt das Gebilde einfach und die Bedämpfung des Ganzen bringt wiederum eine größere Schaltzeit mit sich.

14.2.3.5 Blockkondensatoren bei digitalen Schaltkreisen

Das Prinzip der Blockkondensatoren gilt allgemein überall dort, wo impulsförmige Ströme oder auch einfach Wechselströme fließen und über die Widerstandskopplung andere Schaltungsteile stören. Es ist also nicht auf die digitalen Schaltkreise beschränkt, dort aber am ehesten bekannt.

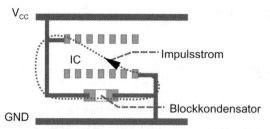

Bild 14.11: Anbindung des Blockkondensators.

Der impulsförmige Strom wird am Ort der Entstehung abgeleitet, so, dass er erst gar nicht über die Versorgungsspannung fließt. Somit kann er auch keine anderen Schaltungsteile beeinflussen.

Für besonders kritische Anwendungen kann die Impedanz der Anschlussleitungen zum Blockkondensator immer noch zu groß sein. Man kann sie folgendermaßen verkleinern:

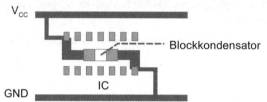

Bild 14.12: Verbesserte Anbindung des Blockkondensators.

Hier sieht man auch, dass aus EMV-Sicht die diagonal gegenüberliegenden Anschlüsse für die Versorgungsspannung nicht optimal sind. Besonders bei sehr schnelle Logikfamilien überlegen sich die Hersteller, die Anschlüsse nebeneinander zu legen.

14.2.3.6 Vierleitermesstechnik

Eine Strommessung kann am einfachsten durch Messen des Spannungsabfalls an einem Shunt-Widerstand R_{Sh} erfolgen (Bild 14.13).

Bild 14.13: Strommessung mittels Shunt.

Bild 14.14: Shunt mit parasitären Anschlussinduktivitäten.

An R_{Sh} gilt das Ohmsche Gesetz: $I = \dfrac{U_{Sh}}{R_{Sh}}$. R_{Sh} wird möglichst niederohmig gewählt, um die Verluste klein zu halten. Dadurch wird auch U_{Sh} klein und jede wirksame Störgröße verfälscht die Messung. Insbesondere parasitäre Induktivitäten in den Zuleitungen und den Anschluss-Pins des Shunts verursachen Messfehler. In Bild 14.14 gilt für U_{Sh}: $U_{Sh} = R_{Sh} \cdot I + 2 \cdot L_{Sh} \cdot \dfrac{dI}{dt}$.

Der zweite Term verkörpert die Messung der Stromänderung und nicht die Strommessung. Er verfälscht das Messergebnis. Abhilfe schafft nur ein zusätzliches Leiterpaar zur Trennung von Strom und Messspannung.

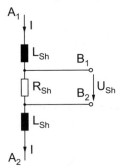

Bild 14.15: Vierleitermesstechnik mit Leiterpaar A_1, A_2 (Strompfad) und Leiterpaar B_1, B_2 (Messpfad).

Oft ist die parasitäre Induktivität der Anschlüsse von R_{Sh} schon zu groß. Deshalb werden schon auf dem Chip getrennte Leiterpaare verwendet.

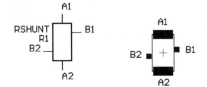

Bild 14.16: Schaltbild und Layout für einen SMD-Shunt. Hersteller: Isabellenhütte.

14.2.4 Widerstandsberechnung

Für die Berechnung der Spannungsabfälle auf den gemeinsam benutzten Leitern muss deren Widerstand bestimmt werden. Für Leiter mit konstantem Querschnitt gilt:

$$R = \rho \cdot \frac{l}{A} \qquad (14.2.1)$$

Es gibt nur wenige Anordnungen im Bereich der Platinenherstellung, wo diese Formel nicht anwendbar ist. Ein häufig vorkommender Fall ist der Widerstand zwischen zwei Punkten einer leitenden Ebene.

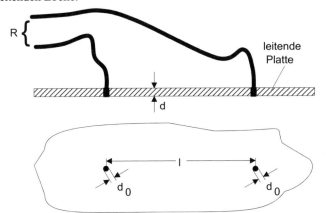

Bild 14.17: Widerstand einer leitenden Platte.

Die Kontaktierungsstellen sind mit einem hochleitfähigen Draht hergestellt und der Skineffekt sei noch vernachlässigbar. Dann ist die Stromverteilung über der Dicke der Platte konstant. Damit reduziert sich die Rechenaufgabe auf ein ebenes Problem.

Zunächst betrachten wir nur einen Anschluss in der unendlichen Ebene, über den der Strom I zugeführt wird. Für die Stromdichte gilt dann auf einem Kreis um den Einspeisepunkt:

$$S = \frac{I}{2 \cdot \pi \cdot r \cdot d} \tag{14.2.2}$$

Wenn nun über einen zweiten Anschluss ein weiterer Strom eingespeist wird, so überlagern sich beide Strömungsfelder. Der Einfachheit wegen bewegen wir uns auf der Verbindungslinie der beiden Einspeisepunkte. Dann gilt:

$$S = \frac{I}{2 \cdot \pi \cdot r \cdot d} + \frac{I}{2 \cdot \pi \cdot (l-r) \cdot d} \tag{14.2.3}$$

Bekanntlich gilt:

$$E = \rho \cdot S \tag{14.2.4}$$

Um die Spannung zwischen den beiden Einspeisepunkte zu erhalten, müssen wir über die Feldstärke integrieren:

$$U = \int_{r_0}^{l-r_0} E(r)dr = \int_{r_0}^{l-r_0} \rho \cdot S(r)dr \tag{14.2.5}$$

Die Lösung des Integrals ergibt:

$$U = \int_{r_0}^{l-r_0} \frac{I * \rho}{2 \cdot \pi \cdot d} \cdot \left(\frac{1}{r} + \frac{1}{l-r} \right) dr = \frac{I \cdot \rho}{2 \cdot \pi \cdot d} \cdot \left[\ln r - \ln(l-r) \right]_{r_0}^{l-r_0}$$

$$= \frac{I \cdot \rho}{2 \cdot \pi \cdot d} \left[\ln(l-r_0) - \ln(l-l+r_0) - \ln r_0 + \ln(l-r_0) \right] \tag{14.2.6}$$

$$= \frac{I \cdot \rho}{2 \cdot \pi \cdot d} \cdot 2 \cdot \ln \frac{l-r_0}{r_0}$$

$$\Rightarrow R = \frac{U}{I} = \frac{\rho}{\pi \cdot d} \cdot \ln \frac{l-r_0}{r_0} \tag{14.2.7}$$

für $\dfrac{l}{r_0} \ll 1$ gilt:

$$R = \frac{\rho}{\pi \cdot d} \cdot \ln \frac{l}{r_0} \tag{14.2.8}$$

Nachfolgend wird   (14.2.7) dargestellt:

Normierter Widerstand einer leitfähigen Ebene

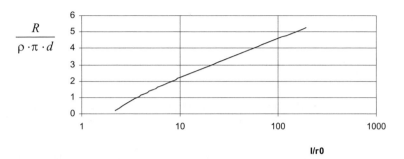

Bild 14.18: Graphische Darstellung des Widerstandes zwischen zwei Punkten in einer Ebene.

Beispiel: Die Kupferkaschierung auf einer Leiterplatte hat eine Dicke von $35\mu m$. Eine 1mm breite Leiterbahn mit 10cm Länge hat einen Widerstand von $50,3m\Omega$.

Zwei Punkte auf einer durchgehenden Fläche im Abstand von 10cm und einem Kontaktierungsdurchmesser von 1mm haben einen Widerstand von $0,74m\Omega$.

14.3 Die kapazitive Kopplung

14.3.1 Prinzip der kapazitiven Kopplung

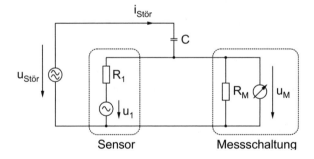

Bild 14.19: Prinzip der kapazitive Kopplung.

Einen typischen Fall von kapazitiver Kopplung zeigt Bild 14.19. Ein Sensor (R_1, u_1) ist an eine Messschaltung (R_M, u_M) angeschlossen. R_1 und R_M sind hochohmig. In der Nähe verläuft ein Leiter, der eine hohe oder hochfrequente Wechselspannung hat ($u_{Stör}$). Zwischen beiden existiert die aufbaubedingte Kapazität C, die im Schaltplan gar nicht eingezeichnet ist, im vorliegenden Fall aber berücksichtigt werden muss. Es fließt dann über den Kondensator C der Strom $I_{Stör}$.

Für $I_{Stör}$ gilt:

$$I_{Stör} = C \cdot \frac{dU_{Stör}}{dt} \,. \tag{14.3.1}$$

Er verursacht an R_V die Störspannung $U_{MStör}$.

$$U_{MStör} = \frac{R_1 \cdot R_M}{R_1 + R_M} \cdot I_{Stör} = \frac{R_1 \cdot R_M}{R_1 + R_M} \cdot C \cdot \frac{dU_{Stör}}{dt} \tag{14.3.2}$$

Ein Zahlen-Beispiel aus dem Kraftfahrzeug soll die Zusammenhänge verdeutlichen: Dort wird das Gemisch im Ottomotor mit einem Zündfunken entflammt. Für den Durchschlag an der Zündkerze braucht man etwa 10kV. Beim Funkenüberschlag bricht die Spannung praktisch schlagartig zusammen. Nehmen wir einmal für das "schlagartige" Zusammenbrechen der Spannung 100ns an, dann haben wir eine Spannungsänderung von $10\,\dfrac{kV}{100ns}$. Bei einer Kopplungskapazität von 1fF ($= 0{,}001$pF) erhalten wir nach Gl. (14.3.1):

$$I_{Stör} = C \cdot \frac{dU_{Stör}}{dt} = 1 \cdot 10^{-15}\, F \cdot 10\,\frac{kV}{100ns} = 100 \mu A \,.$$

An einem Punkt in der Schaltung, der beispielsweise $10k\Omega$ Impedanz nach Masse hat, fällt dann die Spannung $U_{Stör} = I_{Stör} \cdot R = 1V$ ab.

Bei größeren Kopplungskapazitäten oder hochohmigeren Schaltungspunkten vergrößert sich die Störspannung entsprechend und auch die angenommene Spannungsanstiegsgeschwindigkeit kann in der Realität deutlich größer sein.

Aus Gl. (14.3.2) erkennen wir: Eine kapazitive Störung ist umso stärker, je größer die Koppelkapazität C ist und je höher die Flankensteilheit der störenden Spannung ist. Sie ist umso kleiner, je niederohmiger die Parallelschaltung von R_1 und R_M ist.

14.3.2   Vermeidung und Abhilfemaßnahmen

- *Verringerung der Koppelkapazität* durch
    - kurze Verbindungsleitungen
    - nicht parallel geführte Leiter,
    - größerer Abstand zwischen den sich störenden Leitungen,
    - Abschirmung.
- Kleine Änderungsgeschwindigkeit der Störspannung.
- Niederohmige Signalquelle,
    - Multi-Layer,
    - Kapazität parallel R_M.
- Niedrige Grenzfrequenz der Schaltung.
- Symmetrie

14.3.3 Beispiele

14.3.3.1 Störung eines Schwingquarzes

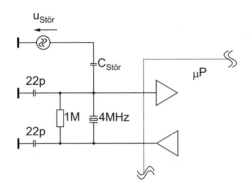

Bild 14.20: Kapazitive Störung eines Quarzes zur Takterzeugung.

In Bild 14.20 ist die typische Quarz-Oszillator-Schaltung gezeichnet, wie sie bei Prozessoren verwendet wird. Im Prozessor sind bereits Verstärker und Treiber für den Oszillator integriert. Lediglich der Quarz, die beiden 22pF-Kondensatoren und der Widerstand werden extern dazu gebaut. Durch die Beschaltung mit den beiden Kondensatoren schwingt der Quarz in Serienresonanz, die niederohmig ist. Das Ersatzschaltbild eines Schwingquarzes sieht so aus:

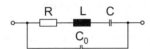

Bild 14.21: Ersatzschaltbild eines Schwingquarzes.

L und C sind wie gesagt in Serienresonanz. R ist vergleichsweise klein, so dass wir insgesamt an den Anschlussklemmen einen niederohmigen Zweipol erhalten. Nach den Ausführungen in Kapitel 14.3.2 würden wir also keine kapazitiven Störungen erwarten. Leider ist der Quarz nur bei seiner Resonanzfrequenz niederohmig. Für alle anderen Frequenzen ist er hochohmig und damit durch kapazitive Störungen leicht beeinflussbar.

Wenn nun eine Störungen die Quarzfrequenz verändert, dann tut sie das nicht bei den 4MHz, sondern bei einer völlig anderen Frequenz. Der Verstärker führt diese Frequenz dem Rechner zu und der wird mit einer Taktfrequenz betrieben, die drastisch von den 4MHz abweicht.

Dabei passiert Folgendes: Teile des Prozessors, wie etwa der Akku, arbeiten mit der gefälschten Taktfrequenz weiter. Andere Teile des Prozessors, wie etwa der Bus, können bei der Störfrequenz nicht mehr ordentlich arbeiten und machen echte digitale Fehler. Der Prozessor stürzt ab. Genauer gesagt, er verrennt sich in unerlaubte Adressbereiche.

Viele Prozessoren haben für diesen Fall eine sogenannte „Trap-Funktion". Die Zugriffe auf unerlaubte Daten- oder Adressbereiche werden erkannt und es wird ein Interrupt-Vektor oder der Rest-Vektor angesprungen. Der Prozessor beginnt sein Programm von vorne.

Dies ist aber lediglich eine Hilfe bei der Schaltungs- und Geräteentwicklung, um die Störung des Prozessors zu erkennen und zu beobachten. Für Seriengeräte, wo der Prozessor direkte Funktionen steuert (z.B. Airbag), dürfen solche Störungen nicht vorkommen.

Abhilfemaßnahme bei gestörtem Quarz ist meist nur durch einen Quarzoszillator zu erreichen, der den Takt niederohmig aus seinem geschirmten Gehäuse heraus liefert.

14.3.3.2 Abstrahlender Kühlkörper

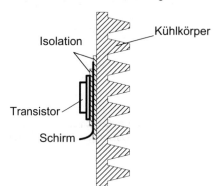

Bild 14.22: Kühlkörper mit Isolation und Schirm.

Der Kühlkörper mit seiner großen Oberfläche hat eine deutliche Kapazität zur Umgebung, wodurch er steile Schaltflanken abstrahlt. Zur Vermeidung der Abstrahlung muss der Kühlkörper auf Masse gelegt werden oder genauer gesagt so gut wie möglich auf Erdpotential.

Zur Ableitung kann - wie im Bild gezeichnet - eine Abschirmung zwischen Transistor und Kühlkörper erforderlich werden, die an die Masse der Schaltung (üblicherweise Minuspol) angeschlossen werden muss. Damit sind zwei elektrische Isolationsschichten eingefügt und die thermische Kopplung wird deutlich schlechter sein als in dem Falle, wo der Transistor direkt auf den Kühlkörper geschraubt wird. Eventuell kann auf den Schirm und die zweite Isolationsschicht verzichtet werden, wenn der Kühlkörper galvanisch auf Masse angeschlossen werden kann.

14.3.3.3 Schirmwicklung in einem Transformator

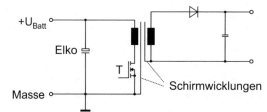

Bild 14.23: Schirmung in einem Transformator.

Es wird eine primärseitige und eine sekundärseitige Schirmwicklung eingebaut und an die jeweilige Masse angeschlossen. Damit werden alle kapazitiven Störströme auf die zugehörigen Massen abgeleitet und fließen nicht auf die andere Wicklungsseite hinüber.

Anmerkung zum Trafo: Die Wicklungen auf einem Trafo sind immer kapazitiv verkoppelt, was häufig stört. Verschiedene Wickeltechniken versuchen die Wicklungskapazitäten möglichst klein zu halten. Beispiele: Trenntrafo, Zündspule. Dies gelingt nur bedingt. Durch die Schirmung, wie in Bild 14.23 gezeigt, gelingt es aber fast vollständig Störungen von der Primär- auf die Sekundärseite und umgekehrt zu unterbinden.

Daneben hat der Transformator auch ohne Schirmwicklung eine gute Filterwirkung (siehe auch Kapitel 12) und wird schon deshalb in Netzteilen bevorzugt eingesetzt.

14.3.4   Einfacher Nachweis elektrischer Felder im Labor

Um einen Überblick über die Art der Störung zu bekommen, reichen einfache Mess- oder Schnüffelverfahren aus. Sie sollten schnell und leicht durchführbar sein und keine teuren Messgeräte erfordern.

Mit einem offenen Tastkopf kann man Wechselfelder nachweisen. Der Masseclip wird an Masse angeschlossen und die Tastkopfspitze bleibt offen. Man bewegt sie über die Platine und findet so schnell den gesuchten Störherd.

Bild 14.24: Offener Tastkopf misst elektrische Felder.

Bei schwachen Feldern kann die Antennenwirkung der Tastkopfspitze durch ein Kupferplättchen verstärkt werden:

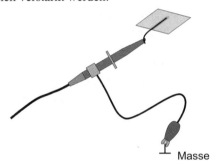

Bild 14.25: Antennenwirkung mit Metallblättchen verstärkt.

Das Metallblättchen hat zusätzlich den Vorteil, dass die Richtung des elektrischen Feldes erkannt wird.

„Richtige" EMV-Messungen erfolgen mit dem Messempfänger im Frequenzbereich. Die Messungen mit dem Oszilloskop finden im Zeitbereich statt. Beide Messungen lassen sich also nicht direkt vergleichen, was aber auch nicht verlangt wird. Mit den einfachen Schüffelmessungen in Bild 14.24 und Bild 14.25 sollen keine genauen EMV-Messungen gemacht werden, sondern es sollen die Störquellen gefunden werden. Störer lassen sich mit der Messung im Zeitbereich leichter identifizieren, da der Schaltungsentwickler die Spannungsverläufe sowieso kennt und die zeitliche Zuordnung (im Gegensatz zur Messung im Frequenzbereich) gegeben ist. Die zeitliche Zuordnung gilt für den Störer, die Störung und den gestörten Schaltungsteil. So kann einem beobachteten Störverhalten der Schaltung eindeutig der Verlauf des elektrischen Feldes zugeordnet werden, der zu der Störung geführt hat. Aus dem Verlauf des elektrischen Feldes kann nun direkt auf den Störer geschlossen werden. Damit ist der komplette Kopplungsmechanismus erkannt!

Genaue Messungen, etwa für die Freigabe eines Produkts, müssen in einem EMV-Labor durchgeführt werden und können keinesfalls durch die einfachen Schüffelmessungen ersetzt werden.

14.4 Die magnetische Kopplung

14.4.1 Prinzipdarstellung der magnetischen Kopplung

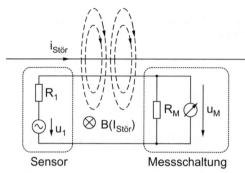

Bild 14.26: Die magnetische Kopplung.

Der Strom $I_{stör}$ erzeugt ein Magnetfeld in der Umgebung seines Leiters. Die magnetische Feldlinien verlaufen in Form von konzentrischen Kreisen um den Leiter herum. Ein Teil der Feldlinien durchdringt die Leiterschleife und induzieren dort eine Spannung $U_{stör}$. Sie tritt nicht als diskrete Spannungsquelle an einer Stelle auf, sondern wirkt in der gesamten Leiterschleife. Sie könnte näherungsweise gemessen werden, wenn wir die Leiterschleife an einer Stelle auftrennen und unmittelbar an der Trennstelle die Spannung messen. In Bild 14.26 wirkt sie auf die Serienschaltung von R_1 und R_M. Ihre Wirkung überlagert sich der Wirkung von U_1.

Die Größe von $U_{stör}$ hängt von der Geometrie der gesamten Anordnung ab. Dieser Einfluss wird üblicherweise durch die Gegeninduktivität M der Anordnung beschrieben. Damit kann das Induktionsgesetz auf Bild 14.26 angewendet werden:

$$U_{Stör} = M \cdot \frac{dI_{Stör}}{dt} \quad und \quad U_{MStör} = \frac{R_M}{R_1 + R_M} \cdot U_{Stör} = \frac{R_M}{R_1 + R_M} \cdot M \cdot \frac{dI_{Stör}}{dt} \qquad (14.4.1)$$

Darin ist $U_{MStör}$ derjenige Spannungsanteil von U_M, der von $I_{Stör}$ erzeugt wird. $U_{MStör}$ stellt also die eigentliche Störgröße dar.

14.4.2 Abhilfemaßnahmen bei magnetischer Einkopplung

1) Verringerung der Gegeninduktivität durch

- größeren Abstand der sich störenden Kreise,
- kleinere Schleifenfläche der Kreise,
- verdrillte Leitungen,
- magnetische Abschirmung (Permalloy, Mu-Metall).

2) Kleine Änderungsgeschwindigkeit des Störstromes.

3) Eine Stromschnittstelle, d.h. niedriger Eingangswiderstand des Verbrauchers (R_M) und großer Innenwiderstand der Quelle (R_1). Unter dieser Voraussetzung fällt die induzierte Störspannung größtenteils an R_1 ab und wird nicht an R_M gemessen.

4) Orthogonale Magnetachsen.

14.4.3 Beispiele

14.4.3.1 Layout für einen Digital-IC

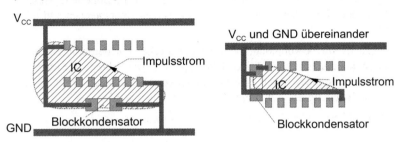

Bild 14.27: Vergleich von zwei Layout-Lösungen bezüglich magnetischer Störungen.

Im linken Fall in Bild 14.27 brauchen wir nur eine einlagige Leiterplatte und haben eine übersichtliche Leiterbahnführung. Im rechten Fall brauchen wir mindestens eine Bilayer-Platine. Wir können aber das Layout so gestalten, dass der Weg des Impulsstromes eine kleinere Fläche aufspannt wie im linken Bild. Dadurch wird die Abstrahlung der Digitalschaltung verringert.

Als Nebeneffekt ergibt sich im rechten Fall eine kleinere Induktivität der Anschlussleitungen zwischen Blockkondensator und dem IC. Der Kondensator wirkt besser. Die Spannungseinbrüche auf V_{CC} werden kleiner sein.

14.4.3.2 Leitungsführung bei einem DC/DC-Wandler

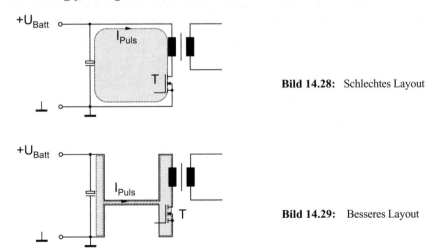

Bild 14.28: Schlechtes Layout

Bild 14.29: Besseres Layout

Der Stromkreis spannt in Bild 14.28 eine kleinere Fläche auf, als in Bild 14.29. Die Abstrahlung wird also deutlich geringer sein. Noch besser ist eine Führung der Leiterbahnen übereinander, etwa auf einer doppelt kaschierten Platine. Dann ist die Fläche praktisch Null.

14.4.3.3 Adernbelegung bei vielpoligen Leitungen mit gemischten Strömen.

In einer vieladrigen Leitung kommt es zwangsläufig dazu, dass Adern von Stromkreisen mit unterschiedlichen Funktionen dicht nebeneinander verlaufen. Empfindliche Messleitungen liegen vielleicht dicht neben Powerleitungen. Dann kommt es zum Übersprechen und die Messleitungen werden gestört.

Neben der kapazitiven Überkopplung, die durch entsprechend niederohmige Schaltungsauslegung beherrschbar ist, kommt es zur induktiven Überkopplung. Die Schleife der Starkstromleitung und die Schleife des Messpfades haben eine Gegeninduktion zueinander. Die Gegeninduktion kann durch geschickte Belegung der vieladrigen Leitung minimiert werden.

Mit dem Schnittbild eines vieradrigen Kabels sei die Aussage verdeutlicht:

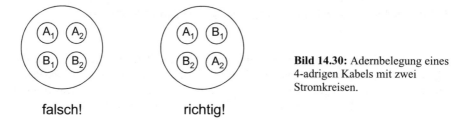

Bild 14.30: Adernbelegung eines 4-adrigen Kabels mit zwei Stromkreisen.

Die Leitung A besteht aus Hinleiter A_1 und Rückleiter A_2. Die Leitung B besteht aus Hinleiter B_1 und Rückleiter B_2.

Zur Begründung, warum die linke Adernbelegung in Bild 14.30 falsch und die rechte richtig ist, betrachten wir das magnetische Feld der Anordnung. Zunächst betrachten wir lediglich das durch das Leiterpaar A erzeugte Feld und charakterisieren es durch die magnetischen Feldlinien:

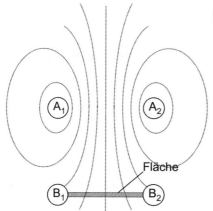

Bild 14.31: Das Magnetfeld vom Leiterpaar A.

Ein Teil der Feldlinien durchsetzt die durch B_1 und B_2 aufgespannte Fläche. Es besteht eine Gegeninduktivität zwischen A und B. In der Leiterschleife B wird also eine Spannung induziert, die vom Strom in A abhängt. Die Leiterschleife B ist gestört.

Ändern wir die Adernbelegung wie in Bild 14.30, ergibt sich folgendes Feldlinienbild:

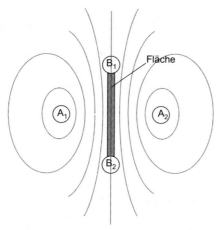

Bild 14.32: Magnetfeld von
der Leiterschleife A erzeugt.

Jetzt durchdringt keine Feldlinie die von B aufgespannte Fläche. In der Schleife B gibt es also keinerlei Störungen durch die Schleife A. Im Idealfall sind beide Stromkreise völlig entkoppelt. In der Praxis funktioniert das Prinzip recht gut, da Kabel mit mehreren Einzeladern immer verseilt sind. Die Adern ändern ihre relative Position zueinander über die Länge des Kabels nicht. Die Maßnahme kostet keinen Mehraufwand in der Fertigung und ist deshalb sehr zu empfehlen. Bei mehr als zwei Stromkreisen, also mehr als vier Adern, wird die Betrachtung komplizierter. Aber es gibt auch dort günstige Belegungen und es lohnt sich darüber Gedanken zu machen.

Anmerkung: Die Überlegung mit Hilfe eines Feldlinienbilds kann für das elektrische Feld wiederholt werden. Wir erhalten genau dasselbe Ergebnis. Die richtige Adernbelegung hilft also bei magnetischen und elektrischen Feldern.

Für das elektrische Feld kann auch eine Ersatzschaltung mit Kondensatoren angegeben werden:

Bild 14.33: Ersatzkapazitäten zweier Doppelleitungen

Bedingt durch die Symmetrie der Anordnung und die "richtige" Belegung gilt: $C_1 = C_2 = C_3 = C_4$. Die Leiterpaare bilden eine abgeglichene Brücke.

14.4.4   Einfaches Messen von magnetischen Störungen im Labor

Mit einem kurzgeschlossenen Tastkopf kann man Magnetfelder aufspüren:

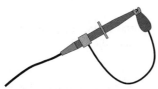

Bild 14.34: kurzgeschlossener
Tastkopf misst magnetische Felder.

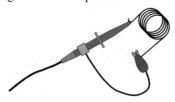

Bild 14.35: Spule erhöht Messspannung.

Die vom Oszilloskop gemessene Spannung ist $u = A \cdot \dfrac{dB}{dt}$, wenn A die aufgespannte Fläche und B die magnetische Flussdichte ist. Wird eine größere Spannung gewünscht, baut man eine kleine Luftspule zwischen Masseklips und Tastkopfspitze. Durch Bewegen der Spule im Magnetfeld kann man das Feld an beliebigen Punkten im Raum messen. Durch Drehen der Spule ermittelt man die Richtung des Magnetfeldes.

14.5 Strahlungskopplung

14.5.1 Allgemeines

Bisher hatten wir die Koppelmechanismen durch Kapazitäten, Induktivitäten und Widerstände erklärt. Dies reicht für den Schaltungstechniker normalerweise völlig aus. Alle Störphänomene auf einer Leiterplatte oder innerhalb eines Gerätes lassen sich durch die drei Kopplungsarten Widerstandskopplung, kapazitive Kopplung und induktive Kopplung hinreichend genau erklären. Untersucht man jedoch EMV-Probleme, die über eine größere Distanz oder die bei sehr hohen Frequenzen auftreten, so müssen die Eigenschaften von elektromagnetischen Wellen berücksichtigt werden.

Bei höheren Frequenzen wird elektrische Energie nicht nur als Strom im Kupferleiter transportiert wird, sondern auch in einem elektromagnetischen Feld in der unmittelbaren Umgebung des Leiters. Das Feld kann sich teilweise vom Leiter lösen und breitet sich nun als elektromagnetische Welle im freien Raum aus. Für diesen Fall müssen wir die Ausbreitungsgesetze der elektromagnetischen Wellen heranziehen. Ob dies nötig ist, hängt vor allem von der Frequenz ab, für die wir die Analyse durchführen, aber auch von der Geometrie der Anordnung. Ganz grob kann man sagen, dass ab etwa 30MHz eine Wellenausbreitung beginnt.

Nun ist aber nicht für jede Untersuchung ab 30MHz die Anwendung des Hertz'schen Dipols und der Wellengleichungen nötig, denn meistens wollen wir in der EMV nur eine plausible Erklärung für ein Störphänomen und nicht, wie etwa in der Nachrichtentechnik, eine genaue Berechnung der Ausbreitung durchführen. Zur Erklärung von Störungen reichen Grundkenntnisse über die qualitativen Zusammenhänge fast immer aus. Deshalb soll in diesem Kapitel lediglich auf das Prinzip eingegangen werden.

14.5.2 Prinzip der Strahlungskopplung

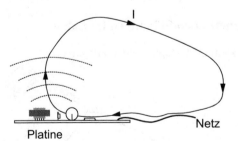

Bild 14.36: Störstrom fließt durch die Luft.

Die Platine strahlt elektromagnetische Energie ab, die durch die Luft ihren Weg nach Erde und damit zur Netzleitung findet. Über diese fließt der Störstrom auf die Platine zurück. Die Strahlungskopplung können wir uns als einen Stromkreis vorstellen, der über die Luft geschlossen wird.

Neben der Anordnung in Bild 14.36 gibt es natürlich noch viele andere Wege. So kann die Strahlungskopplung auch ausschließlich durch die Luft erfolgen, ohne dass die Netzleitung dazu gebraucht würde.

Wenn wir die abgestrahlte Leistung verkleinern möchten, so zeigt Bild 14.36 dafür zwei Möglichkeiten auf: Wir können bei der betreffenden Frequenz die Abstrahlung verringern (Schirmung) oder wir können die Netzleitung hochohmig (Netzfilter) machen. Beides verhindert oder erschwert einen Stromfluss nach Bild 14.36.

Wollen wir die abgestrahlte HF-Leistung messen, so gibt es wieder zwei Möglichkeiten: Wir messen entweder die HF-Leistung direkt mittels Antennen und Messempfänger oder wir messen den Störstrom auf dem Netz. Dazu verwendet man eine HF-Koppelzange und misst das Gleichtaktsignal (Hin- und Rückleiter gemeinsam). Das zweite Verfahren ist natürlich billiger, weil keine Antennen gebraucht werden. Deshalb ist es auch bei den Kontrollbehörden beliebt.

14.5.3 Abhilfemaßnahmen

Als Abhilfemaßnahmen kommen in Frage:

- Schirmung: Der durch die HF-Strahlung erzeugte Störstrom fließt über den Schirm ab und hat nach außen keine Wirkung

- Symmetrierung: Die Abstrahlung wird gezielt verdoppelt, aber mit unterschiedlichem Vorzeichen oder in entgegen gesetzter Richtung. Siehe hierzu Kapitel 17.

- Filterung der Netzleitung: Für den betreffenden Frequenzbereich wird die Netzleitung hochohmig gemacht. Diese Maßnahme hat allerdings nur eine begrenzte Wirkung, da sich die auf der Platine erzeugte HF anderweitig durch die Luft ausbreiten kann. Zur Filterung siehe auch Kapitel 16.

- Hochfrequenzerzeugung auf der Platine minimieren: Strom- und Spannungsgradienten minimieren!

Bei der Schirmung gilt es einige Gesichtspunkte zu beachten (siehe auch Kapitel 16). Trotzdem kann es zu unerwarteten Überraschungen kommen. Ein Beispiel zeigt Bild 14.37:

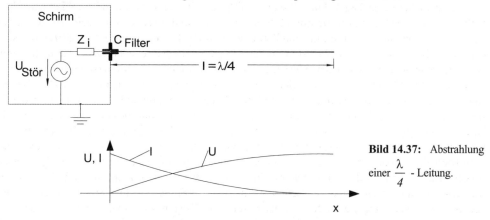

Bild 14.37: Abstrahlung einer $\dfrac{\lambda}{4}$ - Leitung.

Obwohl die Leitung mit einem Durchführungskondensator in den Schirm geführt wird, strahlt die Leitung stark ab, da sie am Filterkondensator einen Spannungsknoten hat. Die Leitungslänge bestimmt, welche Frequenz bevorzugt abgestrahlt wird. Andere Frequenzen, die nicht die $\frac{\lambda}{4}$-Bedingung erfüllen, strahlen weniger ab, sind aber nicht vernachlässigbar.

Eine Lösung des Problems besteht in der Verwendung von Durchführungsfiltern höherer Ordnung. Das bedeutet aber neben dem Durchführungskondensator mindestens eine zusätzliche Drossel, da es eine Kombination als Durchführungsbauteil nicht gibt.

14.5.4 Messung am Kraftfahrzeug

Neben zahlreichen anderen EMV-Messungen wird an Fahrzeugen für die Freigabe die abgestrahlte HF-Leistung mit Antennen und Messempfänger gemessen.

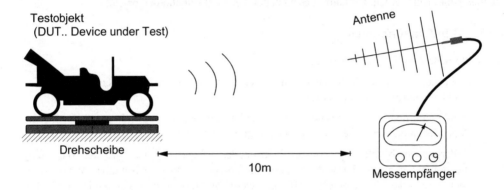

Bild 14.38: Freigabemessung für Kraftfahrzeuge.

Das Fahrzeug (könnte auch ein Oldtimer sein) wird auf einer Drehscheibe oder einem Drehtisch rundum auf die abgestrahlte HF vermessen. Die Messung erfolgt mit kalibrierten Antennen und dem Messempfänger. Die Messung erfolgt als Freifeldmessung oder in der Absorberhalle. Die Freifeldmessung ist deutlich billiger. Man benötigt lediglich ein geeignetes Gelände, auf dem die von anderen Strahlungsquellen erzeugten HF-Felder gering sind. Freifeldmessungen finden bis heute statt. Die Messung in der Absorberhalle ist genauer, aber erheblich teurer. Das Fahrzeug wird während der Messung betrieben. Es läuft also mindestens der Motor im Leerlauf . Die Absorberhalle muss nicht nur elektromagnetisch abschirmen und absorbieren, sondern muss weitere Infrastruktur für Kühlung, Abgasabsaugung und Frischluftzufuhr bereitstellen. Soll z.B. das Fahrzeug unter Last vermessen werden, dann muss auch noch ein (drehbarer!) Rollenprüfstand vorhanden sein. Trotzdem gingen die Fahrzeughersteller in der Vergangenheit vermehrt zu aufwendigen Absorberhallen über. So gibt es inzwischen auch große Absorberhallen, in denen Reisebusse und LKWs gemessen werden können. Die riesige Investition für solche Absorberhallen veranlasst die Firmen, diese Hallen nicht nur selbst zu nutzen, sondern auch an externe Unternehmen zu vermieten. So braucht wenigstens nicht jeder Fahrzeughersteller seine eigene Halle zu finanzieren. Die Kosten sind aber mit der eigenen wie auch mit der gemieteten Halle erheblich.

15 Störquellen

15.1 Zeitbereich - Frequenzbereich

15.1.1 Bandbreite

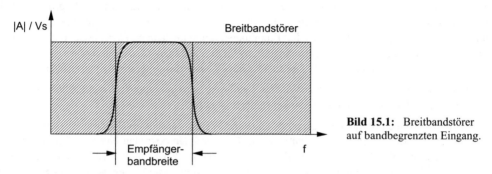

Bild 15.1: Breitbandstörer auf bandbegrenzten Eingang.

Bild 15.1 zeigt einen Breitbandstörer mit einem kontinuierlichen Amplitudenspektrum (weißes Rauschen). Die gestörte Schaltung wirkt als Empfänger und schneidet gemäß ihrer Eingangsbandbreite einen Teil aus dem gesamten Störspektrum heraus. Nur die Störfrequenzen in dem herausgeschnittenen Teil wirken als Störung. Deshalb ist eine Schaltung störunempfindlich, wenn ihre Empfängerbandbreite klein ist.

Das Störspektrum kann, wie in Bild 15.1 dargestellt, kontinuierlich sein oder es können diskrete Frequenzlinien vorliegen. Diskrete Frequenzlinien liegen immer dann vor, wenn das Spektrum von den Oberwellen eines nichtsinusförmigen Störers herrührt. Ein Taktsignal eines Rechners liefert beispielsweise diskrete Spektrallinien im Abstand von der Grundfrequenz.

Zur Vereinfachung wurde in Bild 15.1 ein waagerecht verlaufendes Amplitudenspektrum dargestellt. In der Praxis verläuft es im Allgemeinen nicht waagerecht, sondern schwankt stark. Auch fällt es zu hohen und meist auch zu tiefen Frequenzen hin ab.

Aus Bild 15.1 lässt sich weiter ableiten, dass wir eine besonders störunempfindliche Konstellation erhalten, wenn Störfrequenzbereich und Nutzfrequenzbereich auseinander liegen, sich also nicht überschneiden.

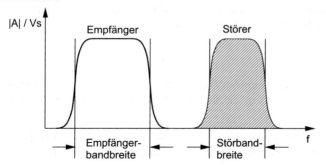

Bild 15.2: Stör- und Nutzsignalbandbreite liegen auseinander.

Der Empfänger erhält in diesem Idealfall überhaupt keine Störspektren, bleibt also völlig ungestört.

Telefonleitungen sind bis heute ungeschirmt ausgeführt. Wir können sie unbesorgt am PC vorbeiführen. Der Frequenzbereich fürs Telefonieren wird bei 3,4kHz abgeschnitten, die Taktfrequenz des Rechners liegt im MHz-Bereich. Beide Frequenzbereiche liegen deutlich auseinander, wodurch keine gegenseitige Beeinflussung entsteht. Voraussetzung für diese Aussage ist, dass der Empfänger – in unserem Fall das Telefon – nur in der Empfängerbandbreite sensitiv ist. In Bild 15.2 wird eine gegenseitige Beeinflussung vermieden, weil die Frequenzbereiche von Empfänger und Störer genügend weit auseinander sind. In diesem Fall greifen auch Filtermaßnahmen, falls diese erforderlich wären. Ein Filter für den Empfänger müsste so dimensioniert werden, dass es für die Empfängerbandbreite seinen Durchlassbereich hat und oberhalb in den Sperrbereich übergeht. Spätestens im Frequenzbereich des Störers muss es sperren. Da beide Frequenzbereiche deutlich auseinander liegen, wäre das Filter einfach zu realisieren.

Grundsätzlich muss überlegt werden: Welche Bandbreite wird gebrauch? Welche Übertragungsrate ist minimal erforderlich? Welche Flankensteilheit ist nötig?

Es passt nicht so recht in die heutige, anspruchsvolle Welt, wenn wir an Bandbreite sparen wollen, die Übertragungsrate nicht vorsichtshalber etwas höher wählen oder statt einem „schönen" Rechtecksignal ein Signal mit verschliffenen Flanken verwenden. Aber bezüglich EMV handeln wir uns bei zu groß gewählter Bandbreite oder zu steilen Flanken nur unnötig Probleme und Kosten für zusätzliche Maßnahmen ein.

Je höher die Bandbreite ist, je steiler die Flanken sind, desto größer sind die EMV-Probleme!

15.1.2 Störempfindlichkeit

Es interessiert immer der Unterschied zwischen der Größe des Nutzsignals und der Größe der Störer.

Liegt zum Beispiel eine Störspannung von 10mV vor, so bewirkt sie am Eingang eines AD-Wandlers mit 12 Bit Auflösung und einer Referenzspannung von 2,5V einen deutlichen Fehler. Die Auflösung des 12 Bit AD-Wandlers ist etwa 0,6mV und damit erzeugt die Störspannung von 10mV einen Fehler von 16 Digits. Liegt die gleiche Störspannung am Eingang eines AD-Wandlers mit 8 Bit, der ebenfalls 2,5V Referenzspannung hat, so bewirkt sie keinen merklichen Fehler, da sie in der Auflösung untergeht.

Der Störabstand ist deshalb keine absolute Größe, sondern muss immer auf den Pegel des Nutzsignals bezogen werden. Daraus folgt automatisch die Forderung: Wir müssen die Nutzamplitude so groß wie möglich wählen. Bei kleinen Sensorsignalen kann ein Vorverstärker im Sensor helfen oder noch besser eine Digitalisierung vor Ort und digitale Übertragung. Wie immer muss im konkreten Fall der Aufwand dem Nutzen gegenüber gestellt werden.

15.1.3 Messprinzip

Die Wahl eines günstigen Messprinzips kann entscheidend sein. Dabei ist das Ziel, ein physikalisch unempfindliches, robustes Messprinzip einzusetzen. Nachfolgend sind einige Beispiele angeführt:

Der Strom in einem Schaltnetzteil kann mit einem Shunt oder einem Stromwandler gemessen werden. Der Shunt ist billig, liefert aber nur sehr kleine Ausgangsspannungen, die immer von

Störungen überlagert sind. Der Stromwandler ist etwas teurer. Seine Ausgangsspannung liegt bei entsprechender Dimensionierung im Voltbereich und liefert saubere, ungestörte Signale.

Differenzierer vermeiden! Er verstärkt Störungen! Integrierer unterdrücken Störungen. Wenn es also physikalisch irgendwie geht, müssen integrierende Messverfahren eingesetzt werden. Es hat sich in der Praxis immer wieder gezeigt, dass Differenzierer nicht eingesetzt werden können. Allerhöchsten in Verbindung mit einem Integrierer (beispielsweise beim PID-Regler) können sie in einem eingeschränkten Frequenzbereich verwendet werden.

Wählt man bei einem integrierenden AD-Wandler die Integrationszeit gleich der Störperiodendauer, so wird die Störspannung vollständig unterdrückt. Davon wird bei Multimetern Gebrauch gemacht. Um den 50Hz-Netzbrumm zu unterdrücken, arbeitet der AD-Wandler mit einer Integrationszeit von 20ms oder Vielfachen davon. Will man für den amerikanischen Markt auch den 60Hz-Netzbrumm unterdrücken, so wählt man die Integrationszeit zu 100ms oder Vielfachen davon, dann werden beide Frequenzen unterdrückt. In Europa mittelt der AD-Wandler dann über 5 Netzperioden und in Amerika über 6 Perioden.

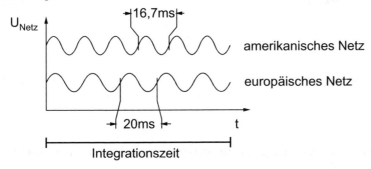

Bild 15.3:   Der Netzbrumm wird bei richtiger Integrationszeit ausgeblendet.

Das Prinzip gilt natürlich nicht nur für Netzfrequenz, sondern kann überall dort angewendet werden, wo die Störfrequenz bekannt ist.

15.2 Fourierreihen

Ein Signal kann im Zeitbereich $\{u(t), i(t)\}$ oder im Frequenzbereich $\{u(\omega), i(\omega)\}$ beschrieben werden. Beide Bereiche sind gleichwertig und es empfiehlt sich je nach Aufgabe, die eine oder die andere Darstellung zu wählen.

Im Labor wird meist mit dem Oszilloskop im Zeitbereich gemessen. Bei EMV-Untersuchungen hingegen wird mit dem Messempfänger oder dem Spektrum-Analyzer im Frequenzbereich gemessen. Den Zusammenhang der beiden Darstellungsarten vermittelt die Laplace-Transformation, die Fourier-Reihen oder das Fourier-Integral.

Ein periodisches Signal mit der Periodendauer T kann durch eine Fourier-Reihe dargestellt werden. Es gilt:

$$f(t) = \sum_{n=0}^{\infty} (a_n \cdot \cos n\omega_1 t + b_n \cdot \sin n\omega_1 \cdot t) \tag{15.2.1}$$

mit $\omega_1 = 2 \cdot \pi \cdot f_1 = \dfrac{2 \cdot \pi}{T}$

Die Koeffizienten a_n und b_n in Gl. (15.2.1) werden wie folgt berechnet:

$$a_0 = \frac{1}{T} \int_{-\frac{T}{2}}^{+\frac{T}{2}} f(t) \cdot dt \tag{15.2.2}$$

$$a_n = \frac{2}{T} \int_{-\frac{T}{2}}^{+\frac{T}{2}} f(t) \cdot \cos n\omega_1 t \cdot dt \tag{15.2.3}$$

$$b_n = \frac{2}{T} \int_{-\frac{T}{2}}^{+\frac{T}{2}} f(t) \cdot \sin n\omega_1 t \cdot dt \tag{15.2.4}$$

Die Integrationsgrenzen müssen über eine ganze Periodendauer T gewählt werden. In Gl. (15.2.3) und Gl. (15.2.4) wird von $-\dfrac{T}{2}$ bis $+\dfrac{T}{2}$ integriert. Es könnte aber genauso gut von 0 bis T integriert werden.

15.3 Der Rechteckimpuls

Die Gleichungen   sollen hier auf einen Rechteckimpuls mit variablem Tastverhältnis und der Amplitude 1 angewandt werden.

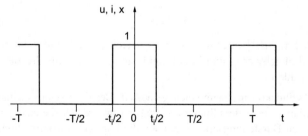

Bild 15.4: Rechteckimpuls.

Aus Bild 15.4 lässt sich der Mittelwert a_0 direkt angeben:

$$a_0 = \frac{t_i}{T} \tag{15.3.1}$$

Der Verlauf des Rechteckimpulses ist symmetrisch zur Ordinate, d.h. alle b_n sind Null.

Die Koeffizienten a_n rechnen wir mit Gl. (15.2.3) aus:

$$a_n = \frac{2}{T} \int\limits_{-\frac{T}{2}}^{+\frac{T}{2}} f(t) \cdot \cos n\omega_1 t \cdot dt = \frac{2}{T} \int\limits_{-\frac{t_i}{2}}^{+\frac{t_i}{2}} 1 \cdot \cos n\omega_1 t \cdot dt = \frac{2}{T}\left[\frac{1}{n \cdot \omega_1} \cdot \sin n\omega_1 t\right]_{-\frac{t_i}{2}}^{+\frac{t_i}{2}} \tag{15.3.2}$$

$$= \frac{2}{n \cdot \pi} \cdot \sin n\pi \frac{t_i}{T} = 2 \cdot \frac{t_i}{T} \cdot si(n\pi\frac{t_i}{T})$$

Jeder Koeffizient a_n stellt nach Gl. (15.2.1) den Betrag einer Sinuskurve dar, deren Frequenz die n-fache Grundfrequenz ist. Die Grundfrequenz beträgt $\omega_1 = \frac{2 \cdot \pi}{T}$.

In den folgenden Bildern wird das Ergebnis aus Gl. (15.3.2) für verschiedene Tastverhältnisse $\frac{t_i}{T}$ dargestellt, wobei die Darstellung als sogenanntes Spektrum (Störspektrum, Amplitudenspektrum) erfolgt.

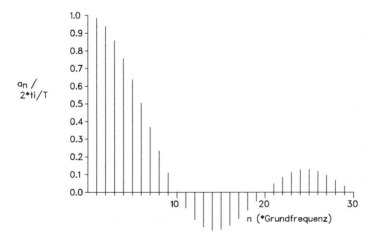

Bild 15.5: Spektrum des Rechtecksignals für $\frac{t_i}{T} = 10\%$.

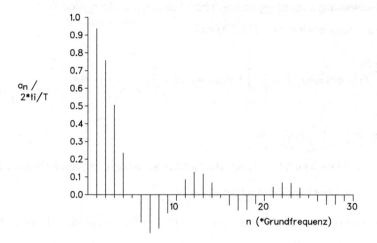

Bild 15.6: Spektrum des Rechtecksignals für $\dfrac{t_i}{T} = 20\%$.

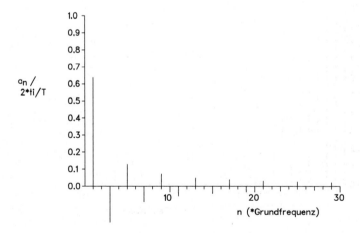

Bild 15.7: Spektrum des Rechtecksignals für $\dfrac{t_i}{T} = 50\%$.

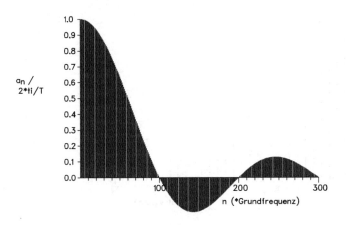

Spektrum des Rechtecksignals für das Tastverhältnis von 1%

Bild 15.8: Spektrum des Rechtecksignals für $\dfrac{t_i}{T} = 1\%$.

Die Darstellungen in Bild 15.5 bis Bild 15.8 zeigen deutlich, wie sich das Spektrum in Abhängigkeit vom Tastverhältnis ändert. Zu beachten ist dabei, dass der Abstand der Spektrallinien in allen Fällen der Grundfrequenz entspricht. Bei 10%-Tastverhältnis liegt die erste Nullstelle bei der 10-fachen Grundfrequenz. Bei 100%-Tastverhältnis liegt die erste Nullstelle bei der 100-fachen Grundfrequenz. Die Bilder stellen somit unterschiedliche Frequenzbereiche dar, was aber aus Übersichtlichkeitsgründen sinnvoll erscheint. Für den Betrieb von Schaltreglern folgt aus den Bildern, dass die Spannbreite des Tastverhältnisses auch direkten Einfluss auf die Störspektren hat. Der Extremfall von 1%-Tastverhältnis bedeutet, dass das Spektrum beginnend von der Grundfrequenz praktisch jede Harmonische enthält und für höhere Frequenzen sehr viel langsamer abnimmt, wie etwa bei einem Tastverhältnis von 20%.

Wenn das Signal nicht vom Frequenzbereich in den Zeitbereich zurücktransformiert werden soll, interessiert nur der Betrag, nicht die Phase. Deshalb reicht zur Darstellung das Betragsspektrum aus. Bild 15.9 zeigt dies für den Rechteckimpuls mit 10% Tastverhältnis.

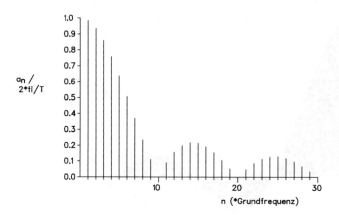

Bild 15.9: Betragsspektrum

Für $n = k \cdot \dfrac{T}{t_i}$ {$n = 1, 2$, ganzzahlig} wird $a_n = 0$. Dies ermöglicht eine Fehlstellenanalyse, wenn der Störer unbekannt ist. Für die Abstrahlung von Störgrößen ist dagegen die maximale Amplitude (Hüllkurve) relevant. Sie kann aus Gl. (15.3.2) angegeben werden: $a_{n\,max} = \dfrac{2}{\pi} \cdot \dfrac{1}{n}$

Bei der logarithmischen Darstellung der Pegel wird daraus:

$$A_{n\,max} = 20 \cdot \lg a_{n\,max}\, dB = 20 \cdot \lg \frac{2}{\pi} \cdot \frac{1}{n}\, dB = A_{1\,max} - 20 \cdot \lg n\, dB \qquad (15.3.3)$$

Es entsteht eine Gerade mit der Steigung -20dB/Dekade, d.h. die spektralen Anteile nehmen mit 20dB/Frequenzdekade ab. Sie werden aber auch für hohe Frequenzen nicht beliebig klein oder gar vernachlässigbar. Der Rechteckimpuls stört somit bis zu sehr hohen Frequenzen.

Das folgende Bild zeigt den Verlauf, wobei für kleine n (bis zum ersten Maximum der Sinuskurve) Gl. (15.3.2) verwendet wurde und erst für große n die angegebene Hüllkurve Gl. (15.3.3) eingesetzt wurde.

*Betragsspektrum des Rechteck−
signals mit 10% Tastverhältnis*

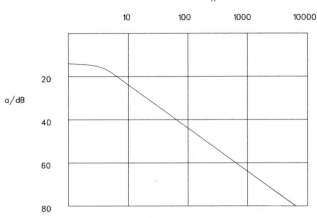

Bild 15.10: Betragsspektrum des Rechtecksignals mit einem Tastverhältnis von 10%.

Bei dem Tastverhältnis von 50% entfällt jeder zweite Frequenzanteil, so dass für $n = 1$ bereits das erste Maximum der Sinusfunktion erreicht ist. Somit gibt es keinen waagerechten Anteil mehr im Verlauf der Kurve, wie etwa in Bild 15.10, sondern das Spektrum geht sofort in die Gerade über.

*Betragsspektrum des Rechteck−
signals mit 50% Tastverhältnis*

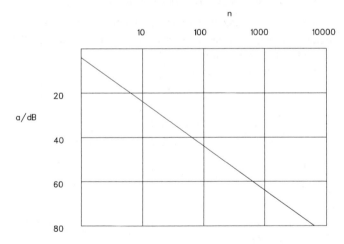

Bild 15.11: Betragsspektrum des Rechtecksignals mit 50% Tastverhältnis.

Im Folgenden soll nun ein "Rechteckimpuls mit verschliffenen Flanken" untersucht werden. Wir nehmen dazu einen trapezförmigen Verlauf an.

15.4 Der Trapezverlauf

Es liege ein Kurvenverlauf zugrunde, wie er im nachfolgenden Bild dargestellt ist. Wir wollen wie in Kapitel 15.3 wissen, welche Frequenzanteile in dem zeitlichen Verlauf stecken und bestimmen dazu die Fourierkoeffizienten.

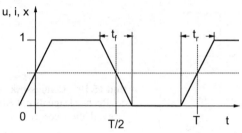

Bild 15.12: Trapezverlauf.

Zur Vereinfachung wählen wir ein Tastverhältnis von 50% und die Anstiegs- und Abfallzeiten sollen gleich groß sein, d.h. $t_f = t_r$.

Der Mittelwert a_0 lässt sich bei dem gewählten Kurvenverlauf einfach angeben: $a_0 = 0,5$.

Nach Abzug des Gleichanteils a_0 wird der trapezförmige Verlauf punktsymmetrisch zum Nullpunkt. Das bedeutet für die Koeffizienten a_n und b_n, dass alle Koeffizienten, die einen nicht punktsymmetrischen Anteil liefern würden, zu Null werden. Hier sind es die Koeffizienten a_n (keine cosinusförmigen Anteile). Es bleiben somit die nur noch die Koeffizienten b_n übrig.

Für die Bestimmung der b_n wird die Integration umfangreich. Zunächst lassen sich drei Zeitfunktionen definieren. Zur weiteren Vereinfachung legen wir uns nicht fest, ob es sich bei den Funktionen um Spannungs- oder Stromverläufe handelt. Wir normieren die Funktionen, wie in Bild 15.12 eingetragen, einfach auf die Größe 1 (dimensionslos). Dann gilt:

$$\text{Für } -\frac{T}{2}-\frac{t_f}{2}\le t \le -\frac{T}{2}+\frac{t_f}{2} \text{ gilt: } f_1(t) = -\frac{t}{t_f}-\frac{1}{2}\cdot\left(\frac{T}{t_f}-1\right) = -\frac{1}{t_f}+\frac{1}{2}\cdot\left(1-\frac{T}{t_f}\right)$$

$$\text{Für } -\frac{t_f}{2}\le t \le +\frac{t_f}{2} \text{ gilt: } f_2(t) = \frac{t}{t_f}+\frac{1}{2}$$

$$\text{Für } \frac{T}{2}-\frac{t_f}{2}\le t \le \frac{T}{2} \text{ gilt: } f_3(t) = -\frac{t}{t_f}+\frac{1}{2}\cdot\left(1+\frac{T}{t_f}\right) \tag{15.4.1}$$

Damit gilt für b_n:

$$b_n = \frac{2}{T} \int_{-\frac{T}{2}}^{-\frac{T}{2}+\frac{t_f}{2}} f_1(t) \cdot \sin n\omega_1 t \cdot dt + \frac{2}{T} \int_{\frac{t_f}{2}}^{+\frac{t_f}{2}} f_2(t) \cdot \sin n\omega_1 t \cdot dt$$

$$+ \frac{2}{T} \int_{-\frac{t_f}{2}}^{\frac{T}{2}-\frac{t_f}{2}} 1 \cdot \sin n\omega_1 t \cdot dt + \frac{2}{T} \int_{\frac{T}{2}-\frac{t_f}{2}}^{+\frac{T}{2}} f_3(t) \cdot \sin n\omega_1 t \cdot dt$$

(15.4.2)

Die Lösung des Integrals und zahlreiche Umformungen liefern:

$$b_n = \frac{2 \cdot T}{\pi^2 \cdot t_f \cdot n^2} \cdot \sin n\pi \frac{t_f}{T} \tag{15.4.3}$$

für $n = 1, 3, 5, ...$ ungerade, ganzzahlig.

Zur Interpretation von Gl. (15.4.3) können wir zwei Näherungen angeben:

Für kleine Winkel gilt: $\sin\varphi|_{\varphi \to 0} \approx \varphi$

Aus Gl. (15.4.3) wird mit diesen Näherungen für kleine n: $b_n \approx \dfrac{2}{\pi \cdot n}$

Bei logarithmischer Darstellung wird daraus:

$B_{nmax} = 20 \cdot lg\,\dfrac{2}{\pi} - 20 \cdot lg\,n\;dB = B_{1max} - 20 \cdot lg\,n\;dB$, d.h. b_n nimmt über der Frequenz mit 20 dB/Dekade ab.

Für Winkel um 90° gilt: $\sin\varphi|_{\varphi \to \frac{\pi}{2}} \approx 1$

Für große n wird aus Gl. (15.4.3): $b_n \approx \dfrac{2}{\pi^2} \cdot \dfrac{T}{t_f} \cdot \dfrac{1}{n^2}$

Bei der Logarithmierung wird daraus:

$B_{nmax} = 20 \cdot lg\,\dfrac{2}{\pi^2} \cdot \dfrac{T}{t_f} - 20 \cdot lg\,n^2\;dB = B_{1max} - 40 \cdot lg\,n\;dB$,

was einer Abnahme mit 40 dB/Frequenzdekade entspricht. Die folgenden Bilder verdeutlichen dies. Der "Knick" in den Kurven liegt zwischen den beiden gemachten Näherungen. Zwischen den Näherungen liegt beispielsweise in der Mitte $\dfrac{\pi}{4}$.

Aus Gl. (15.4.3) folgt: $\dfrac{\pi}{4} = n \cdot \pi \cdot \dfrac{t_f}{T} \Rightarrow n = \dfrac{1}{4 \cdot \dfrac{t_f}{T}}$

Beispielsweise ist $\dfrac{t_f}{T} = 0,01$ und damit $n = 25$, was in Bild 15.14 zu sehen ist.

Betragsspektrum des Trapezsignals
mit tr = 0,1*T

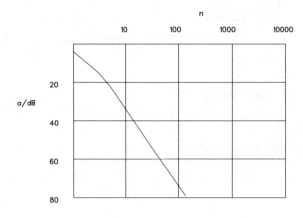

Bild 15.13: Betragsspektrum des Trapezsignals mit flacher Flanke.

Betragsspektrum des Trapezsignals
mit tr = 0,01*T

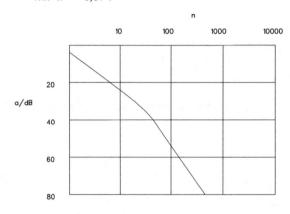

Bild 15.14: Betragsspektrum des Trapezsignals mit steiler Flanke.

Betragsspektrum des Trapezsignals
mit tr = 0,001*T

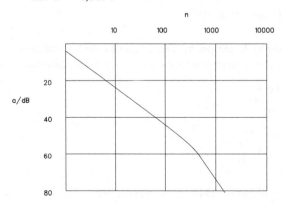

Bild 15.15: Betragsspektrum des Trapezsignals mit sehr steiler Flanke.

15.5 Störungen in einem konventionellen Netzteil

Bei einem Netzteil, bestehend aus Netztrafo, Brückengleichrichter und Speicherelko erwartet man gewöhnlich keine Störungen, da man von den 50Hz Netzfrequenz ausgeht.

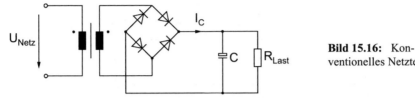

Bild 15.16: Konventionelles Netzteil.

Der Netzstrom ist jedoch impulsförmig, da nur in dem kurzen Zeitraum ein Strom fließt, wo die gleichgerichtete Sinusspannung größer als die Kondensatorspannung ist. Er wird für die folgende Rechnung als Cosinus-Impuls angenähert:

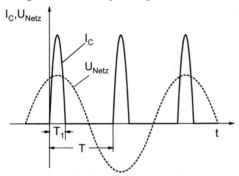

Bild 15.17: Stromverlauf am Ausgang des Gleichrichters eines Netzteils.

Der Stromimpuls hat angenähert den Verlauf

$$i_C(t) = \hat{i} \cdot \cos \omega_1 t \quad \text{für} \quad -\frac{T_1}{2} \leq t \leq \frac{T_1}{2} \tag{15.5.1}$$

Der cosinus-förmige Verlauf ist eine gerade Funktion. Alle Koeffizienten b_n sind Null. Zusätzlich wollen wie den Gleichanteil a_0 ignorieren, da er keine Relevanz für die EMV hat.

Für die Koeffizienten a_n gilt: $a_n = \frac{2}{T} \cdot \int\limits_{-\frac{T}{2}}^{\frac{T}{2}} f(t) \cdot \cos n\omega t \cdot dt = \frac{2}{T} \cdot \int\limits_{-\frac{T_1}{4}}^{\frac{T_1}{4}} \hat{i} \cdot \cos \omega_1 t \cdot \cos n\omega t \cdot dt$

Die Lösung des Integrals liefert: $a_n = \dfrac{\hat{i}}{\pi \cdot \left[\left(\dfrac{T}{T_1} \right)^2 - n^2 \right]} \cdot 2 \dfrac{T}{T_1} \cdot \cos \dfrac{\pi}{2} n \dfrac{T_1}{T}$

Die Hüllkurve erhalten wir für $\dfrac{\pi}{2} \cdot n \cdot \dfrac{T_1}{T} = k \cdot \pi$, mit k = 0, 1, 2, ... $\Rightarrow n = 2 \cdot k \cdot \dfrac{T}{T_1}$

Für den Fall $\dfrac{T}{T_1} = 5$ wird $n = 10, 20, 30, \ldots$ und man erhält folgendes Betragsspektrum:

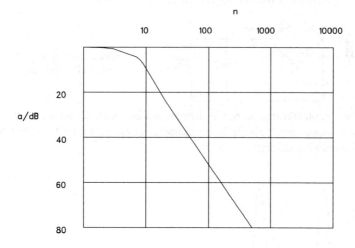

Bild 15.18: Angenähertes Betragsspektrum des Ladestroms.

Das Spektrum nimmt mit 40 dB/Dekade ab. Hierin unterscheidet es sich deutlich von dem Rechteck- oder Trapezverlauf. Allerdings muss beachtet werden, dass auch der Trapezverlauf bei geeigneter Wahl der Flanken bald auf die 40 dB/Dekade übergeht.

Wesentlich ist, dass wir bei niedrigen Frequenzen ein beachtliches Spektrum haben. Das lässt sich auch durch Umdimensionierung der Schaltung nicht vermeiden. Hier stört auch ein „konventionelles" Netzteil. Der Stromverlauf I_C wird auf die Netzseite transformiert. Die Stromimpulse sind dort zwar bipolar. Das ändert aber am Spektrum wenig. Aus diesem Grund ist eine Schaltung gemäß Bild 15.16 nur noch für sehr kleine Leistungen erlaubt. Die Normen schreiben eine sogenannte PFC-Schaltung vor (Power-Factor-Corrector), wie wir sie schon in Kapitel 1 kurz vorgestellt haben.

Zur Literatur können Datenblätter spezieller PFC-Bausteine von SGS und UNITRODE empfohlen werden.

Weitergehende Informationen finden sich in den Applictation-Notes von UNITRODE:

U-132, U-134 und U-153.

16 Symmetrie

16.1 Prinzip der Symmetrie

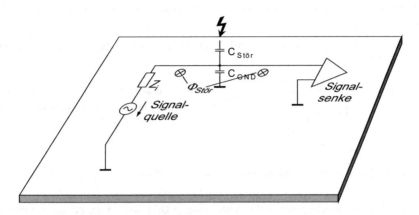

Bild 16.1: Standard-Signalübertragung auf leitender Ebene.

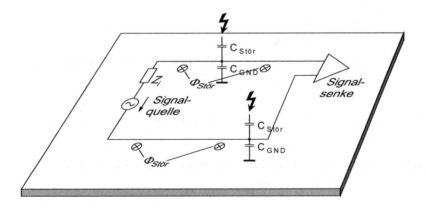

Bild 16.2: Signalübertragung mit zusätzlichem Rückleiter auf leitender Ebene.

Die Symmetrierung ist neben der Schirmung und Filterung ein wirksames Mittel zur Verringerung der Abstrahlung einer Baugruppe und zur Verbesserung der Einstrahlfestigkeit. Richtig angewendet bringt sie deutliche Verbesserungen und hat einen großen Kostenvorteil gegenüber der Filterung oder der aufwendigen Schirmung.

In den Bildern Bild 16.1 und Bild 16.2 wurde eine leitfähige Ebene angenommen, um jegliche Widerstandskopplung zu eliminieren. Die kapazitive Kopplung wurde jeweils mit den Kondensatoren $C_{stör}$ angegeben, die magnetische Kopplung wurde durch $\Phi_{Stör}$ gekennzeichnet.

In Bild 16.1 ist eine naheliegende Verdrahtung zwischen Signalquelle und Signalsenke gezeichnet. Sowohl die kapazitiven Störer, als auch die induktiven Störer wirken auf die Signalleitung und beeinflussen direkt das Nutzsignal.

In Bild 16.2 liegen dieselben Störer vor und beeinflussen die Signalleitung in gleicher Weise. Der entscheidende Unterschied liegt in der zusätzlichen Masseleitung. Sie wird von den Störern genauso beeinflusst wie die Sensorleitung. Bildet nun der Eingangsverstärker der Signalsenke die Differenz beider Signale, werden zwei gleiche Störeinflüsse subtrahiert und damit eliminiert. Das Signal liegt dann ungestört vor.

Für die kapazitiven Störungen kann die Anordnung in Bild 16.2 als Schaltplan gezeichnet werden:

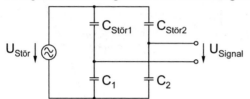

Bild 16.3: Störersatzschaltung der symmetrischen Anordnung für die kapazitiven Störer.

Ist die Anordnung symmetrisch aufgebaut, gilt: $\dfrac{C_{Stör1}}{C_1} = \dfrac{C_{Stör2}}{C_2}$ und U_{Signal} ist ungestört.

Magnetischen Störungen induzieren in der Anordnung in Bild 16.2 in der gesamten Leiterschleife eine Spannung. Für den Fall der Symmetrie kann sie auf die obere Leitung und auf die untere Leitung gleichermaßen aufgeteilt werden:

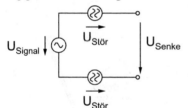

Bild 16.4: Störersatzschaltung für induktive Störer bei symmetrischer Anordnung.

Die beiden Spannungen $U_{stör}$ sind gleich gerichtet, so dass gilt:

$$U_{senke} = U_{Signal} + U_{stör} - U_{stör} = U_{Signal}$$

Die induzierte Störspannung wird bei idealer Symmetrie vollständig unterdrückt.

16.2 Wie erreichen wir die Symmetrie?

Im vorausgegangenen Kapitel haben wir gesehen, dass Symmetrie vorteilhaft zur Unterdrückung von Störungen verwendet werden kann. Gleichzeitig wird die Abstrahlung unterdrückt oder minimiert.

Symmetrie können wir erreichen:

-      durch ein genaues ESB zum Verständnis der Gesamtschaltung,

- durch einen symmetrischen mechanischen Aufbau und durch zusätzliche Beschaltung mit Kapazitäten oder Induktivitäten,

- auch ohne Schirmung,

- durch die bewusste Definition der Masse,

- durch gleiche Ausführung des Hin- und des Rückleiters der Signalübertragung, z.B. durch gleiche Leiterbahnbreite und –länge,

- durch eine Signalquelle, die genau symmetrisch speist,

- durch eine Signalsenke, die exakt die Differenz beider Leiterspannungen bildet (im gesamten Frequenzbereich!),

- durch einen Übertrager, der eine von Natur aus unsymmetrische Quelle für die Übertragung symmetriert.

Brauchen wir die leitende Ebene?

Bei homogenen Feldern herrscht für beide Leitungen auch ohne die leitende Fläche dieselbe Feldstärke. Wir können sie also weglassen. Bei inhomogenen Feldern müssen wir versuchen, die beiden Leiter eng beieinander zu verlegen, dass sie so gut wie möglich den gleichen Feldstärken ausgesetzt sind. Die leitende Ebene hilft uns dabei, denn sie wirkt auf die Feldstärken homogenisierend und definiert klar das Bezugspotential.

Die Grenzen des Verfahrens liegen in der erreichbaren Symmetrie der Anordnung und genau darin liegt auch das Risiko. Erst am Ende der Entwicklung kann definitiv bewiesen werden, ob die Symmetrierung hinreichend gute Ergebnisse bringt. Sollten die Ergebnisse trotz aller Anstrengungen zu schlecht sein, muss zwangsläufig geschirmt und gefiltert werden.

Der Vorteil der Symmetrierung liegt in den geringeren Kosten. Der Mehraufwand für einen symmetrischen Aufbau oder für eine doppelte Leiterbahnführung ist überhaupt nicht vergleichbar mit dem Aufwand für Schirmung und Filterung. Insofern lohnt sich eine genaue Analyse der EMV-Situation und eine Voruntersuchung, bevor eine Entscheidung zugunsten der Schirmungs- und Filterungsversion getroffen wird.

16.3 Definition der Masse

Im Kapitel 16.1 hatten wir die leitende Ebene verwendet und damit eine eindeutige Masse definiert. Obwohl diese Vorgehensweise sehr wirksam ist, lässt sie sich in der Praxis nicht immer realisieren. Zum einen hat nicht jede Platine oder jeder Aufbau eine Massefläche zur Verfügung und zum anderen kann nicht immer eine einheitliche Masse definiert werden, weil z.B. schon durch die geforderte Funktion eine Potentialtrennung erfolgen muss. Zwangsläufig kommen dann mehrere Massen vor.

Dennoch kann durch Definition einer lokalen oder künstlichen Masse für jeweils eine Funktionsgruppe eine symmetrische Anordnung erreicht werden. Das Prinzip sei mit Bild 16.5 an einer einfachen Übertragungsstrecke erläutert.

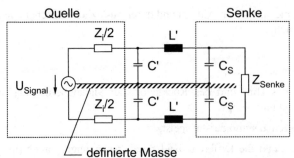

Bild 16.5: Lokal definierte Masse.

Die mit Hochkomma versehenen Größen können im Spezialfall auch Leitungsgrößen sein.

Die „definierte" Masse muss nicht Erdpotential haben. Ihr Potential ist frei wählbar, wenn die Ersatzschaltung Bild 16.5 genügt und der mechanische Aufbau exakt symmetrisch zu der definierten Masse ist. Als Beispiel wollen wir die Messung mit einem tragbaren, symmetrisch aufgebauten Messgerät betrachten:

Bild 16.6: Prüfgerät ohne galvanische Erde.

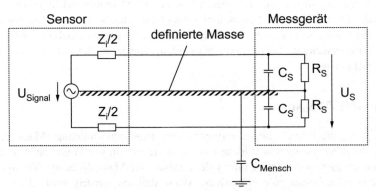

Bild 16.7: Prinzipschaltung des Messgeräts mit symmetrischem Aufbau.

Die „definierte" Masse floatet gegenüber Erdpotential, ist aber für hohe Frequenzen über C_{Mensch} mehr oder weniger an das Erdpotential angebunden. Die vage Anbindung kann toleriert werden, da der symmetrische Aufbau (inklusive „definierter" Masse) Störungen unterdrückt. Am Beispiel einer kapazitiven Störung seien die Wege der Störströme eingezeichnet:

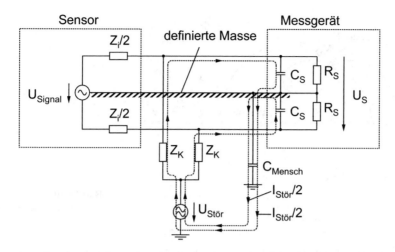

Bild 16.8: Störersatzschaltbild für kapazitive Störer.

Bei einem symmetrischen Aufbau sind die beiden Koppelimpedanzen Z_K gleich groß und der Störstrom $I_{Stör}$ teilt sich auf die beiden eingezeichneten Pfade jeweils zur Hälfte auf. Die schraffiert eingezeichnete „definierte" Masse wirkt also auch ohne galvanische Anbindung an Erdpotential.

16.4 Einfluss von leitenden Flächen

Eine Leitung über einer leitenden Fläche verhält sich wie eine Doppelleitung, deren zweite Leitung als Spiegelleitung in der Fläche liegt:

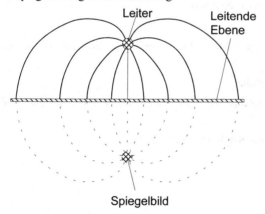

Bild 16.9: Feldlinien eines Leiters über leitender Ebene mit Spiegelleiter.

Diese Darstellung kann auf eine Anordnung mit zwei Leitern über einer Fläche angewendet werden:

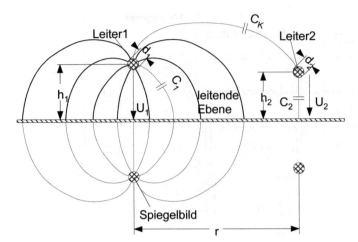

Bild 16.10: Zwei Leiter über der leitenden Ebene.

Gezeichnet sind nur die Feldlinien von Leiter 1. Wir betrachten also den Fall, dass der Leiter 1 den Leiter 2 stört. Durch die Spiegelung an der Ebene erhält man dieselben Ergebnisse wie bei der Doppelleitung.

Es gilt: $C_K = \dfrac{C_1 \cdot C_2}{\pi \cdot \varepsilon} \cdot \dfrac{h_1 \cdot h_2}{r^2}$ mit $C_1 = \dfrac{2 \cdot \pi \cdot \varepsilon}{\ln\left(4 \cdot \dfrac{h_1}{d_1}\right)}$ $C_2 = \dfrac{2 \cdot \pi \cdot \varepsilon}{\ln\left(4 \cdot \dfrac{h_2}{d_2}\right)}$

Aus den Formeln lässt sich erkennen: Für kleine h_1 und h_2 wird die Koppelkapazität C_K klein. Dies lässt sich auch aus dem Verlauf der Feldlinien erkennen: Wenn wir den Leiter 1 an die Ebene annähern, verlaufen viele Feldlinien zur Ebene und nur wenige zum Leiter 2. Wenn wir die beide Leiter von der Ebene entfernen, verlaufen viele Feldlinien von Leiter 1 zum Leiter 2.

Wenn man also die beiden Leiter dicht über einer leitenden Platte verlegt, die an Masse angeschlossen ist, verkleinert man die Kopplung zwischen den beiden.

Der Effekt ist technisch nutzbar:

-    bei Leiterplatten mit Signalleitung über Ground-Plane. Im allgemeinen Fall ist dies bei Multi-layer-Platinen gegeben.

-    bei Flachbandkabel mit Bezugsleiterfolie.

-    bei der Verlegung von Kabeln in metallischen Kabelkanälen (Rechnernetz neben 220V-Leitung).

-    im Labor auf Versuchsleiterplatten mit Kupferkaschierung.

16.5   Verdrillte Leitungen

Das Verdrillen von Leitungen ist besonders bei niederfrequenten magnetischen Feldern wirksam. Allerdings muss die Schlagzahl beachtet werden:

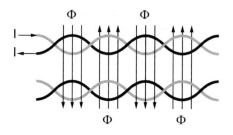

Bild 16.11: Verdrillte Leiterpaare mit gleicher Schlagzahl.

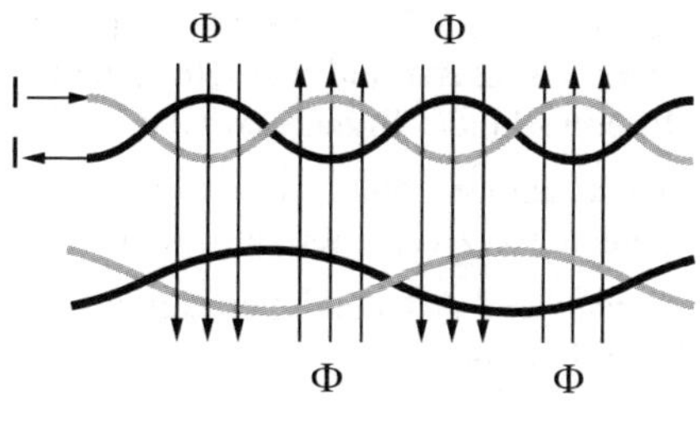

Bild 16.12: Verdrillte Leiterpaare mit unterschiedlicher Schlagzahl.

In Bild 16.11 addieren sich sämtliche induzierte Spannungen auf. Das Verdrillen bringt gar nichts.

In Bild 16.12 heben sich die induzierte Spannungen im statistischen Mittel auf. Die Entkopplung beider Leiterpaare ist erreicht.

16.6 Symmetrische Datenübertragung

16.6.1 Prinzip

Das Signal wird auf den beiden Einzeladern eines Leitungspaares gegenphasig übertragen:

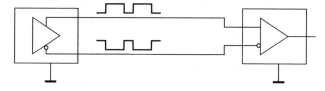

Bild 16.13: Symmetrische Übertragung.

Aus EMV-Gründen werden die Einzeladern meistens verdrillt:

Bild 16.14: Symmetrische Übertragung mit verdrillten Leitungen.

16.6.2 Eigenschaften

Durch die Gegentaktübertragung und die verdrillten Leitungen erreicht man eine extrem geringe Abstrahlung. Wenn der einzelne Leiter eine Abstrahlung erzeugt, erzeugt der zweite Leiter dieselbe Abstrahlung in entgegengesetzter Richtung. Da nun beide Leiter durch das Verdrillen auf engstem Raum angeordnet sind, heben sich die Felder nahezu vollständig auf.

Die gleiche Aussage gilt für die Störempfindlichkeit. Beide Leiterpaare sind nahezu den gleichen Feldern ausgesetzt und werden deshalb gleichermaßen gestört. Bildet der Empfänger die
exakte Differenz beider Signale, wird die Störung vollständig eliminiert.

Für die Übertragung brauchen wir drei Adern (inklusive Masse) gegenüber herkömmlichen
Übertragungen, wo zwei Adern ausreichen.

Insgesamt ist diese Art der Übertragungstechnik aber kostengünstiger als eine Übertragung
mittels Koax-Leitung.

16.6.3   Grenzen des Verfahrens

Die Grenzen des Verfahrens liegen im erreichbaren Gleichlauf der beiden Gegentakt-
Signalleitungen. Beide Impulsflanken kommen nie exakt zum gleichen Zeitpunkt, sondern
leicht versetzt.

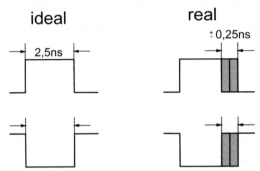

Bild 16.15:   Impulsversatz der
Gegentakt-Leitungen.

Die Zahlenangaben in Bild 16.15 sind bereits Werte eines schnellen Treibers. Für eine streng
symmetrische Übertragung müssten beide Flanken exakt gleichzeitig stattfinden. Das ist in der
Realität nie genau erreichbar.

Auch unterschiedliche Impulsflanken führen zur Beeinträchtigung der Symmetrie. High-Side-
und Low-Side-Transistoren der Ausgangstreiber haben nie genau die gleichen Eigenschaften
und unterliegen darüber hinaus Exemplarstreuungen. Deshalb sind die ansteigende und die
abfallende Flanke unterschiedlich steil. In Bild 16.16 ist die abfallende Flanke jeweils flacher
gezeichnet, als die ansteigende.

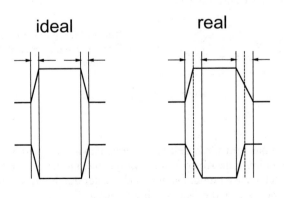

Bild 16.16:   Unterschiedliche
Impulsflanken.

16.6.4   Symmetrierung mittels Trafo

Die beste Symmetrierung erhalten wir mit Trafos:

Bild 16.17:   Symmetrierung mit Trafo.

Der Trafo setzt zwar eine gleichstromfreie Leitungskodierung voraus. Dies lässt sich aber ohne gravierende Einschränkung einrichten. Oft reicht ein kleiner SMD-Trafo aus, da die zu übertragende Frequenz genügend groß ist. Insgesamt stellt die Symmetrierung mit Transformatoren eine optimale Lösung dar.

16.6.5   Beispiele

16.6.5.1   Der CAN-Bus

Er entstammt dem Kfz.-Bereich und wird dort vorwiegend eingesetzt. Inzwischen findet er auch Einzug in den Industriebereich, wo er etwa zur Überwachung von Produktionsmaschinen eingesetzt wird.

Die Übertragung erfolgt symmetrisch. Die Ausführung des BUS-Kabels beinhaltet die beiden Signalleitungen und zusätzlich die Stromversorgung. Wir haben ein vierpoliges Kabel, wobei Plusversorgung und Masse mit größerem Querschnitt ausgeführt werden, als die beiden Signalleitungen.

Die Störunterdrückung beinhaltet auch die Frequenz Null, also Gleichspannung. Der CAN-Bus ist in gewissen Grenzen in der Lage, Masseversätze zu verkraften. Dies ist für den Einsatz im Kfz. von zusätzlicher Bedeutung.

Literatur: Standard-Protokoll von Motorola und Bosch.

16.6.5.2   Der USB-Bus

Die Übertragung erfolgt ebenfalls symmetrisch. Der USB-Bus verbindet den PC mit Peripherie-Gräten. Er hat eine Hierarchische Struktur. Der Host ist der PC.

Die Anzahl der Geräte darf relativ groß sein. Sie wird durch die insgesamt geforderte Datenrate begrenzt.

Der USB-Bus ist jederzeit nachträglich ausbaubar.

Literatur: USB Specification Revision 1.1, Compaq, Intel, Microsoft, NEC.

17 EMV in der Schaltungstechnik

17.1 Bauelemente und Schaltungen unter EMV-Aspekten

17.1.1 Widerstände

Ein Widerstand ist nur für Gleichstrom ein reiner ohmscher Widerstand. Bei Wechselstrom, insbesondere bei höheren Frequenzen, wirken sich parasitäre Induktivitäten und Kapazitäten aus. Zur Vereinfachung fassen wir die induktiven Anteile zu einer Serieninduktivität und die kapazitiven Anteile zu einer Parallelkapazität zusammen:

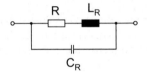

Bild 17.1: Ohmscher Widerstand mit parasitärer Induktivität L_R und parasitärer Kapazität C_R.

Bei hochohmigen Widerständen R stört C_R, weil darüber ein zusätzlicher Strom fließt. L_R stört praktisch nicht, weil an ihr der Spannungsabfall vergleichsweise klein ist. Bei niederohmigen Widerständen stört die parasitäre Induktivität L_R, da an ihr ein zusätzlicher Spannungsabfall stattfindet. Hier stört C_R nicht, da der Strom durch R viel größer als der Strom durch C_R ist. Wird der Widerstand als Strommess-Shunt verwendet, ist der Einfluss besonders störend, da der zusätzliche Spannungsabfall nicht dem Strom proportional, sondern der Stromänderung proportional ist. Der Shunt liefert also die Spannung

$$u = \alpha \cdot i + \beta \cdot \frac{di}{dt} \qquad (17.1.1)$$

Darin ist β unerwünscht, bzw. müsste für eine ordentlich funktionierende Strommessung Null sein.

17.1.2 Kondensatoren

Bei Kondensatoren verwendet man gerne die Serienersatzschaltung mit den parasitären Schaltungselementen:

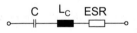

Bild 17.2: Kondensator mit parasitären Schaltelementen.

Der Ersatzserienwiderstand (ESR) bewirkt, dass der Kondensator für mittlere Frequenzen nicht beliebig niederohmig wird. Für hohe Frequenzen dominiert die parasitäre Induktivität L_C, sodass der Kondensator zur Spule wird.

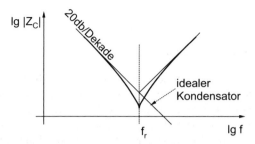

Bild 17.3: Impedanzverlauf eines realen Kondensators.

Die Resonanzfrequenz f_r wird durch C und L_C bestimmt. Bei der Resonanzfrequenz ist $|Z_C|$ = ESR. Oberhalb der Resonanzfrequenz wird der Kondensator induktiv, ist aber für nicht allzu hohe Frequenzen noch niederohmig. Erst für sehr hohe Frequenzen wird er hochohmig und als Kondensator unbrauchbar. Gerade dieser Fall ist unter EMV-Aspekten, wo ein sehr großer Frequenzbereich betrachtet werden muss, besonders wichtig. Ein Blockkondensator beispielsweise ist nur bis zu einer oberen Frequenz brauchbar. Darüber wirkt er nicht mehr ausreichend.

17.1.3 Induktivitäten

Alle Verluste wie Kupferverluste, Ummagnetisierungsverluste, Verluste durch Abstrahlung werden in R_L zusammengefasst. Alle wirksamen Kapazitäten wie Wicklungskapazitäten, Kapazitäten zwischen Wicklung und Kern etc. werden in C_L zusammengefasst. Dann erhält man das Ersatzschaltbild einer realen Spule:

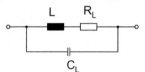

Bild 17.4: Parasitäre Schaltelemente der Induktivität.

Unter EMV-Aspekten ist die Kapazität C_L gravierend. Von einer Spule würde man erwarten, dass sie für hohe Frequenzen sehr hochohmig wird und damit Störfrequenzen optimal abblockt. C_L sorgt dafür, dass sie das nicht tut.

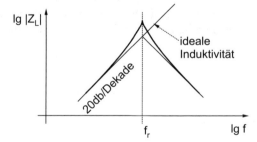

Bild 17.5: Impedanzverlauf einer realen Spule.

Wenn die Spule beispielsweise als Filterelement eingesetzt ist, müssen wir leider berücksichtigen, dass sie oberhalb f_r kapazitiv wird. Die Filtercharakteristik kommt dann völlig durcheinander. Ein Filter, das für einen mittleren Frequenzbereich sperrt, lässt dann hohe Frequenzen dennoch durch.

17.1.4 Der Operationsverstärker

17.1.4.1 Frequenzverhalten unter EMV-Gesichtspunkten

Das Verhalten eines Operationsverstärkers ist stark frequenzabhängig. Im Datenblatt wird das Verstärkungsbandbreitenprodukt (Gain-Bandwidth) spezifiziert. Es ist die Frequenz, bei der die Leerlaufverstärkung des OP's Eins wird. Für einen Standard-OP liegt der Wert z.B. bei 3MHz. Wird der OP mit einem Sinussignal von 3kHz betrieben, hat er eine Leerlaufverstärkung von 1000. Wenn wir die tatsächliche Verstärkung mit der äußeren Beschaltung auf z.B. 10 einstellen, dann haben wir eine gut dimensionierte Schaltung. Alles Bestens? Solange wir die Schaltung bis 3kHz betreiben – ja! Betreiben wir die Schaltung bis 300kHz, dann funktioniert sie immer noch einigermaßen. Der OP regelt zwar nicht mehr alle Nichtlinearitäten aus, aber für eine Schaltung mit mäßigen Ansprüchen mag es gerade noch so gehen. Betreiben wir die Schaltung mit einem 3MHz-Sinussignal, geht die Verstärkung auf Eins zurück, die Schaltung wird temperaturabhängig und ist nicht mehr linear, d.h. am Ausgang erscheint ein mehr oder weniger verzerrter Sinus.

Was passiert nun, wenn wir die Schaltung mit höheren Frequenzen als 3MHz betreiben, was passiert, wenn auf der Versorgungsspannung ein hochfrequenter Ripple überlagert ist? Das Datenblatt schweigt sich hierzu aus. Wir liegen außerhalb der Spezifikation!

Wir hoffen insgeheim, dass sich der OP auch über die 3MHz als linearer Tiefpass verhält und die hohen Frequenzanteile einfach unterdrückt. Dies ist nicht so! Für Frequenzen in dieser Höhe tritt keinerlei Regelverhalten mehr auf. Wir müssen uns den OP als „Transistorhaufen" vorstellen, von dem wir nicht wissen, wie er sich verhält. Untersuchungen haben beispielsweise ergeben, dass bei der Beaufschlagung eines OPs mit HF die Offset-Spannung wegläuft. Ein Verhalten, das bei oberflächlicher Betrachtungsweise auf ein defektes Bauteil schließen lassen würde.

Es soll mit diesem Beispiel darauf hingewiesen werden, dass ein Operationsverstärker, der für einen bestimmten Frequenzbereich gebaut ist, nicht einfach mit einer höherer Frequenz betrieben werden kann. Eine höhere Frequenz entsteht auch, wenn wir ein nicht sinusförmiges Signal mit niedrigerer Frequenz anlegen. Es enthält nach Fourier entsprechende Oberwellen.

Als Fazit bleibt uns nur, dass wir sowohl am Eingang, als auch in der Versorgung des OPs sorgfältig darauf achten, dass sich dort keine HF einmischt. Sollten wir welche finden, müssen wir sie durch geeignete Filter abblocken.

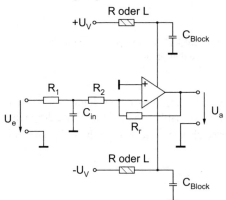

Bild 17.6: Beispiel für die Filterung der Versorgung und ein Eingangsfilter.

R_1 und R_2 können in der Summe als den verstärkungsbestimmenden Eingangswiderstand genommen werden, da C_{in} für den normalen Arbeitsfrequenzbereich unwirksam ist.

Manchmal wirken auch HF-Störungen auf U_a. Dies würde den OP den genauso stören. Dann muss am Ausgang ebenfalls ein Filter vorgesehen werden.

17.1.4.2 Input-Voltage-Range

Bisweilen sind es auch ganz einfache Dinge, die ein Fehlverhalten des OPs hervorrufen. So darf bei manchen Operationsverstärkern (z.B. LM324) der zulässige Eingangsspannungsbereich nicht ungestraft überschritten werden. Beim Unterschreiten des Eingangsbereichs erfolgt eine Vertauschung der Eingänge!

Obwohl dieses spezielle Verhalten bei moderneren OPs nicht mehr auftritt, müssen wir auch dort beim Überschreiten der Spezifikation mit Überraschungen rechnen. Zumindest braucht der OP eine gewisse Erholzeit, wenn wir die Eingangsschaltung übersteuert haben und dies gilt auch für kurze Störimpulse.

17.1.4.3 Schutz der Eingänge

Die Eingänge von Operationsverstärkern und Komparatoren müssen gegebenenfalls vor Überspannung geschützt werden. Die einfachste Möglichkeit ist ein Vorwiderstand:

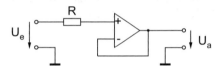

Bild 17.7: Eingangsschutz durch Vorwiderstand.

Der Widerstand R wird so niederohmig bemessen, dass er für den Normalbetrieb einen vernachlässigbaren Spannungsabfall erzeugt und er wird so hochohmig dimensioniert, dass er im Fall einer Hochspannung an U_e den Eingangsstrom des OPs auf den zulässigen Wert begrenzt.

Der Operationsverstärker hat Eingangsschutzdioden nach Plus und Masse integriert, die etwa 10mA verkraften. So kann der Widerstand für z.B. für 100V-Eingangsspannung auf $10\text{k}\Omega$ festgelegt werden. Bei einem Bias-Strom von 250nA fällt an ihm die Spannung von 2,5mV im Normalbetrieb ab.

Treten nur dynamische Überspannungen auf, kann ein einfaches RC-Glied ausreichend sein:

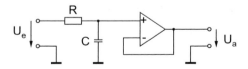

Bild 17.8: Schutz vor Spannungsspitzen mit RC-Glied.

Bei großen Überspannungen hilft folgende Schaltung:

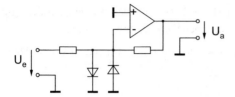

Bild 17.9:   Eingangsschutz beim invertierenden Verstärker.

Die Schaltung in Bild 17.9 stellt die mit Abstand wirkungsvollste Version dar, denn die antiparallelen Dioden werden bei Überspannung am Eingang sehr schnell leitend und begrenzen die Spannung am invertierenden Eingang auf ca. ± 0,6V. Im Normalbetrieb liegt an ihnen die Spannung Null, wodurch auch bei extrem schlechten Dioden kein Leckstrom fließt. Die Dioden beeinflussen also den Normalbetrieb überhaupt nicht!

17.1.5 Komparatoren

17.1.5.1 Vorbemerkung

Komparatoren (Spannungsvergleicher) unterscheiden sich bezüglich Operationsverstärker nur in der Ausgangsstufe. Während sie bei Operationsverstärkern linear arbeitet, kennt sie bei Komparatoren nur zwei Zustände: High oder Low. Sie ist digital.

Eingangsseitig unterscheiden sich beide Bauelemente prinzipiell nicht. Deshalb können die Ausführungen in 17.1.4 weitgehend auf die Komparatoren übertragen werden.

17.1.5.2 Der Nullspannungskomparator

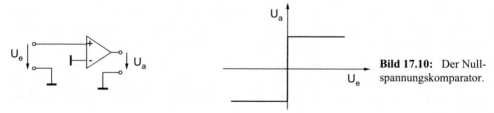

Bild 17.10:   Der Nullspannungskomparator.

Die Ausgangsspannung springt bei der Eingangsspannung Null.

Ist die Eingangsspannung nur minimal verrauscht oder gestört, kommt es bei langsam veränderlicher Eingangsspannung zu Mehrfachumschaltungen im Nulldurchgang:

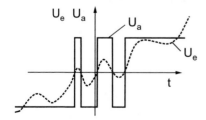

Bild 17.11:   Mehrfachumschaltungen (Prellen) bei verrauschtem Eingangssignal.

17.1.5.3 Der Komparator mit Hysterese

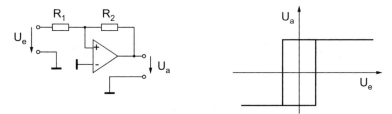

Bild 17.12: Komparator mit Hysterese, der Schmitt-Trigger.

Er verhält sich wie ein Komparator mit umgeschalteten Schwellen:

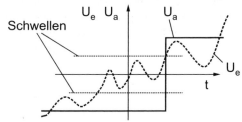

Bild 17.13: Eingangs- und Ausgangsspannung beim Komparator mit Hysterese.

Wenn die Eingangsspannung von negativen Werten her kommt, muss sie erst die obere Schwelle überschreiten, damit der Ausgang umkippt. Ab dem Moment, wo der Ausgang umgekippt ist, gilt die untere Schwelle. Wird die Eingangsspannung also wieder negativ, muss sie die untere Schwelle unterschreiten, damit der Ausgang wieder auf low kippt. Die Hysterese (der Abstand der Schwellen) lässt sich über das Verhältnis von R_1 und R_2 einstellen und so an die Erfordernisse der Anwendung anpassen.

Die Schaltung vermeidet bei richtiger Dimensionierung zuverlässig Mehrfachumschaltungen und wird deshalb sehr häufig eingesetzt. Einen Nachteil hat sie allerdings: Durch die Schwellen verzögert sich die Erkennung des Nulldurchgangs. Oft ist dies nicht so gravierend. Muss der Nulldurchgang jedoch möglichst genau erfasst werden, kann ein Komparator mit dynamischer Hysterese eingesetzt werden:

17.1.5.4 Komparator mit dynamische Hysterese

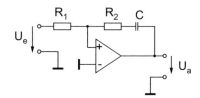

Bild 17.14: Komparator mit dynamischer Hysterese.

Die Zeitkonstante $R_2 C$ wird so eingestellt, dass sie klein im Verhältnis zur Grundwelle des Eingangssignales ist, aber groß in Bezug auf die vorkommenden Störfrequenzen.

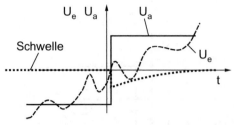

Bild 17.15: Schwellenverhalten des Komparators mit dynamischer Schwelle.

Bild 17.15 zeigt den positiven Nulldurchgang der Eingangsspannung. Für den negativen Nulldurchgang verhält sich die Schaltung symmetrisch.

Es bleibt natürlich immer noch ein Fehler, da der Nulldurchgang durch den Rauschanteil rein physikalisch nicht mehr genau bestimmt ist. Dennoch kann der Nulldurchgang genauer erfasst werden als mit fester Hysterese.

Wir können das Schaltverhalten auch so beschreiben: Liegt keine überlagerte Störung vor, erfasst die Schaltung den Nulldurchgang exakt. Ist dem Eingangssignal eine Störung überlagert, wird der Nulldurchgang zwar nicht mehr ganz genau erfasst, aber Mehrfachumschaltungen werden sicher vermieden.

17.1.6 Subtrahierverstärker

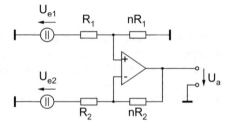

Bild 17.16: Subtrahierverstärker.

Wenn die Eingangsspannung mit einem unerwünschten Gleichanteil versehen ist, lässt sich dieser mit dem Subtrahierverstärker entfernen. Er bildet die Differenz von U_{e1} und U_{e2}:

$$U_a = n \cdot (U_{e1} - U_{e2})\qquad(17.1.2)$$

Die Differenzbildung funktioniert auch, wenn die Potentialdifferenz eine Wechselspannung darstellt. Allerdings darf die Frequenz der Wechselspannung nicht zu hoch liegen. Zum besseren Verständnis wollen wir die Ausgangsspannung U_a der Schaltung in Bild 17.16 berechnen. Dazu machen wir folgende Ansätze:

Die Spannung am nicht invertierenden Eingang sei U_P. Für sie gilt:

$$U_P = U_{e1} \cdot \frac{n}{1+n}\qquad(17.1.3)$$

Die Spannung am invertierenden Eingang sei U_N. Es gilt:

$$U_N = U_{e2} + \frac{U_a - U_{e2}}{1+n}\qquad(17.1.4)$$

Für die Ausgangsspannung gilt bei Berücksichtigung der Eingangs-Offset-Spannung U_O, der Leerlaufverstärkung v und der Gleichtaktverstärkung v_{GL}:

$$U_a = v \cdot (U_D - U_O) + v_{GL} \cdot U_{GL} \qquad (17.1.5)$$

$$\text{mit } U_D = U_P - U_N \text{ und } U_{GL} = \frac{U_P}{2} + \frac{U_N}{2} \qquad (17.1.6)$$

Zur Lösung setzen wir in die Gl. (17.1.5) die Gleichungen (17.1.6), (17.1.4) und (17.1.3) ein:

$$U_a = v \cdot \left(U_{e1} \cdot \frac{n}{1+n} - \frac{n \cdot U_{e2} + U_a}{1+n} \right) - v \cdot U_O + v_{GL} \cdot \left(\frac{U_{e1}}{2} \cdot \frac{n}{1+n} + \frac{n \cdot U_{e2} + U_a}{2 \cdot (1+n)} \right)$$

$$U_a = \frac{v \cdot n}{1+n} \cdot U_{e1} - \frac{v \cdot n}{1+n} \cdot U_{e2} - \frac{v}{1+n} \cdot U_a - v \cdot U_O + v_{GL} \cdot \frac{U_{e1} \cdot n}{2 \cdot (1+n)} + v_{GL} \cdot \frac{U_{e2} \cdot n}{2 \cdot (1+n)} + v_{GL} \cdot \frac{U_a}{2 \cdot (1+n)}$$

$$U_a \cdot \left(1 + n + v - \frac{v_{Gl}}{2} \right) = v \cdot n \cdot (U_{e1} - U_{e2}) - v \cdot (1+n) \cdot U_O + \frac{v_{Gl} \cdot n}{2} \cdot (U_{e1} + U_{e2})$$

Und erhalten schließlich:

$$U_a = \frac{1}{\dfrac{1+n}{v_{Gl}} + \dfrac{v}{v_{Gl}} - \dfrac{1}{2}} \cdot \left[\frac{v}{v_{Gl}} \cdot n \cdot (U_{e1} - U_{e2}) - \frac{v \cdot (1+n)}{v_{Gl}} \cdot U_O + n \cdot (\frac{U_{e1}}{2} + \frac{U_{e2}}{2}) \right] \qquad (17.1.7)$$

Mit der Näherung

$$\frac{v}{v_{Gl}} \gg \frac{1}{2} \text{ und } \frac{v}{v_{Gl}} \gg \frac{1+n}{v_{Gl}} \Rightarrow v \gg n+1 \qquad (17.1.8)$$

folgt aus Gl. (17.1.7):

$$U_a \approx n \cdot (U_{e1} - U_{e2}) - (1+n) \cdot U_O + \frac{v_{Gl}}{v} \cdot n \cdot (\frac{U_{e1}}{2} + \frac{U_{e2}}{2}) \qquad (17.1.9)$$

Darin ist $\dfrac{v}{v_{Gl}}$ die Gleichtaktunterdrückung. Für den Fall, dass die Gleichtaktunterdrückung sehr groß ist, wird aus Gl.(17.1.9) :

$$U_a \approx n \cdot (U_{e1} - U_{e2}) - (1+n) \cdot U_O \qquad (17.1.10)$$

Wir sehen: Nur mit den Näherungen in Gl. (17.1.8) *und* einer hohen Gleichtaktunterdrückung subtrahiert die Schaltung wirklich. Der Gültigkeitsbereich der Näherungen hängt ganz entscheidend von der Leerlaufverstärkung *v* des OPs ab und die ist stark frequenzabhängig.

Bei niedriger Arbeitsfrequenz ist Gl. (17.1.10) zulässig. Mit zunehmender Frequenz wird $\dfrac{v}{v_{Gl}}$ kleiner und durch die Gleichtaktaussteuerung erscheint an U_a neben der Differenz der Eingangsspannung auch deren Summe. Je nach eingestellter Verstärkung *n* wird dies schon bei relativ niedrigen Frequenzen der Fall sein. Und wir erkennen leicht, dass die Schaltung für EMV-relevante Frequenzen (> 1MHz) nicht mehr als Subtrahierer funktionieren wird.

17.1.7 Digitalschaltungen und Prozessoren

Der Begriff Digitalschaltungen umfasst integrierte Digitalschaltungen wie Gatter, FlipFlops, Zähler usw., programmierbare Digitalschaltungen wie PALs, FPGAs etc. und Prozessoren mit ihrer eventuell vorhandenen Peripherie.

17.1.7.1 Störsicherheit

Ordentlich entwickelte Digitalschaltungen sind von Natur aus sehr störsicher. Tritt eine Störung bei Digitalschaltungen auf, so kann die Ursache meist leicht gefunden werden, denn es gibt nur drei Möglichkeiten, sie zu stören:

1)   Das Eingangssignal enthält bereits die Störung.

2)   Der Takt ist gestört.

3)   Die Versorgungsspannung enthält einen zu großen Ripple.

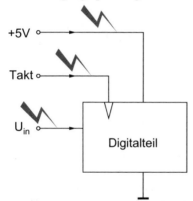

Bild 17.17:   Störungsmöglichkeiten einer Digitalschaltung.

Diese Aussage setzt natürlich voraus, dass die Digitalschaltung in Hinblick auf Laufzeiten und Logik-Pegel richtig entwickelt wurde und dass die Logik-Simulation für alle denkbaren Eingangsgrößen durchgeführt wurde und zu einem stabilen Verhalten des Digitalteils führt..

17.1.7.2   Störungen durch Digitalschaltungen

Digitalschaltungen sind prinzipielle Störquellen. Zwar werden sie gewöhnlich nicht gerade andere Digitalschaltungen stören, sehr wohl aber analoge Schaltungen. Gerade in Schaltungen mit analog und digital gemischten Funktionen ist eine Beeinflussung der Analogschaltung durch die Digitalschaltung zu erwarten. Dafür gibt es eine Hauptursache. Das ist die gemeinsame Betriebsspannung. Es ist beispielsweise naheliegende, die für den Digitalteil sowieso vorhandene 5V-Versorgung für den Analogteil gleich mit zu benutzen. Der Digitalteil verursacht jedoch einen Ripple auf der 5V-Versorgung, der die Analogschaltungen beeinflusst. Die Kopplung erfolgt als Widerstandskopplung auf der +5V-Leitung und/oder auf der Masse. Abhilfemaßnahmen können aus Kapitel 14.1 entnommen werden.

Neben der Widerstandskopplungen können natürlich auch die anderen Kopplungsarten zur Störung des Analogteils führen. Bei richtiger Dimensionierung und dichter Platzierung der Blockkondensatoren sind sie aber erfahrungsgemäß sehr viel seltener.

17.1.8 Die Leiterplatte

Für die Berücksichtigung von EMV-Aspekten ist die Leiterplatte ein sehr wichtiges und kritisches Bauteil und das Layout kann sehr schwierig sein. Der Grund liegt in der Vielzahl von Anforderungen, die das Layout erfüllen muss. Überlegen wir uns doch mal, was alles berücksichtigt werden muss:

1) Fertigungsbelange: - Abstände der Bauteile
                         - Orientierung der Bauteile
                         - Zugänglichkeit für Reparaturen
                         - Prüfpunkte
                         - Gute Lötbarkeit (Thermals, Größe der Pads, Abstand zu den Vias)
                         - Leiterbahnbreite und –abstand

2) Kosten: - Fläche minimieren
                         - Minimale Lagenzahl
                         - Möglichst vollautomatische Bestückung
                         - Einfache Prüfung

3) Qualität: - einheitliche Orientierung der Bauelemente
                         - Mindestabstände bei höheren Spannungen
                         - Mechanische Befestigung von Bauteilen
                         - InCircuit-Programmierung von uCs
                         - Wärmeabfuhr über Kupferflächen

Die Liste stellt keinen Anspruch auf Vollständigkeit. Sie soll aber zeigen, dass das Layout einer Leiterplatte eine komplexe Aufgabe darstellt, die vom Schaltungsentwickler selbst bearbeitet werden muss. Einige konkrete Hinweise seien hier aber noch aufgeführt:

17.1.8.1 *Massefläche*

Um die Widerstandskopplung zu minimieren, wird die Masse sternförmig oder als Fläche verlegt. Letzteres hat sich bei zweilagigen Platinen gut bewährt. Man erreicht durch eine möglichst durchgängige Massefläche eine niederohmige und niederinduktive Verbindung aller Massepunkte. Gleichzeitig wird die kapazitive Kopplung abgeschwächt, da jede Leiterbahn, auch die eines hochohmigen Schaltungsknotens, eine kleine, aber hochwertige Kapazität nach Masse hat. Elektrische Störungen werden dadurch kapazitiv heruntergeteilt. Selbst magnetische Störungen werden durch die Massefläche verringert, wenn die Frequenz entsprechend hoch ist. Liegt die Eindringtiefe bei der entsprechenden Frequenz unter der Dicke der Kupferkaschierung, bilden sich in der Massefläche Wirbelströme aus, die dem Eindringen des Magnetfeldes entgegenwirken. Bei 35μm Cu beginnt der Effekt bei etwa 10MHz.

Die Massefläche ist damit mindestens eine gute Alternative zur sternförmigen Masseverlegung. In vielen Fällen ist sie sogar deutlich besser.

In der Leistungselektronik kommt übrigens noch ein Vorteile der Massefläche hinzu: Über die Kupferfläche lässt sich auch gut Wärme abführen. So kann durch ein geschicktes Layout eventuell auf einen Kühlkörper verzichtet werden, wenn die Platine thermisch an das Gehäuse angekoppelt wird.

17.1.8.2 Aufgespannte Flächen minimieren

Die magnetische Kopplung ist umso geringer, je kleiner die aufgespannten Flächen sind. Also muss die Fläche klein gehalten werden. Stellt sich nur noch die Frage: Welche Fläche eigentlich? Nun - die Fläche die der Stromkreis aufspannt, in dem der Störstrom fließt. Aber welcher Störstrom? In der Beantwortung dieser Frage liegt gewöhnlich das Problem, denn wir kennen oft nicht alle Störströme. Hier hilft nur intensives Nachdenken und Zurückgreifen auf Bekanntes. Eine aufwendige aber zielführende Methode besteht darin, dass wir für jeden Schaltungsteil überlegen, welche Ströme wo fließen und welche Frequenzen sie beinhalten. Wir entscheiden, welche der Ströme zu Störungen führen könnten und achten bei der Leiterbahnführung für die störverdächtigen Ströme auf möglichst geringe aufgespannte Flächen.

Umgekehrt prüfen wir störempfindliche Schaltungsteile darauf hin ab, ob eine nennenswerte Fläche vorliegt, in der magnetische Feldlinien eine Spannung induzieren können und minimieren mit der Leiterbahnführung diese Flächen.

Grundsätzlich sind natürlich große Ströme und geschaltete Ströme verdächtig. Bei mehrlagigen Platinen können wir vielleicht Hin- und Rückleiter übereinander legen und so die aufgespannte Fläche klein halten.

17.1.8.3 Masseleitung/-fläche zwischen sich störende Leiterbahnen

Gegen elektrische Störungen (kapazitive Kopplung) können wir mit zusätzlichen Masseflächen angehen. Z.B. sollte unter einem Quarz eine Massefläche sein und der Quarz liegend bestückt werden.

Bei empfindlichen Leitungen legen wir beidseitig eine Masseleitung parallel. Im Fall von Multilayern können wir zusätzlich eine Massefläche darüber und darunter führen, sodass wir fast eine geschirmte Leitung realisiert haben.

17.1.8.4 Funktionsgruppen zusammenhalten

Die verschiedenen Funktionsgruppen einer Schaltung sollen auf der Platine in sich geschlossen bleiben. Falsch wäre es, wenn z.B. ein Widerstand einer Operationsverstärkerschaltung zwischen digitalen ICs zum liegen käme. Wir gehen bei der Platzierung der Bauelemente nach dem Schaltplan vor und überlassen das Plazieren bitte nicht ungeprüft irgend einem Programm.

Auch Auto-Router sind mit Vorsicht zu genießen. Ihr Ergebnis muss sehr genau unter EMV-Aspekten nachgeprüft und entsprechend korrigiert werden.

17.2 Übergang von analog auf digital

17.2.1 Schaltzeiten von analogen und von digitalen Schaltkreisen

Häufig wird eine Spannung mit einem analogen Komparator abgefragt und dann einer digitalen Schaltung zugeführt.

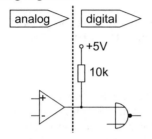

Bild 17.18: Schnittstelle zwischen analog und digital.

Ein einfacher analoger Komparator hat eine Anstiegszeit von ca. 1μs. Ein Logik-Gatter hat eine Anstiegszeit von ca. 10ns. Wird das Gatter in einer Logik-Schaltung verbaut, „erwartet" es an seinem Eingang das Signal eines vorgeschalteten Gatters. Die Verhältnisse sehen ungefähr so aus:

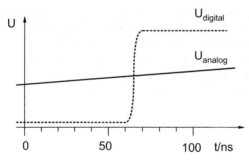

Bild 17.19: Schaltzeiten von analogen und digitalen Bausteinen im Vergleich.

Die Schaltzeiten sind stark unterschiedlich. Auf die Schaltzeit des Gatters bezogen „kriecht" dessen Eingangsspannung an der Entscheidungsschwelle zwischen der logischen Null und der logischen Eins vorbei. Kleinste Schwankungen der Eingangsspannung im Bereich der Schwelle führen zu mehrfachen Umschaltungen des Gatters.

17.2.2 Digitalschaltungen mit Schmitttrigger-Verhalten

Abhilfe schafft ein Gatter mit Schmitt-Trigger-Verhalten:

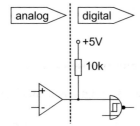

Bild 17.20: Übergang auf
Schmitt-Trigger-Gatter.

Die Verwendung eines Gatters mit Schmitt-Trigger-Verhalten ist dringend geboten. Geeignete Gatter sind: In der 4000er Familie: 40106, in der 74er-Serie: 7414, 74HC14, 74AC14 usw.

17.2.3 Flipflop als Schnittstelle

Das Problem der Mehrfachumschaltungen kann auch mit einem Flipflop gelöst werden. Wenn der Komparatorausgang z.B. auf den Set-Eingang eines Flipflops geht, dann kann er das FF nur setzten und nicht zurücksetzen. Wenn er mehrmals den Set-Eingang betätigt, bleibt deshalb das FF immer noch gesetzt. Die Rücksetzung des FFs muss dann durch die Logikschaltung gesteuert werden, in dem z.B. eine Totzeit jegliche Betätigung des FF verbietet und danach die Rücksetzung durch den Komparator wieder frei gegeben wird.

17.2.4 Anschluss an AD-Wandler

Nehmen wir den Fall, dass ein AD-Wandler im Mikro-Prozessor integriert ist. Dann gibt es nur einen Masseanschluss für die analoge und die digitale Welt. Genau auf diesen Massepunkt bezieht sich der AD-Wandler und es bleibt uns nichts anders übrig, als unsere analoge Spannung ebenfalls auf diese Massepunkt bezogen zu liefern. Genau genommen bräuchten wir eine OP-Schaltung, deren Ausgangsspannung mit floatender Masse zur Verfügung steht. Wir könnten dafür die Subtrahierschaltung in Kapitel 17.1.6 verwenden. Meist genügt aber eine einfachere Lösung:

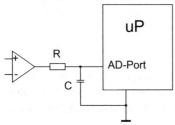

Bild 17.21: Analog-Signal
an AD-Wandler.

Das RC-Glied filtert die Wechselanteile weg und zwar bezogen auf die Messmasse des AD-Wandlers. Die Schaltung funktioniert solange der Masseversatz zwischen analoger und digitaler Masse ein reiner Wechselanteil ist. In der Praxis trifft das recht gut zu, da der Gleichstrom vom Prozessor niedrig ist und wir – schon aus anderen Gründen – auf eine niederohmige Masseverdrahtung achten. Der Fehler durch den Gleichanteil im Masseversatz ist damit vernachlässigbar.

17.3 Überspannungsschutz

Überspannungen treten bei allen Arten von Netzen auf.

- auf dem 220V-Netz,

- im Bordnetz eines Fahrzeugs,

- auf Rechnernetzen,

- auf Telefonleitungen, Mess- und Steuerleitungen

Die Überspannung tritt in drei Formen auf:

a) Statische Überspannung

Dafür wird ein Toleranzbereich definiert. Beispielsweise kann die Bordspannung bei einem 12V-System bis 16V ansteigen.

b) Energiereiche Einzelimpulse. Sie werden durch Schaltvorgänge auf dem 230V-Netz verursacht oder treten im Kfz. durch Load-Dump auf.

Als Extremfall ist hier der Blitzeinschlag zu nennen.

c) Periodische Nadeln, die von störenden Verbrauchern erzeugt oder eingestrahlt werden.

Beispiele: Generator, Zündanlage, Thyristorumrichter.

Angeschlossene Verbraucher, Vermittlungen oder andere elektronische Geräte müssen gegen Überspannungen geschützt werden. Je nach Gerät und Sicherheitsanforderung darf entweder die Funktion überhaupt nicht gestört werden oder eine kurzzeitige Funktionsstörung ist erlaubt. In jedem Falle darf eine Überspannung keine bleibenden Schäden verursachen. Ein Blitzeinschlag etwa ist eine so massive Störung, dass häufig die Funktion eines Geräts kurzfristig gestört sein darf. Nach Abklingen der Überspannung muss das Gerät aber wieder einwandfrei arbeiten.

In diesem Kapitel geht es deshalb um die Frage: Wie kann die Schaltung gegen kurzzeitige Überspannungsimpulse geschützt werden?

17.3.1 Schutzelemente

Der direkte Weg ist das Abschneiden der Spannungsspitzen am Eingang. Je nach Überspannungsimpuls bedeutet aber diese Spannungsbegrenzung, dass ein großer oder sehr großer Strom über das Schutzelement fließt. Das Schutzelement muss diese Stromspitze und die damit verbundene Leistung verkraften. Dazu gibt es spezielle Bauteile, die für diese Anforderungen geeignet sind:

- der Varistor oder VDR (Voltage Depending Resistor),

- der gasgefüllte Überspannungsableiter,

- die Suppressordiode und

- die Trisildiode.

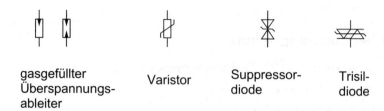

gasgefüllter   Varistor   Suppressor-   Trisil-
Überspannungs-   diode   diode
ableiter

Bild 17.22: Schaltsymbole von Überspannungsableitern.

Alle hier vorgestellten Überspannungsableiter verhalten sich für positive und negative Spannungen gleich.

Der gasgefüllte Überspannungsableiter ist sehr leistungsfähig. Er kann Impulsströme im 10kA-Bereich verkraften. Von den hier vorgestellten Schutzelementen spricht er am schnellsten an und hat die kleinste Kapazität.

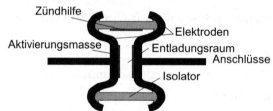

Bild 17.23: Der gasgefüllte Überspannungsableiter.

Physikalisch gesehen ist er eine Funkenstrecke, die durch die Elektrodenform und die Edelgasfüllung auf die gewünschten elektrischen Eigenschaften getrimmt wurde. Die Ansprechspannung ist relativ ungenau und von der Alterung abhängig. Wegen dem "harten" Zündvorgang muss er meist in Kombination mit anderen Schutzelementen eingesetzt werden. Dadurch und wegen seines hohen Preises wird er vorwiegend in Spezialanwendungen eingesetzt.

Varistoren bestehen aus SiC- oder ZnO-Scheiben mit z.B. 20mm Durchmesser. Elektrisch verhalten sie sich wie spannungsabhängige ohmsche Widerstände. Für kleine Spannungen sind sie hochohmig, für große Spannungen niederohmig. Der Übergang erfolgt weich. Sie werden zum Überspannungsschutz in Kfz.-Anwendungen, Telefonanlagen und für 230V-Anwendungen hauptsächlich eingesetzt, da sie über einen großen Temperaturbereich funktionieren und relativ billig sind. Für größere Leistungsbereiche können sie parallel geschaltet werden. Oder sie können zu MOS-FETs parallel geschaltet werden, um deren Avalanche-Energie zu begrenzen.

Die Suppressordioden sind im Prinzip hochgenaue, bipolare Zenerdioden. Ihr Einsatzgebiet ist dort, wo eine hohe Genauigkeit der Ansprechspannung gebraucht wird.

Das Trisilelement ist eine Art bidirektionaler Thyristor. Beim Erreichen der Zündspannung zündet es durch und wird niederohmig leitend. Dabei wird die Eingangsspannung kurzgeschlossen. Das Element bleibt so lange leitend, bis der Kippstrom unterschritten wird. Es eignet sich also nicht zur allgemeinen Überspannungsbegrenzung direkt an einem Versorgungsnetz, sondern eher für Sonderanwendungen oder in Kombination mit weiteren Schutzelementen.

Eine weitere Möglichkeit zum Überspannungsschutz besteht in der Verwendung des vorhandenen Leistungstransistors:

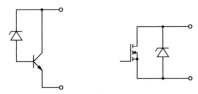

Bild 17.24: Transistor zur unipolaren Überspannungsbegrenzung.

Beim Bipolartransistor wird eine Zenerdiode zwischen Kollektor und Basis geschaltet. Steigt die Spannung an den Klemmen über die Durchbruchspannung der Zenerdiode an, leitet diese und schaltet den Transistor soweit ein, dass er die Spannung stabilisiert.

Der MOSFET im rechten Teil von Bild 17.24 enthält die eingezeichnete Avalanche-Diode parasitär auf dem Chip. Sie verhält sich wie eine Zenerdiode. Bei hoher Drain-Source-Spannung wird sie leitend und verkraftet eine spezifizierte Verlustenergie. Im speziellen Fall kann so allein mit einem MOSFET der Überspannungsschutz erreicht werden.

17.3.2 Prüfschaltung „Blitzeinschlag in unmittelbarer Nähe"

Beim Blitzeinschlag in unmittelbarer Nähe wird ein Gerät mit einem energiereichen Hochspannungsimpuls über die Netzleitung beaufschlagt. Die Schaltung zur Erzeugung des Hochspannungsimpulses sieht so aus:

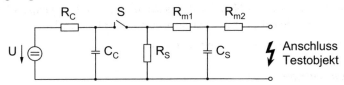

Bild 17.25: Schaltung zur Erzeugung des energiereichen Hochspannungsimpulses.

U Hochspannungsquelle mit 500V, 1000V, 1500V, 2000V

R_C Ladewiderstand

C_C Energiespeicherkondensator (20µF/2000V)

R_S Widerstand für die Impulsdauer (50Ω)

R_m Anpasswiderstände ($R_{m1} = 15\Omega$; $R_{m2} = 25\Omega$)

C_S Kondensator für die Anstiegszeit ($C_S = 0{,}2$µF)

Die Prüfung des Gerätes beginnt mit $U = 500$V. Die Spannung U wird danach in Schritten von 500V gesteigert, bis die maximal vorgeschriebene Spannung erreicht ist oder das Gerät zerstört wird.

17.4 EMV-gerechte Eingangsschaltung

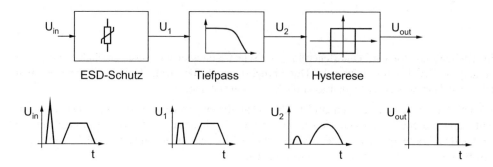

Bild 17.26:   EMV-gerechte Eingangsschaltung.

In Bild 17.26 sind alle Möglichkeiten aufgeführt, die wir überhaupt haben. Wir werden alle Maßnahmen nur bei extrem EMV-verseuchter Umgebung benötigen. Die einzelnen Schaltungen müssen in ihrer Funktion sehr genau auf das Nutzsignal abgestimmt werden. Der Tiefpass beispielsweise muss so dimensioniert werden, dass er das Nutzsignal gerade noch durchlässt.

Die gleiche Schaltungsstruktur hilft übrigens auch bei Prellen.

17.4.1 Tipps für den Aufbau

1) Alle Bauteile, die mit hohen Frequenzen arbeiten, müssen möglichst kompakt zusammengefasst werden und von den anderen (langsameren) Signalen getrennt werden. Die Trennung kann erfolgen: über Buffer (mit möglichst flachen Flanken), Filter, gezielte Leiterbahn/Masseverlegung. Keine Signale unterschiedlicher Zugehörigkeit auf gleichen Chip führen. Verschiedene Gatter auf einem Digital-IC nur für gleiche Frequenzbereiche verwenden.

Falsch: Reset-Logik und Takterzeugung auf demselben Chip.

2) Ein-/Ausgangsleitungen filtern.

3) Mehrere Oszillatoren auf einer Platine vermeiden, damit die Spektrallinien mehrerer Oszillatoren nicht übereinander liegen oder sporadisch aufeinander fallen, weil sich dann ihre Beträge addieren. Die Erzeugung mehrerer Frequenzen kann durch Frequenzteilung erfolgen.

4) Langsamste und störsicherste Schaltung verwenden.

5) Mikroprozessor mit Plausibilitätsabfragen beschäftigen, z.B. erlaubter Adressbereich, Sprung einer Drehzahl, Temperaturänderung etc.

6) Anbringung von Abblockkondensatoren nicht vergessen!

7) Unbenutzte Gatter: Eingänge auf definiertes Potential legen! Keine Eingänge offen lassen!

17.5 Maßnahmen in der Software

17.5.1 Nichtbeschaltete Interrupteingänge

Trotz Anschluss von Pullup- oder Pulldown-Widerständen müssen die Interruptvektoren definiert und bedient werden. Selbst bei nicht erlaubten Interrupts empfiehlt sich deren Bedienung durch das Programm, wobei mindestens ein RTI nötig ist, um im Störfalle einen Programmabsturz zu verhindern. Das Auftreten von Interrupts, die hardwaremäßig gar nicht angeschlossen sind, deutet auf massive Störungen hin und zeigen dem Programm die Störungen an. Sie können zur Durchführung besonderer Sicherheitsroutinen verwendet werden.

17.5.2 Illegale Op-Codes

Illegale Opcodes oder Zugriffe auf nicht erlaubte Speicherbereiche deuten (bei Ausschluss von Programmfehlern) auf EMV-Störungen hin. Meist wird der zentrale Rechnertakt gestört, was zu falschen Taktimpulsen führt. Dabei kommt es auch zu kurzen Taktimpulsen, die einer zu hohen Quarzfrequenz entsprechen würden. Einzelne Bits oder ganze Wörter werden gestört. Der ganze Ablauf im Rechner kommt außer Kontrolle und der Rechner verhält sich völlig undefiniert. Man erkennt den Zustand auch daran, dass alle Pins undefiniert zwischen Null und Eins hin- und herschalten. Der Adressbus greift dann auf unerlaubte Bereiche zu und wenn der Rechnerchip mit entsprechender Hardware ausgestattet, löst diese Überwachung einen Interrupt-Vektor aus. Ist die Störung vorbei, kann von diesem Interruptvektor ein Notprogramm gestartet werden, das versucht, den ursprünglichen Stand wieder herzustellen oder zumindest gravierende Fehlfunktionen vermeidet. Fehlen solche Abfang-Interrupts, stürzt der Prozessor unweigerlich ab. Er verhält sich absolut undefiniert und behält den Zustand bei bis ein Reset ausgelöst wird.

17.5.3 Watchdogs

Watchdogs sind in sicherheitsrelevanten Geräten unumgänglich. Bei anderen Anwendungen ist ihr Einsatz fraglich. Zum einen muss sichergestellt sein, dass die Watchdog-Funktion nicht gestört wird und damit das ganze System anfälliger wird. Zum anderen muss die Watchdog-Funktion "wasserdicht" sein, damit man sich darauf verlassen kann. Gibt es nur eine "völlig unwahrscheinliche" Möglichkeit, den Watchdog zu umgehen, so kann man sicher sein, dass diese Möglichkeit im Zusammenwirken mit Störungen auch eintritt. Hierzu sind sehr genau Detail-Überlegungen und –Prüfungen nötig.

17.5.4 Plausibilitätsabfragen

Oft hat der Rechner nicht viel zu tun, weil er auf eine Eingabe oder eine Antwort von der Hardware wartet. Er kann dann so programmiert werden, dass er Plausibilitätsüberprüfungen durchführt. Er überprüft Eingangssignale daraufhin, ob sie physikalisch sinnvoll sind. Das Signal eines Temperaturfühlers beispielsweise kann sich nur mit einer bestimmten zeitlichen Geschwindigkeit ändern. Eine schlagartige Temperaturänderung muss eine Fehlmessung, eine Störung sein.

Alle energietragenden Größen wie Drehzahl, Geschwindigkeit, Spannung auf einem Kondensator, Strom in einer Induktivität können sich nicht sprunghaft ändern. Detektiert der Rechner so einen Fall, dann ist das Sensorsignal oder der Rechner gestört.

Bei wichtigen Sensoren kann man den Arbeitbereich etwas größer wählen, als den tatsächlich genutzten Bereich. Meldet der Sensor dann einen Wert außerhalb des üblichen Arbeitsbereichs, muss ein Fehler oder eine Störung vorliegen.

17.5.5 Programme testen

Alle Funktionen eines Programms müssen getestet werden. Ein Programm ist meist so komplex, dass es nicht in seiner Gesamtheit und nicht in allen Kombinationen getestet werden kann. Die einzelnen Funktionen hingegen können für sich getestet und auf ihre Grenzen hin untersucht werden. Dies sollte unbedingt schon bei der Programmentwicklung durchgeführt werden, damit bei EMV-Untersuchungen wenigstens eine gewisse Zuverlässigkeit vorhanden ist.

Zur Auslotung bis zu welchen Grenzen eine Schaltung in Zusammenspiel mit der Software funktioniert, empfiehlt es sich Testprogramme zu schreiben. Der Aufwand lohnt sich und wir bekommen ein größeres Vertrauen in unser Produkt.

Zum Test von Interrupt-Programmen hat sich folgende Methode bewährt: Beim Einsprung in das Interrupt-Programm wird ein Port gesetzt. Am Ende des Interrupt-Programmes wird der Port wieder zurück gesetzt. Dies kann man für mehrere Interrupt-Programme mit verschiedenen Ports tun. Mit dem Oszilloskop kann man dann sehr genau und bequem überwachen, wann welcher Interrupt erfolgt und wie lange die Abarbeitung dauert. Die Methode hat sich für kritische Echtzeit-Fälle gut bewährt.

17.5.6 Wie störfest ist eine Schaltung?

Um eine quantitativ richtige Antwort auf diese Frage zu bekommen, müssen Messungen in einem entsprechend ausgerüsteten EMV-Labor gemacht werden. Diese sind aufwendig und erst sinnvoll, wenn ein Gerät oder ein Produkt bereits existiert. Oftmals wollen wir schon am Versuchsaufbau überprüfen, ob grundsätzliche EMV-Probleme zu erwarten sind. Vielleicht wollen wir auch nur eine Teilschaltung darauf hin beurteilen, ob das Schaltungskonzept überhaupt geeignet ist. Dann brauchen wir eine ganz einfache Störquelle.

Besonders „gute" Störer stellen Induktivitäten dar, die mit einem mechanische Schalter abgeschaltet werden. Die bestromte Induktivität versucht, den Strom weiter fließen zu lassen, was am Schalter zu hohen Spannungen und zur Funkenbildung führt. Der mechanische Schalter ist wichtig, weil er im Unterbrechungsmoment extrem schnell abschaltet, wodurch große Stromänderungen (magnetisches Feld) und große Spannungsänderungen (elektrisches Feld) entstehen. Zusätzlich prellt ein mechanischer Schalter, so dass sich der Vorgang innerhalb weniger ms tausendfach wiederholen kann.

In diesem Sinne ein „guter" Störer ist die Lötstation am Laborplatz. Wir brauchen sie nur ein- und auszuschalten und können beobachten, wie unsere Schaltung darauf reagiert. Zur Verschärfung können wir noch die Netzleitung über unsere Schaltung legen und, statt am Schalter ein- und auszuschalten, ziehen wir mehrfach den Netzstecker.

17.6 Spezifische EMV-Aspekte bei Schaltreglern

Zum Schluss der EMV-Kapitel seien hier die wichtigsten Punkte für die Entstörung von Schaltreglern wiederholt. Als Schaltungsbeispiel diene der Synchronabwärtswandler. Er findet seinen Einsatz beispielsweise bei der Erzeugung einer sehr niedrigen Versorgungsspannung für einen Prozessor aus einer Gleichspannung. Wir stellen uns vor, dass aus der Bordnetzspannung eines Kraftfahrzeugs eine Spannung von 1,8V erzeugt werden muss, wobei der Ausgangsstrom bis zu 4A betragen kann. Ein Abwärtswandler mit Freilaufdiode, wie er in Kap. 2 vorgestellt worden ist, hätte wegen der Flussspannung der Freilaufdiode und den damit verbundenen Leitendverlusten einen viel zu schlechten Wirkungsgrad. Deshalb wird anstelle der Freilaufdiode ein zweiter aktiver Schalter eingesetzt, der antisynchron zum eigentlichen Leistungsschalter arbeitet.

17.6.1 Der Synchronabwärtswandler als Beispiel

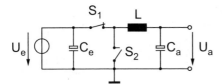
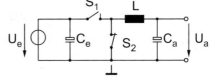

Schalterstellungen während t_{ein}.　　　　　　Schalterstellungen während t_{aus}.

Bild 17.27: Leistungsteil des Synchronabwärtswandlers.

17.6.2 Eingangs- und Ausgangsfilter

Um die geforderten Grenzen der leitungsgebundenen Störungen einzuhalten, werden sehr hohe Anforderungen an die beide Kondensatoren C_e und C_a gestellt. Eine Abschätzung vorab zeigt schnell, dass die Anforderungen nur mit sehr vielen, parallel geschalteten Kondensatoren erfüllbar wären. Einfacher wird es, wenn eingangs- und ausgangsseitig jeweils ein LC-Filter ergänzt wird.

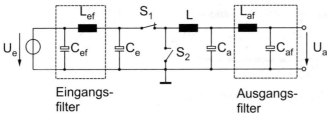

Eingangs-
filter

Ausgangs-
filter

Bild 17.28: Synchron-abwärtswandler mit LC-Filter am Eingang und Ausgang.

17.6.3 Masseverdrahtung

Bild 17.28 zeigt den Schaltplan in übersichtlicher Form, ist aber für EMV-Überlegungen ungeeignet. Der Grund liegt darin, dass wir die Leitungen im Schaltplan als ideal leitend interpretieren, sie es aber in Wirklichkeit nicht sind. So ergibt sich zwischen C_e und Masse ein Spannungsabfall, da der Spulenstrom während t_{ein} über S_1 und C_e und von dort nach Masse fließt und in der Zeit t_{aus} über S_2 direkt nach Masse fließt.

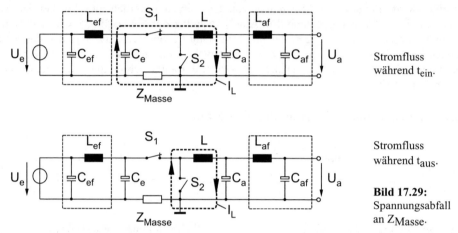

Stromfluss
während t_{ein}.

Stromfluss
während t_{aus}.

Bild 17.29:
Spannungsabfall
an Z_{Masse}.

Um den Spannungsabfall zu vermindern, müssten wir die Masseverbindungen niederohmiger gestalten, also eine flächige Masse verwenden. Dies führt meist zu Multilayer-Platinen, die entsprechend teuer sind. Und selbst dann wird der Effekt nur verkleinert und nicht gänzlich vermieden.

Eine sehr viel wirksamere Lösung erhalten wir mit einer geänderten Masseverdrahtung wie sie in Bild 17.30 gezeigt wird. Der besagte Spannungsabfall ist zwar immer noch vorhanden, wird aber nur auf der internen Masse wirksam. Nach außen hin entsteht keine Störspannung. Und dies gilt für die Eingangsspannung und die Ausgangsspannung!

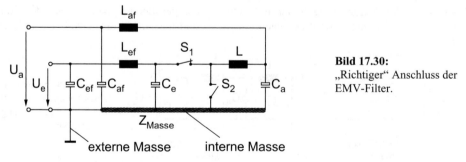

Bild 17.30:
„Richtiger" Anschluss der
EMV-Filter.

externe Masse   interne Masse

17.6.4 Anschluss der Treiber

Die Treiber für die Leistungsschalter müssen gemäß Bild 17.30 an die interne Masse angeschlossen werden, da sie beim Umschalter der Leistungsschalter Peak-Ströme verursachen, die tunlichst bitte nur intern fließen und keinesfalls nach außen wirksam werden dürfen!

17.6.5 Messen der Ausgangsspannung

Es stellt sich noch die Frage: Wie wird denn nun die Ausgangsspannung gemessen, wenn es verschiedene Massen gibt? Messen wir auf die interne Masse bezogen, so bekommen wir durch den Spannungsabfall auf der Masse einen laststromabhängigen Messfehler. Dies ist aber bei der niedrigen Ausgangsspannung besonders unerwünscht. Messen wir bezogen auf die externe Masse, dann machen wir keinen Messfehler. Allerdings müssen wir die Messschaltung auf die externe Masse anschließen und haben damit gleich zwei neue Probleme: Ersten laufen wir Gefahr, dass es über die Messschaltung zu Verkopplungen beider Massen kommt und zweitens muss es irgendwo ein „Entkopplungsinterface" zwischen Messschaltungsausgang und Treiber geben. Sinnvollerweise führen wir die Entkopplung auf der digitalen Ebene durch, da dort Spannungsdifferenzen noch am ehesten verkraftbar sind.

17.6.6 Aufgespannte Fläche

Selbst wenn wir nach den bisherigen Überlegungen alles „richtig" gemacht haben, kann unser Wandler durch die EMV-Prüfung fallen, da er Hochfrequenz abstrahlt. Natürlich kann durch ein geschirmtes Gehäuse Abhilfe geschaffen werden, das aber wiederum zu neuen Problemen wie etwa Kosten führt. Packen wir das Übel an der Wurzel an! Wo strahlt denn unser Wandler überhaupt ab?

Zur Beantwortung dieser Frage erinnern wir uns an Kapitel 14.4, wo eine große Stromänderung in Zusammenhang mit der aufgespannten Fläche abstrahlend wirkt. Betrachten wir nochmals Bild 17.29: Wir müssen dort die im folgenden Bild schraffierte Fläche minimieren:

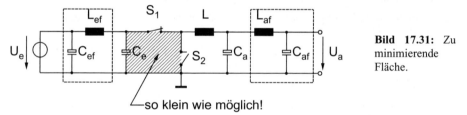

Bild 17.31: Zu minimierende Fläche.

Wir können dies erreichen durch

- eine optimierte Leiterbahnführung

- eine enge Verbauung der drei Bauelemente C_e, S_1 und S_2

- die Verwendung von zwei MOSFETs in einem SO8-Gehäuse

- die gegenüberliegende Positionierung von S_1 und S_2 bei einer Bi-Layer-Platine

- durch alle Maßnahmen, die im Kapitel 14.4 genannt worden sind.

Es hat bei verschieden Projekten auch immer wieder gezeigt, dass ein langsameres Schalten der MOSFETs nötig wurde. Dazu können die Gate-Vorwiderstände erhöht werden oder es können hochohmigere Treiber Verwendung finden. Beides geht natürlich zu Lasten der Schaltverluste, ist aber oft unter Kosten- und Terminaspekten der einzige praktikable Weg.

Literaturverzeichnis

Allgemeine Elektronik

1 Küpfmüller, K.: *Theoretische Elektrotechnik und Elektronik*, Springer-Verlag, Berlin/Heidelberg 2000.

2 Nührmann, Dieter: *Das große Werkbuch*, Franzis, ISBN: 3-7723-6546-9

3 Tietze, U.; Schenk, Ch.: *Halbleiterschaltungstechnik*, Springer, 11. Auflage, 1999, ISBN: 3-540-64192-0

Leistungselektronik

4 Anke, Dieter: *Leistungseklektronik*, Oldenbourg, ISBN: 3-486-20117-4

5 Beckmann: *Getaktete Stromversorgungen*, Franzis, ISBN: 3-7723-5483-1

6 Heumann/Stumpe: *Thyristoren*, B.G. Teubner, ISBN: 3-519-16101-X

7 Heumann, K.: *Grundlagen der Leistungselektronik*, Teubner, ISBN: 3-519-46105-6

8 Hirschmann,W.; Hauenstein, A.: *Schaltnetzteile*, Siemens, ISBN: 3-8009-1550-2

9 Kilgenstein, Otmar: *Schaltnetzteile in der Praxis*, Vogel, ISBN: 3-8023-1436-0

10 Lappe, R.; Conrad, H.; Kronberg, M.: *Leistungselektronik*, Springer, ISBN: 3-540-1

11 Lappe u.a.: *Leistungselektronik*, Verlag Technik, ISBN : 3-341-00974-4

12 Séguier, Guy ; Labrique, Francis: *Power Electronic Converter*, Springer, ISBN : 3-540-54974-9

13 Zach, Franz: *Leistungselektronik*, Springer-Verlag, ISBN: 3-211-82179-1

EMV und Hochfrequenztechnik

14 Durcansky, Georg: *EMV-gerechtes Gerätedesign*, 5. Auflage, Franzis, ISBN: 3-7723-5388-6

15 Gonschorek, K.H.; Singer, H.: *Elektromagnetische Verträglichkeit*, B.G. Teubner Stuttgart, ISBN: 3-519-06144-9

16 Habinger u.a.: *Elektromagnetische Verträglichkeit*, Verlag Technik, ISBN: 3-341-00993-0

17 Kohling, Anton: *EMV von Gebäuden, Anlagen und Geräten*, vde-Verlag, ISBN: 3-8007-2261-5

18 Meinke, Gundlach: *Taschenbuch der Hochfrequenztechnik*, Springer-Verlag, ISBN: 3-540-54717-7

19 Meyer, Hansgeorg: *Elektromagnetische Verträglichkeit von Automatisierungssystemen, Vde-Verlag*, ISBN: 3-8007-1511-2

20 Peier, Dirk: *Elektromagnetische Verträglichkeit*, Hüthig, ISBN: 3-7785-1774-0

21 Rodewald, Arnold: *Elektromagnetische Verträglichkeit, Vieweg*, ISBN: 3-528-14924-8

22   Scheibe, Klaus: *Elektromagnetische Verträglichkeit und Europäischer Binnenmarkt*, vde-Verlag, ISBN: 3-8007-1978-9

23   Schwab, Adolf J.: *Elektromagnetische Verträglichkeit*, Springer-Verlag, ISBN 3-540-54011-3

24   Weber, Alfred: *EMV in der Praxis*, Hüthig, ISBN: 3-7785-2236-1

Regelungstechnik

25   Becker, Claus; Litz, Lothar; Siffling, Gerhard: *Regelungstechnik, Übungsbuch*, Hüthig, ISBN: 3-7785-2145-4.

26   Bode, Helmut: *Matlab in der Regelungstechnik*, B.G. Teubner Stuttgart, Leibzig, ISBN: 3-519-06252-6

27   Dörrscheidt, F.; Latzel, W.: *Grundlagen der Regelungstechnik*, B.G. Teubner, ISBN: 3-519-16421-3

28   Föllinger, Otto: *Regelungstechnik*, Hüthig, ISBN:3-7785-2336-8

29   Gassmann, H.: *Regelungstechnik*, Harri Deutsch, ISBN: 3-8171-1520-2

30   Reuter, Manfred: *Regelungstechnik für Ingenieure*, Vieweg, ISBN: 3-528-84004-8

31   Schulz: *Regelungstechnik*, Springer, ISBN: 3-540-59326-8

Bus-Spezifikationen

32   Bosch: *Controller AreaNetwork*, Version 2.0, Protocol StandardBosch, Motorola.

33   Lawrenz, Wolfhard: *CAN-Bus*, Hüthig, ISBN: 3-7785-2789-0

34   USB: *Specification Revision 1.1*, Compaq, Intel, Microsoft, NEC

Firmenschriften (Application-Notes und Datenblätter)

35   *Elkos*: Siemens-Matsushita, Philips, Nippon (Distributor: alfatec), CDE (Distr. CBF), Vishay,
     Cooper Electronic Technologies 8405 St. Charles Rock Road, St. Louis MO63114-4501, USA.

36   *Ferrit-Kerne und Zubehör*: Siemens, Rudolf Pack GmbH & Co, Postfach 210209, D-51628 Gummersbach.
     Altoflex GmbH, Postfach 1130, D-77729 Willstätt.

37   *ICs*: Intersil, National Semiconductor, International Rectifier, SGS-Thomson, Motorola, Unitrode, Analog Devices.

38   *Leistungsschalter*: Siemens, Philips, Harris, Siliconix, Hitachi, International Rectifier, Zetex, Temic, APT (Advanced Power Technology), Mitsubishi Electric, IXY.

Sachwortverzeichnis